人工湿地

项目实操技术指南及典型案例

林卉 安莹玉 主编
冒建华 吴云生 主审

中国环境出版集团·北京

图书在版编目（CIP）数据

人工湿地项目实操技术指南及典型案例 / 林卉，安莹玉主编. -- 北京 : 中国环境出版集团，2025. 2.
ISBN 978-7-5111-5905-2
Ⅰ. X703
中国国家版本馆CIP数据核字第2024R9Z272号

责任编辑　宋慧敏
文字编辑　邹世琪
装帧设计　岳　帅

出版发行　中国环境出版集团
（100062　北京市东城区广渠门内大街16号）
网　　址：http://www.cesp.com.cn
电子邮箱：bjgl@cesp.com.cn
联系电话：010-67112765（编辑管理部）
发行热线：010-67125803，010-67113405（传真）
印装质量热线：010-67113404
印　　刷　北京中科印刷有限公司
经　　销　各地新华书店
版　　次　2025年2月第1版
印　　次　2025年2月第1次印刷
开　　本　787×1092　1 / 16
印　　张　21.25
字　　数　420千字
定　　价　198.00元

《人工湿地项目实操技术指南及典型案例》

编委会

序

Foreword

在我国，水生态环境保护已走过数十年的实践，经历了从污水处理到水资源、水环境、水生态“三水统筹”的历史性转变。在这个过程中，人工湿地作为一种融合自然与科技的“绿色污水处理厂”，发挥了独特的作用。人工湿地不仅能够有效去除各类污染物，从而实现从“工程水”到“生态水”的转变，还能构建具备生态功能的公共景观空间。针对新污染物治理、碳达峰和碳中和等新时期的新任务，人工湿地依然是重要的技术措施。

作为一位长期致力于水生态环境保护的科技工作者，我认为在人工湿地水质净化工程建设中，有两个方面尤为重要。一是要坚持生态优先，注重选择本地植物，构建符合当地自然条件的湿地生态系统；二是要以湿地净化能力为基础，科学设计进水规模，使其与污水处理厂处理能力、再生水利用和调配能力相匹配。人工湿地是物理、化学、微生物、动植物要素齐备且边界开放的复杂系统，要做到这些需要理论与实践结合，对实际项目进行分析、总结和持续优化。

在此背景下，《人工湿地项目实操技术指南及典型案例》的出版显得尤为及时与必要。本书不仅系统梳理了人工湿地的基本原理、设计要点、施工质控、运行维护等重要内容，更重要的是，本书汇集了国内外众多成功案例，从实际案例的长期运行数据入手，深入剖析了不同应用场景下的人工湿地设计与应用效果。这些珍贵的一手资料有助于我们在实践中不断探索、优化和完善人工湿地技术，确保其在复杂多变的环境下发挥最佳效能。

本书凝聚了作者团队多年的心血与智慧。相信无论是相关领域的科研人员、工程技术人员，还是政府决策者或学生，都能从本书中获得启迪与收获。

2024 年 8 日于清华园

前　言

Preface

广义人工湿地是指人类模拟自然环境而构建的湿地，水库、运河、养殖池塘、水稻田等都视为人工湿地。本书中所述的人工湿地，则是专指以水质净化或雨洪调蓄为首要目标而建设的，模拟自然湿地的人工生态系统。

人工湿地是一种自然污水净化技术，不需要外加化学制剂，也不消耗大量能源，将污水转化为清水与繁茂植被，这无疑是一幅美丽而优雅的画卷。但同时在水处理行业实践中，这种方式又显得有一些“非主流”和“难以捉摸”。这是因为与活性污泥等工业化程度更高的处理方式相比，人工湿地在以往的应用过程中，面临净化效果的不确定性、项目实施的欠规范性、处理过程的被动性和运行维护的特殊性等挑战。

2015 年国家发布《水污染防治行动计划》（简称“水十条”）。人工湿地作为污水处理厂尾水深度净化、河湖水深度处理的重要方式，迎来了项目数量的爆发式增长和对净化效果的严格要求。北控水务集团专注于水资源循环利用和水生态环境保护，集产业投资、设计、建设、运营、技术服务于一体，需对其管理的人工湿地项目在数十年维度上的全生命周期效果负责，在此过程中形成了大量的一手运行数据。本书对北控水务集团内部和外部典型案例进行了调研和整理。结果显示，设计合理和实施规范的人工湿地项目的污水净化效果稳定，生态景观效果显著，运维工作比较简单，但大面积植物维护和湿地填料堵塞预防仍是重要工作。

在案例调研的基础上，我们总结中外规范和自身项目经验，形成了一部实操技术指南。这部指南涵盖了从项目规划、立项到设计、施工、运营各环节的推进要点，其目的是使拥有一定环境工程专业基础的人员能够快速了解人工湿地的实操要点，从而更好地完成人工湿地项目。同时我们结合北控水务集团在人工湿地碳排放、新污染物净化等方面的课题研究成果进一步完善，形成了本书的上篇——“人工湿地技术背景与项目实操技术指南”。

进一步，我们对其中 15 个案例的详细设计方案和实际运行数据进行了分析和介绍。这就是本书下篇“典型人工湿地案例——设计与运行”的核心内容。

本书旨在成为理论与实践的桥梁，推动人工湿地技术的标准化、集约化与可持续发展。在本书写作的过程中，我们得到了众多同仁与专家的支持与指导。一线从业人员几十年来的实践经验、国内外专家的学术研究和案例分享，造就了本书的基石。我们深知，书中关于人工湿地技术的分析和讨论尽管基于大量的研究和实践经验，但限于编者水平与时间有限，仍可能存在不足或偏颇之处。我们诚邀广大读者批评指正，共同推动人工湿地技术的不断完善与创新。

本书编委会

2024 年 8 月

目　录

Contents

上篇

人工湿地技术背景与项目实操技术指南

第 1 章　技术背景及发展概况

1.1　人工湿地定义及原理

人工湿地指模拟自然湿地的结构和功能，人为地将低污染水投配到由填料（含土壤）与水生植物、动物和微生物构成的独特生态系统中，通过物理、化学和生物等协同作用使水质得以改善的工程[1]；是利用河滩地、洼地和绿化用地等，通过优化集布水等强化措施改造的近自然系统，实现水质净化功能提升和生态提质。与自然湿地相比，人工湿地是自然湿地的模仿和功能上的提升，因此同时具有自然属性和工程属性。

1.1.1　人工湿地净化原理

污水中主要存在悬浮物（SS）、有机物、氮、磷、重金属和病原体等污染物，不同污染物的主要去除机理如表 1-1 所示。

表 1-1　不同污染物的主要去除机理

污染物类型	主要去除机理
SS	沉淀、过滤
有机物	颗粒态有机物通过沉淀、过滤去除； 溶解态有机物通过好氧和（或）厌氧的生物降解
氮	氨化作用以及硝化、反硝化；植物吸收后通过收割去除
磷	填料的吸附 – 沉淀反应；植物吸收后通过收割去除
重金属	吸附、沉淀（碳酸盐、硫化物）、微生物代谢、植物吸收后通过收割去除
病原体	沉淀、过滤、自然死亡、捕食（原生动物、后生动物）

人工湿地主要由填料（基质）、微生物、植物等构成，通过滞留、吸附、过滤、沉淀和微生物的分解等多种作用，实现对污水的净化处理（如表 1-2 所示）。图 1-1 为人工湿地组成部分的主要作用示意图。图 1-2 为植物净化作用的主要部位。

表 1-2 人工湿地组成部分的主要作用

组成部分	主要作用	
填料（基质）	过滤（高效去除 SS）、沉淀（磷酸盐、金属盐）、氧化还原、表面吸附（溶解性）、混凝（胶体态）；为微生物附着生长提供场所	
微生物	氧化去除（有机物）、吸附脱氮（脱氮量或去除率 >70%）；其他生物化学作用	
植物	秆茎、叶片	吸收、储存、转移氮、磷等营养物（10% ~ 15%）； 保温作用，在寒冷地区体现尤为明显； 遮挡阳光，削减光照强度，降低总悬浮固体（TSS）浓度； 降低风速，防止底泥漂浮； 景观价值
	水中秆茎、叶片	吸收去除氮磷营养物； 提供生物膜载体； 降低流速、帮助沉淀悬浮物（类似于格栅）
	根系、块状根	提供微生物膜载体； 根系泌氧； 减少填料堵塞； 固化作用，降低外界因素对湿地表面的冲击

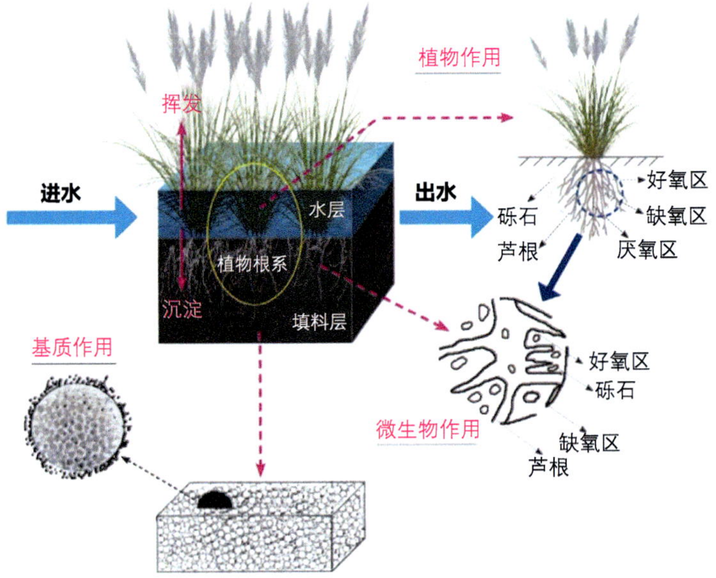

图 1-1 人工湿地组成部分的主要作用

图 1-2　植物净化作用的主要部位

1.1.2　人工湿地主要类别

人工湿地按照填料和水的位置关系，分为表流人工湿地（surface flow constructed wetland）和潜流人工湿地（subsurface flow constructed wetland），其中潜流人工湿地按照水流方向，分为水平潜流人工湿地（horizontal flow constructed wetland）和垂直潜流人工湿地（vertical flow constructed wetland）。以上人工湿地类型在具体形态上又有不同变体。

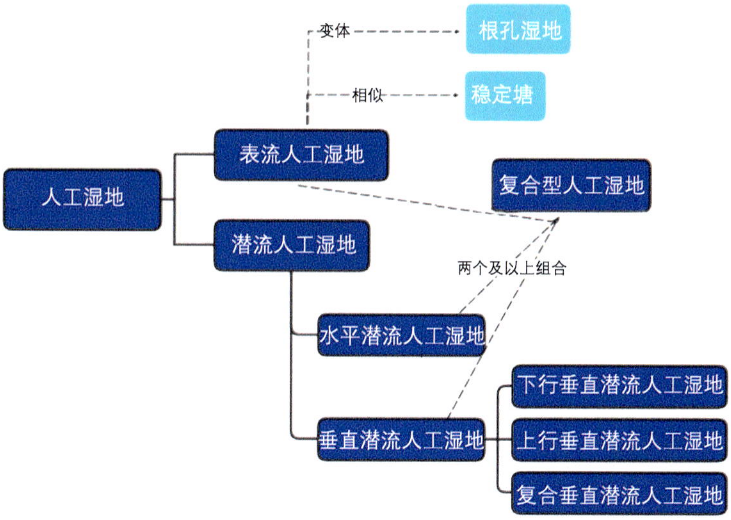

图 1-3　人工湿地分类

（1）表流人工湿地

表流人工湿地是指水面在土壤表面以上，水从进水端水平流向出水端的人工湿地。

主要通过植物根茎和表层填料上的微生物、植物吸收以及填料吸附的共同作用去除污染物（如图 1-4 所示）。通常表流人工湿地可利用天然沼泽、现有河道、低洼地等改造而成，生态景观性高，是最接近自然湿地的一种类型。

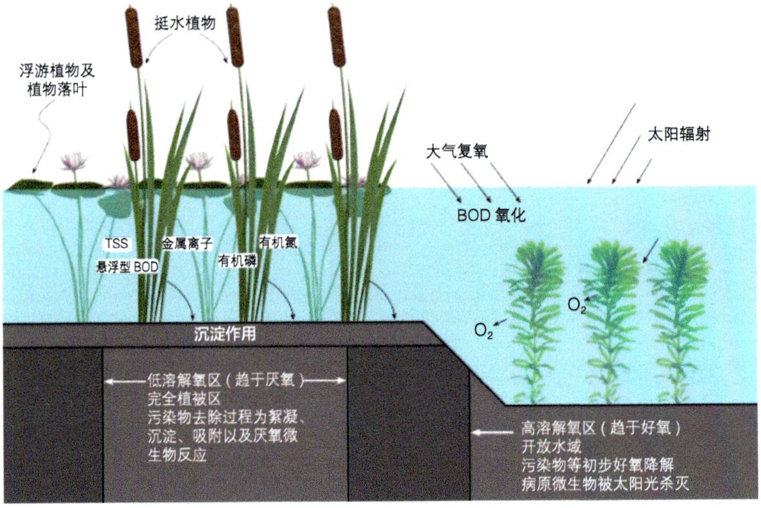

图 1-4　表流人工湿地作用机理示意图

表流人工湿地典型结构如图 1-5 所示，其主要特点如下：

①水面位于人工湿地填料之上，以水平流向为主；

②水深多为 0.3 ～ 0.6 m；

③形式、水生植物类型多样；

④景观性高、生物生境营造效果好；

⑤占地大、负荷低，单位面积投资运营费用相对较低。

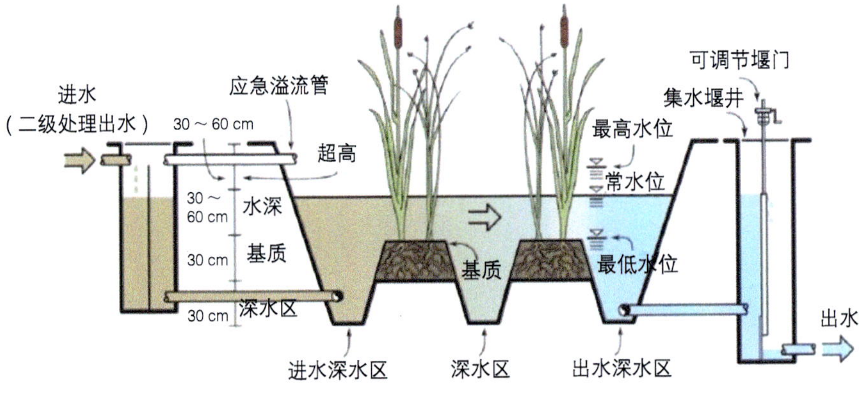

图 1-5　表流人工湿地典型结构[①]

① 翻译自 *Treatment Wetlands*（IWA Publishing）。

表流人工湿地主要用于处理非点源污染，如降雨径流、河湖水、农业径流等；也可用于市政污水的深度处理。

1）稳定塘（stabilization pond）

稳定塘又称生物塘或生态塘，是主要利用菌藻共生原理对污水进行处理的构筑物的总称。稳定塘可分为好氧塘、兼性塘、厌氧塘、曝气塘和水生植物塘，有效水深为 0.3 ～ 6.0 m。稳定塘水处理基本原理如图 1-6 所示。

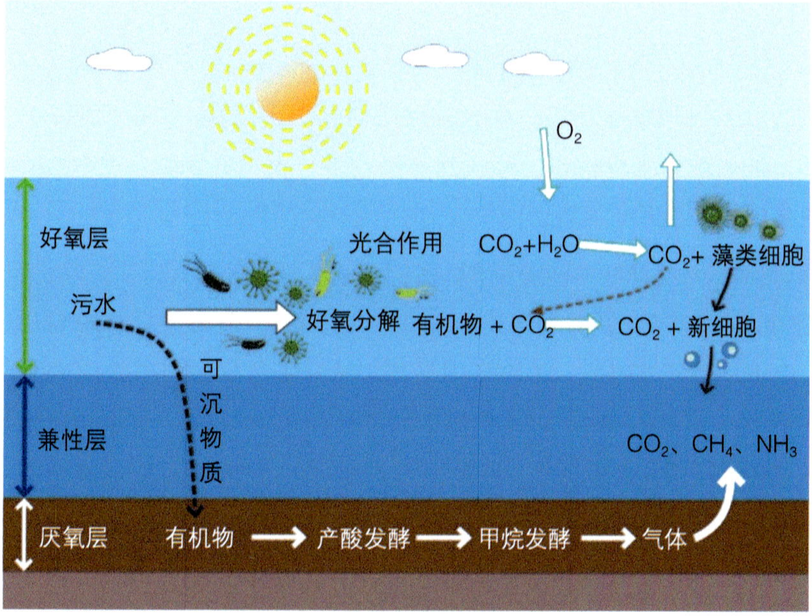

图 1-6　稳定塘水处理基本原理图

稳定塘主要用于人工湿地净化工程的前处理（去除悬浮物）和后处理[去除总氮（TN）、总磷（TP）等]。不同类型稳定塘的主要参数如表 1-3 所示。

表 1-3　不同类型稳定塘的主要参数

稳定塘类型		有效水深 /m	BOD_5 处理效率 /%
好氧塘	常规处理	0.5 ~ 1.5	60 ~ 85
	深度处理	0.5 ~ 1.5	30 ~ 50
兼性塘		1.5 ~ 3.0	50 ~ 75
厌氧塘		3.0 ~ 6.0	30 ~ 60

稳定塘类型		有效水深 /m	BOD_5 处理效率 /%
曝气塘	兼性曝气	3.0 ~ 5.0	60 ~ 80
	好氧曝气	3.0 ~ 5.0	70 ~ 90
水生植物塘	常规处理	0.3 ~ 2.0（视植物而定）	40 ~ 75
	深度处理		30 ~ 60

稳定塘可充分利用地形建设，具有基建投资低、能耗低、运维方便、污泥产量低、适应能力和抗冲击能力强等优点，但也具有负荷低、占地面积大、受气候影响较大、易产生臭味和孳生蚊蝇、污泥不易排出等缺点。

2）根孔湿地（root channel constructed wetland）

根孔湿地是一种改良型的表流人工湿地，主要是模拟白洋淀湿地自然的芦苇根孔系统，以人工填埋的玉米秸秆、地肤（扫帚苗）秸秆或油菜秸秆作为湿地填料（介质）。基于植物根孔在土壤水分流动、物质循环等方面的重要功能，改变湿地土壤亚表层的大孔隙结构，从而提升处理效率。根孔湿地典型工程有嘉兴石臼漾湿地、海宁长水塘湿地、贯泾港构筑根孔湿地[2,3]等。根孔湿地原理及填料分布示意图分别如图 1-7、图 1-8 所示。

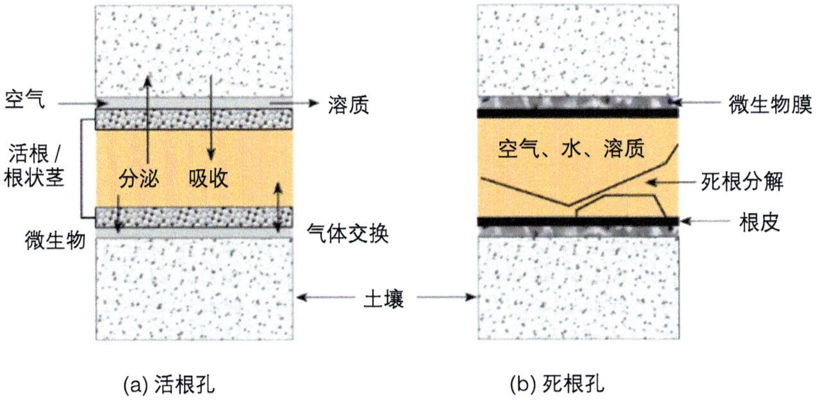

图 1-7　根孔湿地原理示意图

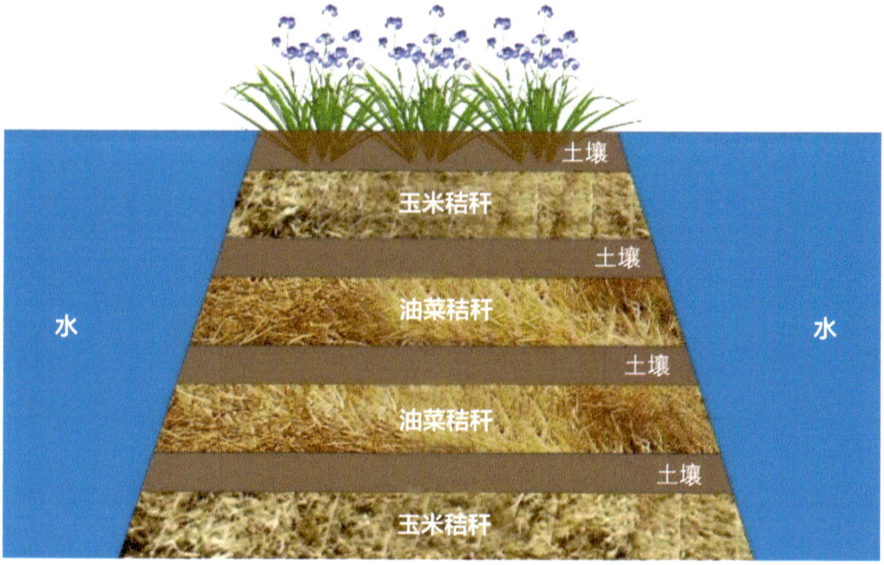

图 1-8　根孔湿地填料分布示意图

（2）潜流人工湿地

潜流人工湿地是指水面在填料表面以下，水从进水端水平或垂直流向出水端的人工湿地，分为水平潜流人工湿地和垂直潜流人工湿地。

1）水平潜流人工湿地

水平潜流人工湿地是指水面在填料表面以下，水从进水端水平流向出水端的人工湿地（如图 1-9 所示）。

图 1-9　水平潜流人工湿地典型结构示意图

水平潜流人工湿地的主要特点有：

①在人工湿地填料以下，水流以水平推流为主；

②湿地内以厌氧环境为主，反硝化能力较强；

③出水区一般有可调节弯头来控制湿地床体内部水位。

水平潜流人工湿地可用于生活污水的二级处理，也可用于污水的深度处理。

2）垂直潜流人工湿地

垂直潜流人工湿地是指水垂直流过填料层的人工湿地。其主要特点有：

①垂直方向上填料分层，通常有填料层、过渡层和排水层；

②单向垂直流具有特有的间歇进水运行方式，填料多处于不饱和状态，氧气可通过大气扩散和植物传输进入湿地（间歇布水方式在欧洲等的国家应用较多，国内实际工程案例中较少采用）；

③硝化能力强（但 TN 去除率仅为 20% ～ 30%）；

④对有机物的去除能力强。

按水流方向不同，可将垂直潜流人工湿地分为下行垂直流人工湿地、上行垂直流人工湿地和复合垂直流人工湿地。其中，下行垂直流人工湿地典型结构如图 1-10 所示。

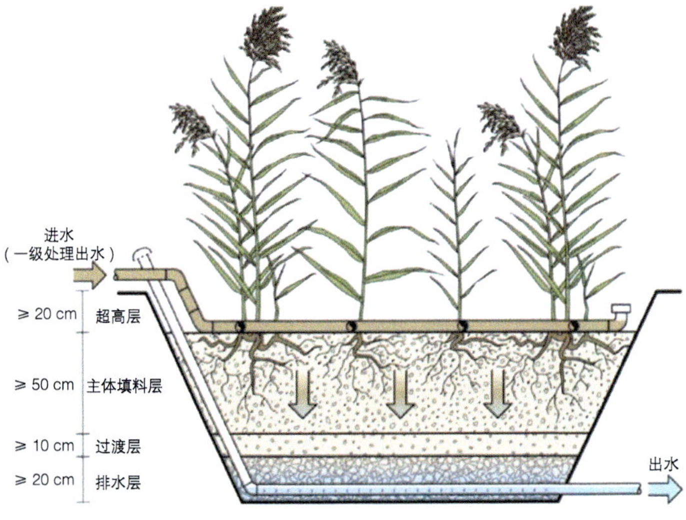

图 1-10　下行垂直流人工湿地典型结构①

垂直潜流人工湿地广泛应用于市政污水的二级处理、深度处理。也适用于处理氨氮

① 翻译自 *Treatment Wetlands*（IWA Publishing）。

（NH_3-N）浓度高和（或）有机物浓度高的废水，如食品加工厂废水、垃圾渗滤液、养殖废水等。

（3）复合型人工湿地

复合型人工湿地由表流人工湿地、潜流人工湿地中的两种或两种以上湿地类型组合而成。

1.2　人工湿地发展历程

1.2.1　欧洲人工湿地发展及应用

1953 年，德国的 Käthe Seidel 在其研究工作中发现芦苇能去除大量有机物和无机物，并通过进一步实验验证了芦苇及其他大型植物能去除污水中的重金属和有机物等，这被业界普遍认为是人工湿地净化污水的起源 [4]。之后的 20 世纪五六十年代，这项实验被延伸用于处理其他类型的污水，包括苯酚工业废水、乳制品废水、养殖废水等。同时，Käthe Seidel 研究了一套由多级垂直流和水平流过滤床组成的系统，称为 MPIP（Max Planck Institute Process，马克思 · 普朗克斯研究所工艺，简称“马普所工艺”），这被认为是 20 世纪末出现的复合潜流湿地系统的基础 [4]。

20 世纪 60 年代中期，Käthe Seidel 和 Reinhold Kickuth 合作并由 Kickuth 研发了一种水平潜流湿地，通常被称为根区处理法（root zone method, RZM）。RZM 湿地主要采用土壤基质（黏土、砂土），湿地净化去除污染物的主要作用过程发生在植物的根区部位，通过根区部位微生物的硝化、反硝化和吸附作用可有效去除氮、磷等营养元素 [4]。由此，欧洲开始了大量人工湿地的研究与应用。

1974 年，世界第一个人工湿地污水处理工程在德国西北部下萨克森州 Liebenburg-Othfresen 建成，采用水平潜流湿地处理城市生活污水，但出现了湿地表面漫流、短流的问题。

1983 年，丹麦建成第一座水平潜流人工湿地，用于处理奶牛场废水，至 1987 年已有 80 座。为了解决短流问题，丹麦建成的水平潜流湿地通常选择湿地床体宽度较大、水力路径较短的形式。

1985 年，英国建成第一座水平潜流湿地（又称为芦苇床处理系统），至 1986 年末，英国已有超过 20 座水平潜流湿地，其中一个主要的变化是湿地床基质开始使用砾石等。

20 世纪 80 年代后期，很多欧洲国家开始建设水平潜流人工湿地系统。20 世纪 90 年代，水平潜流湿地逐渐成为欧洲村镇污水处理、分散式污水处理等的广泛应用技术。

欧洲最早的垂直潜流人工湿地系统建成于 1975 年，位于荷兰 Lauwersoog。在欧洲，垂直潜流人工湿地大多用于小规模污水处理，在奥地利、丹麦、德国应用较多。

欧洲最早的表流人工湿地系统建成于 1967 年，位于荷兰 Lelystad，设计占地 $1hm^2$、呈星形，设计水深 0.4 m。至 20 世纪 70 年代早期，荷兰约有 20 座这种类型的表流人工湿地系统建成运行。表流人工湿地在挪威、瑞典、丹麦、波兰、爱沙尼亚、比利时等欧洲国家也有较多运行案例，主要用于污水脱氮、深度除磷、生物多样性保护、雨洪调蓄等。

1.2.2 北美洲人工湿地发展及应用

水平潜流人工湿地在北美洲应用较多，北美洲第一座水平潜流湿地位于美国威斯康星州的 Seymour，建于 1972 年且持续跟踪研究至 1975 年。至 1990 年，美国约有 98 座水平潜流湿地，平均处理流量为 1 250 m^3/d、平均占地面积 3 400 m^2，但大多采用淹没运行方式。至 2005 年，有数据统计美国已有几百座水平潜流湿地（但并未包括单户式湿地；仅美国肯塔基州就有超过 4 000 座的单户式水平潜流湿地）。

垂直潜流人工湿地在北美洲应用较少，但亦正在得到越来越多的关注。同时，旋转配水式、回流循环等形式也有所应用。

北美洲第一个表流人工湿地试验工程建于 1973 年，位于美国纽约州的 Brookhaven，采用草地 - 沼泽 - 塘处理系统。至 21 世纪头十年，北美洲已建成很多大规模的表流人工湿地，其中，佛罗里达州大沼泽地国家公园的雨洪处理区（Stormwater Treatment Areas, STAs）是世界上规模最大的表流人工湿地之一（如图 1-11 所示）。

图 1-11　表流人工湿地（佛罗里达州 Everglades STAs，来源：South Florida Water Management District）

1.2.3 国内人工湿地发展及应用

利用仿自然的生态塘处理废水，在亚洲古已有之。进入 20 世纪，工程化的人工湿地技术在亚洲逐渐推广应用。如今，在中国、印度、韩国、日本、尼泊尔、马来西亚和泰国等建设有很多人工湿地，用于处理不同类型的废水。

我国对人工湿地的研究及应用始于“七五”期间，经历了 1986—1990 年的研究与探索阶段，于 1990 年建成我国第一个人工湿地示范工程——深圳白泥坑湿地（占地 12.6 hm^2、处理规模 3 100 m^3/d，如图 1-12 所示）。随后，杭州、武汉、沈阳、北京、成都、昆明等地也相继建立了人工湿地污水处理工程，例如于 1998 年投入运行的山东荣成人工湿地，采用渗滤型芦苇湿地，占地面积 80 hm^2，用于处理生活污水及少量工业废水，处理规模为 2.0 万 m^3/d[5]。

图 1-12 深圳白泥坑湿地

2004 年以来，人工湿地在我国的建设数量逐年增长，统计数据表明，1990—2015 年我国共建设运行了 791 个人工湿地工程[6]。按处理污水的类型来看，我国大部分人工湿地主要用于处理生活污水，占比达 49.18%，用于处理农村生活污水与城镇生活污水的占比分别为 31.35% 和 17.83%；用于处理河水和尾水的占比分别为 18.08% 和 11.88%，处理湖水和工业废水的人工湿地数量相近，均在 5.00% 左右，处理其他类型污水的人工湿地数量占比均少于 3.00%。随着住房和城乡建设部与环境保护部分别在 2009 年及 2010 年发布人工湿地相关技术规范，技术的工程应用逐步走向成熟。近年来，国内人工湿地的工程领域逐步从生活污水、市政污水处理厂尾水、河水等领域拓展到垃圾渗滤液[7]、医药废水[8]以及抗生素等新型污染物[9]的去除应用。

“十三五”时期以来，随着人工湿地技术在我国的发展和水环境治理需求的不断增加，人工湿地在污水处理、生态净化方面的应用也得到了各级政府的重视和提倡。2016 年 11 月 24 日，国务院印发《“十三五”生态环境保护规划》，其中在第五章第三节“加强基础设施建设”中明确提出：“因地制宜实施城镇污水处理厂升级改造，有条件的应配套建设湿地生态处理系统，加强废水资源化、能源化利用。”随后，国家发展和改革委员会、住房和城乡建设部、部分省（区、市）也相继针对人工湿地建设提出了相关鼓励性政策意见。人工湿地项目的建设规模、功能重要性、与城市发展的结合度均进一步提高。

1.2.4 人工湿地技术当前的局限性

（1）占地面积较大

受水质净化原理及特点限制，人工湿地的表面负荷及污染物处理负荷均远高于传统活性污泥法的负荷。一般认为人工湿地占地面积是传统污水处理工艺的 2 ～ 3 倍。在城市土地资源日趋紧张的背景下，单纯发挥水质净化功能的湿地在市政污水处理领域并不占成本优势，多作为尾水深度净化和生态缓冲设施。

但同时应注意的是，人工湿地的处理能耗显著低于传统活性污泥法的处理能耗，其运维内容也相对简单，以水位调节和植物管理为主。因此，对于偏远、分散的污水处理工程和微污染水的深度净化，人工湿地仍具有其独特应用价值。可采取一些适当的措施以减少湿地占用的土地资源。在选址时综合考虑规模环境效益和经济效益，采取组合工艺，提高对污水的处理效果。

（2）存在季节影响

一般观念认为，人工湿地中的植物和微生物对温度尤为敏感，如果植物和微生物在湿地中的生长受到影响，将直接影响人工湿地的处理效果。但本书经实际调研发现，冬季各指标去除效率的下降并不明显。在本书调研的案例中，唯一表现出显著影响的指标是 TN，但仅在个别项目中有此影响，且其冬季出水浓度亦可达到排放标准。究其原因，植物吸收仅占人工湿地净化能力的很小一部分，填料的过滤作用和微生物生化作用才是主要因素。

但应注意的是，严寒天气会给人工湿地建设运行带来一些麻烦，例如管道冻裂、池体破坏等。因此，在高寒地区建设人工湿地应优先采用水平潜流湿地等既具备过滤填料系统，管路又相对简单的形式，且应优先采用软性池底。

（3）缺乏主动干预手段

人工湿地技术的优势之一是运行简单，但这同时也成为人工湿地的劣势。由于完全依靠自然的净化过程，人工湿地成为一个被动净化装置，通常不具备调节回流比、增加曝气量、增加絮凝剂投放量等主动干预的运行调节手段。在出水水质强考核的背景下，人工湿地设施给运行人员带来的“安全感”不足。因此，人工湿地如何配合强化处理手段，保证进水波动下的出水稳定达标，是业内需要进一步研究的方向。

1.3　人工湿地规范化、标准化进展

欧洲各国及美国、加拿大、澳大利亚等国家均发布了人工湿地污水处理的设计规范或导则，主要针对市政生活污水、污水处理厂尾水、降雨径流等污水类型。我国国内人工湿地污水处理工程的设计、施工、运行管理等技术要求遵照执行国家、地方人工湿地污水处理工程技术规范或指南。

近年来，国内各省（区、市）相继颁布了人工湿地技术规范或指南，规范体系日益完善。现行的相关文件如下。

国家及行业标准、规范、指南

《污水稳定塘设计规范》（CJJ/T 54—93，已废止，由 CJJ/T 54—2017 替代）

《人工湿地污水处理技术导则》（RISN-TG006—2009）

《人工湿地污水处理工程技术规范》（HJ 2005—2010）

《海绵城市建设技术指南——低影响开发雨水系统构建（试行）》（2014 年 10 月）

《污水自然处理工程技术规程》（CJJ/T 54—2017）

《人工湿地水质净化技术指南》（环办水体函〔2021〕173 号）

地方标准、规范、指南

《上海农村生活污水处理技术指南（试行）》（DB31 SW/Z 012—2021）

《人工湿地污水处理技术规程》（DGJ32/TJ 112—2010，江苏）

《人工湿地污水处理技术规范》（DGTJ 08-2100—2012，上海）

《农村生活污水处理技术规范》（DB33/T 868—2012，浙江）

《有机填料型人工湿地生活污水处理技术规程》（DGJ32/TJ 168—2014，江苏）

《河湟谷地人工湿地污水处理技术规范》（DB63/T 1350—2015，青海）

《农村生活污水处理技术》（DB52/T 1057—2015，贵州）

《安徽省污水处理厂尾水湿地处理技术导则（试行）》（2015 年 2 月，安徽）

《浙江省生活污水人工湿地处理工程技术规程》（2015 年，浙江）
《河南省湿地保护条例》（自 2015 年 10 月 1 日起施行）
《农村生活污水人工湿地处理工程技术规范》（ DB11/T 1376—2016，北京）
《农村生活污水处理技术规范》（DB37/T 3090—2017 ，山东）
《农村生活污水处理工程技术规程》（DB64/T 1518—2017，宁夏）
《水解酸化 - 人工湿地无动力污水处理工程技术规范》（DB44/T 1995—2017，广东）
《城市水系生态环境修复技术指南》（DB45/T 1513—2017 ，广西）
《人工湿地水质净化工程技术指南》（DB37/T 3394—2018，山东）
《人工湿地水质净化工程竣工环境保护验收技术规范》（DB37/T 3393—2018，山东）
《污水处理厂尾水人工湿地工程技术规范》（DB41/T 1947—2020，河南）
《天津市人工湿地污水处理技术规程》（DB/T 29-259—2019，天津）
《高原湖泊区域人工湿地技术规范》（DB53/T 306—2010，云南）

我国各技术规范中的人工湿地污水处理系统主要应用于城镇、农村的生活污水或性质相近的其他污水以及污水处理厂尾水的处理。用于雨水、工业废水等净化的相关技术规范较为鲜见。

1.4 人工湿地发展方向

随着我国污水产生量的逐年增加以及对污水深度处理的紧迫性加大，人工湿地污水处理技术的发展潜力巨大，特别是在我国乡村振兴和城乡水环境、水生态和水资源“三水”统筹协调发展中将发挥重要作用。

人工湿地发展核心在于通过对净化机理的掌握和技术优化来提高对污染物的去除效率，未来人工湿地工程设计需要以现场长期监测数据为支撑的理论与实践相结合的设计规程，也依赖于对机理的进一步阐释，同时也需要模型的发展以对系统进行准确预测，即要逐步从经验向有理有据的理论设计转变。

1.4.1 人工湿地的污水应用类型

人工湿地广泛应用于生活污水、造纸废水、矿山废水、养殖废水、农业面源污染等污水的处理，污水处理厂尾水的深度处理，湖泊河流等水体的生态修复，小流域综合整治等。人工湿地在我国各类水处理中得到广泛的应用，同时也将水处理人工湿地与景观、生态环境保护与修复相结合，既强调水处理效果，也注重景观与生态效应。

以工业废水为例，人工湿地技术也应用于石油化工、采矿、造纸、皮革、印染、屠宰、养殖等工业废水。由于这类废水水质差异明显，有的含有高浓度难降解的有机污染物，有的含盐量、含氨氮量高，因此在进入人工湿地系统之前需要较完善地处理，而且在应用人工湿地时需要经过试验和充分论证。湿地作为该类废水的后处理和回用水处理是合适的。人工湿地对食品加工业及酿酒业废水处理效果好，国外应用较为成熟。目前也有学者探索采用各种类型的人工湿地处理垃圾渗滤液等高浓度难降解废水，但系统运行效果并不稳定，出水指标尚难以达到相关标准 [10]。

人工湿地也广泛应用于面源污染控制。对暴雨径流污染特别是初期雨水的处理是有效保证水环境质量的重要措施。人工湿地可经济有效处理低浓度有机废水，国外在用人工湿地处理暴雨径流（城市径流、农业径流、飞机场径流、高速公路径流）方面有成功的应用。英国、澳大利亚等国家采用人工湿地取代传统的雨水调蓄池以净化合流制溢流污水，并积累了大量相关工程经验。在一些居住小区，建造一些小型人工湿地，用湿地的沉淀过滤过程去除初期雨水中的有机污染物及氮、磷等营养盐，既处理初期雨水，又可以减少径流排放。如果将处理的雨水进行收集贮存，还可以作为小区绿化水源回用，湿地技术已成为面源污染控制的实用技术 [10]。

对排入小水体或封闭水体的城市污水处理厂尾水，为了进一步降低污染物和氮、磷浓度，可以采用人工湿地对尾水进行稳定处理，形成污水处理厂与地表水体之间的“生态缓冲带”。一些水资源相对匮乏的国家用人工湿地的出水进行回用。工程实践表明，经湿地系统处理后的尾水水质多数能达到农业灌溉用水标准和市政用水标准，但尾水中粪大肠杆菌等卫生指标往往不能稳定达标。尽管如此，人工湿地在非人体直接接触水的回用领域还是具有相当的潜力。

随着化学合成技术日益提升，环境中各类新污染物层出不穷，这些污染物往往具有较长的半衰期，可生化性能较差，常规污水处理难以去除。人工湿地微环境多样，研究人工湿地对新污染物的去除效果及规律也是一个热点方向。

北控水务集团与华东理工大学于 2022 年合作开展的一项针对药品及个人护理产品（pharmaceutical and personal care products，PPCPs）的尾水湿地水质研究 [11] 表明，虽然污水处理厂去除了大部分 PPCPs，但尾水中的部分 PPCPs 残留仍存在环境健康风险。将污水处理厂尾水接入湿地系统进一步净化后，湿地出水中 PPCPs 浓度中位数为 0.67 ～ 5.4 ng/L，显著低于污水处理厂出水中 PPCPs 的浓度（4.4 ～ 8.5 ng/L），并降低了部分指标的环境风险熵。同时，在所调查的工程项目中，与污水处理厂相比，人工湿地尤其是潜流人工湿地对三氯生化合物具有更强的去除效果。

表 1-4 列举了文献报道中人工湿地对部分新污染物的去除效率，可见人工湿地在新污染物治理方面具有很大的潜力。

表 1-4 人工湿地对部分新污染物的去除效率 [12]

污染物	人工湿地类型	去除效率
双酚 A	水平潜流	27.9% ~ 98.6%
	垂直潜流	42.9% ~ 100.0%
双酚 F	垂直潜流	99.5%
双酚 S	垂直潜流	99.9%
四溴双酚 A	垂直潜流	99.9%
壬基酚	水平潜流	20.4% ~ 90.0%
布洛芬	垂直潜流	95.4% ~ 99.7%
	水平潜流	98.8%
双氯芬酸	垂直潜流	54.3% ~ 70.25%
	水平潜流	100%
吐纳麝香	垂直潜流	61.1% ~ 83.3%
	水平潜流	97.8%
氧苯酮	垂直潜流	88.8% ~ 97.3%
三氯生	垂直潜流	72.7% ~ 88.6%
萘普生	水平潜流	99.1%

1.4.2 运行后评估、设计计算和模型构建

人工湿地的有效处理面积（容积）是一项重要指标，直接影响工程占地和造价。目前，常见的人工湿地面积（容积）计算方法有经验值法、污染物面积负荷法、一级反应模型法和数据统计法。我国现行的规范规程主要采用经验值法和污染物面积负荷法，但在湿地类型、负荷选择和计算依据上还比较粗放，设计和管理不够规范和完善 [13]。在我国水环境治理对人工湿地污水处理的出水达标要求日益严格的趋势下，需要进一步加强和总结人工湿地污水处理系统的设计参数和效能评估。同时，为了获得更好的人工湿地处理

效果和生态环境效益，迫切需要基于人工湿地实际工程的运行后评估，对人工湿地制定全生命周期的设计 - 应用管理策略[14]，最大限度地降低目前人工湿地所面临的诸如堵塞和运行不稳定等问题。

Kadlec 和 Wallace 撰写的 *Treatment Wetlands* 一书，详细介绍了各类人工湿地的设计运行及管理[15]。但该书的参数大多基于国外人工湿地的监测结果，在进水浓度、水力负荷、出水要求等方面与我国的实际应用有较大区别。为了填补这一空白，还需要进行长期的、本地的数据收集和整理。从而可以更好地了解我国人工湿地的性能和适应性，并在设计和运行过程中做出更准确的决策[16]。

在人工湿地设计与技术提升方面，可通过建立数学模型来优化人工湿地的结构、布局、规模和类型，从而适应不同水质、水量和水位变化，进而构建高标准的人工湿地体系[17]。在表流湿地和稳定塘系统模拟中，MIKE 是较常用的商业模型软件。特别是其二维数学模型，如 MIKE21，能够精准地模拟湿地中的水流动态、水质变化以及相关的物理过程。通过集成 EcoLab 等模块，MIKE 能够综合考虑湿地中的多种生态因素，如植物的生长、微生物的活动等[18]。潜流人工湿地模拟在实际工程中的应用成熟度则相对较低。学术研究中，Hydrus 模型因其在多孔介质溶质迁移模拟方面的多功能性、物理基础、灵活性等特点，已成为研究潜流湿地的有力工具。其中，Hydrus2D/3D 增加了模拟人工湿地模块，能够较好地模拟潜流人工湿地系统中的水、营养盐、重金属、有机物等溶质在不同属性的多孔介质中的迁移转化过程[19]。然而，当前人工湿地的模型应用还有待进一步加强和规范。例如，现有的研究大多将人工湿地内部的净化过程作为灰箱模型，对于生化过程做了太多的简化和假设，从而导致模型参数不具有广泛性。而在实际人工湿地中，条件复杂，影响因子繁多，导致模型预测值与真实值仍存在较大差异。因此，模型如何在众多影响因子中筛选核心参数，在提高模拟可行性的同时提高预测精确度，从而指导人工湿地设计、辅助解释机理，是湿地模型发展的重要方向。

1.4.3　人工湿地机理研究与技术强化

为提高人工湿地的水体净化能力和资源化利用效率，研究人员和工程技术人员对湿地基质（填料）和微生物等进行了大量研究，人工湿地去污机理越来越受到重视。在此基础上，人工湿地设计与技术提升迅速，各种改进和组合工艺应运而生。

（1）基质（填料）研究

人工湿地选取的基质种类、粒径不同，导致内部水力特性不同，局部微环境存在差异，微生物群落结构不同，同时不同的基质对污染物的截留吸附效能也不同，从而影响人工湿地的处理效率。张翔凌等[20]研究了不同组合的沸石、无烟煤、蛭石、高炉钢渣、生物陶粒等填料对垂直潜流人工湿地水处理效果的影响，结果表明组合填料的种类、装填顺序和装填方式对净化效果产生了较大影响。组合填料对 COD 的平均去除率较单一填料都有所提高；由上至下依次填充无烟煤、生物陶粒、沸石的组合填料具有较好的脱氮功能；由上至下依次填充无烟煤、蛭石、钢渣的组合填料具有较好的除磷功能。此外，不同粒径的沸石、无烟煤、砾石人工湿地对 TN 和 TP 的去除率差异明显，去除效率最高的分别是 1 ～ 2 mm 沸石和 2 ～ 4 mm 无烟煤[21]。以给水厂脱水铝污泥饼作为潮汐流人工湿地的填料处理养殖废水时，COD、NH_3-N 和 TP 的平均去除率分别达 70% 以上、90% 以上和 90% 以上[22]。

高效基质筛选的目的是提高人工湿地的污染物去除效能，但要注意解决基质寿命问题。基质通过吸附、离子交换等方式去除水体中的污染物，一旦吸附饱和，人工湿地处理效率就会显著下降，因此要进行基质的更换，而且需要妥善处理。再者，基质应廉价易得，并充分考虑运距带来的影响。在实际应用中，基质投资占用了潜流人工湿地的大部分建设费用，基质选择应在效率和成本之间寻求一个合适的平衡点。

（2）低温环境中的应用

学界从湿地构型的改变、预处理单元的组合以及湿地运行方式的调整等方面开展了相关研究，以保证人工湿地在低温环境下的运行效果。在湿地构型方面，陈晓东等[23]通过改变水平潜流湿地布水和出水管道的相对位置并协同控制进出水量，实现水平流与上升式垂直流态的结合，不仅克服了冰冻对湿地布水系统的影响，还能够有效控制夏季旱生杂草的生长。在预处理单元方面，袁英兰等[24]在湿地单元前端增加了水解酸化池和曝气装置，既缓解了水质、水量波动对湿地所造成的冲击，又有效提高了污水的可生化性和溶解氧水平。孙文章等[25]在湿地前端增设了微生物固定化填料和菌群调整装置，有效增加了湿地内部的微生物含量，使人工湿地可承载的污染负荷得到提升。在保温层覆盖方面，陈晓东等[26]的实践证明秸秆层上覆盖地膜的保温效果最佳。在湿地植物的选择上，应根据当地的气候特点配置植物，在温度比较低的地区，尽可能选择多年生抗旱耐冻的植物，如芦苇、菖蒲等[27]，或者引进驯化后可耐低温的外来植物，如西伯利亚鸢尾等[28]。

（3）微生物燃料电池研究

人工湿地具有特殊的根际菌群和根际酶，因而具有更高效的微生物催化氧化和还原活性，同时植物根系泌氧使根际溶解氧呈梯度分布，使湿地在高效去污的同时，具有丰富的自然形成的电位梯度 [29,30]，这也使湿地与微生物燃料电池（microbial fuel cell，MFC）复合构成人工湿地微生物燃料电池组合技术（CW-MFC）成为可能。CW-MFC 一般将阳极置于人工湿地填料底部、阴极置于填料表层，尤其当植物的根系位于阴极区，形成植物 - 微生物 - 电极材料的复合生物阴极电极，利用植物根际泌氧为阴极提供还原反应电子受体，降低了阴极曝气所需的运行成本；同时利用植物复合生物阴极代替传统 MFC 的贵金属阴极，极大地降低了电极材料成本，提高了电极的催化活性，是规模化 CW-MFC 研究的重点 [31]。

目前利用 CW-MFC 耦合系统处理各种类型废水均取得了一定的研究成果，然而大多数还处在实验室基础研究阶段。面对较为复杂的废水类型时，该系统还存在以下问题：①CW-MFC 系统各组成部分对各类废水污染物的去除以及产电过程的作用机理尚不明确；②在保证系统去除效果的前提下，如何选择更廉价优质的电极和基质等材料，减小电极间距，提高产电性能，是该技术应用于实际需要解决的问题之一；③ CW-MFC 系统的库仑效率一直较低，如何增强系统产电微生物的活性、提高系统的产电性能是该项技术的研究方向之一；④在 CW-MFC 系统处理不同类型废水的研究中，很少有针对重金属超标废水的相关研究。对此类废水，可以通过在系统的湿地上种植各种重金属富集植物，使整个系统对废水中的重金属离子有更好的去除效果。随着有关 CW-MFC 系统研究的不断改进与完善，该技术将能够广泛实际应用于处理各种复杂类型废水，可持续地回收与利用废水中的生物能源，缓解水资源污染和能源短缺。

1.5　人工湿地的碳足迹

随着全球气候变化问题的加剧，碳足迹研究逐渐成为热点领域。碳足迹的概念最早可追溯至加拿大生态经济学家 William E. Rees 提出的“生态足迹”。碳足迹是指企业机构、活动、产品或个人在生产和消费过程中所导致的温室气体排放总和，用来衡量人类活动或产品服务的整个生命周期对气候变化的影响程度。

人工湿地作为一种近自然湿地的独特系统，在碳储存和碳减排方面发挥着重要作用。开展人工湿地的碳足迹研究对深入了解其生态功能、提升碳减排效果具有重要意义。

1.5.1　人工湿地的碳排放与碳汇

人工湿地是复杂的生态系统，其中不仅包括水体、植物，还包括微生物、动物和土壤等多种组成部分。这些组成部分相互作用，共同影响着人工湿地系统的碳循环过程。

1.5.1.1 人工湿地的碳排放

人工湿地的碳排放主要是湿地中的微生物分解有机物产生的。这些有机物来源于水体中的有机物、土壤中的有机物以及植物枯落物等。微生物在分解有机物的过程中，会产生甲烷（CH_4）等温室气体，并排放温室气体到大气中。

用于污水处理的人工湿地的温室气体排放类型包括直接排放和间接排放两类。

①直接排放：人工湿地在处理污水中的 BOD 和 TN 过程中产生 CH_4 和 N_2O（CO_2 视为生源性释放，不纳入温室气体排放名录）；

②间接排放：人工湿地运行过程中的电耗产生的电力 CO_2。

1.5.1.2 人工湿地的碳汇

人工湿地中的植物通过光合作用吸收 CO_2，并将其转化为有机物。这些有机物一部分被植物自身利用，一部分被储存在湿地土壤中，形成了碳汇。因此，人工湿地系统的碳汇能力主要取决于湿地中的植物生长状况和土壤性质等因素。

人工湿地的碳汇能力强，这得益于独特的水湿环境，使得湿地具备较高的初级生产力，在厌氧条件下，枯落物不会彻底分解，而是大量呈半分解状态，最终沉降形成底泥或泥炭层。相应地，湿地系统与其他生态系统相比，具有较高的碳密度 [32]。

1.5.2 人工湿地碳排放与碳汇量的计算

综上所述，人工湿地系统是碳排放与碳汇过程共存的系统。无论是评估人工湿地对气候变化的影响，还是综合生态价值的评估转化，都离不开温室气体的核算。

在我国，当前还没有关于人工湿地温室气体的标准计算方法，业界多以《IPCC 国家温室气体清单指南》作为核算工作的权威参考。

1.5.2.1 《IPCC 国家温室气体清单指南》

联合国政府间气候变化专门委员会（Intergovernmental Panel on Climate Change，IPCC）是由世界气象组织和联合国环境规划署共同组建的政府间科学技术机构。《IPCC 国家温室气体清单指南》是 IPCC 发布的一系列关于如何计算和报告温室气体的指南，是国际上公认的权威指南，也是温室气体核算工作的重要参考文件。

IPCC 于 1995 年发布指南初版，随后进行多次修订。其中，以现行 2006 年修订版应用最为广泛，并在 2013 年发布了湿地相关增补章节，2019 年在 2006 年版基础上进行了湿地相关补充修订。

1.5.2.2　人工湿地温室气体计算

根据《IPCC 国家温室气体清单指南》，人工湿地中的温室气体排放分为以下几个部分。

（1）CH_4 排放计算

$$E_{\text{Wetland}}^{CH_4}=\sum_j (\text{BOD}_{\text{in},\,j}-\text{BOD}_{\text{out},\,j})\times Q_j\times \text{EF}_j\times \text{GWP}_{CH_4}\times 10^{-6} \quad (1\text{-}1)$$

式中：$E_{\text{Wetland}}^{CH_4}$——人工湿地处理城镇污水去除 BOD 产生的 CH_4 排放量，t CO_2 当量；

$\text{BOD}_{\text{in/out},\,j}$——不同类型人工湿地进水、出水 BOD 浓度，mg/L；

Q_j——处理水量，m^3；

EF_j——CH_4 排放因子，t CH_4/t BOD；

GWP_{CH_4}——CH_4 的全球增温潜势值，取值为 28。

（2）N_2O 排放计算

$$E_{\text{Wetland}}^{N_2O}=\sum_j (\text{TN}_{\text{in},\,j}-\text{TN}_{\text{out},\,j})\times Q_j\times \text{EF}_j\times \frac{44}{28}\times \text{GWP}_{N_2O}\times 10^{-6} \quad (1\text{-}2)$$

式中：$E_{\text{Wetland}}^{N_2O}$——人工湿地处理城镇污水去除 TN 产生的 N_2O 排放量，t CO_2 当量；

$\text{TN}_{\text{in/out},\,j}$——不同类型人工湿地进水、出水 TN 浓度，mg/L；

Q_j——处理水量，m^3；

EF_j——污水中单位质量的氮能够转化为 N_2O 的氮量，t N_2O-N/t N；

44/28——N_2O 与 N_2 分子量之比；

GWP_{N_2O}——N_2O 的全球增温潜势值，取值为 265。

（3）电耗年 CO_2 排放

$$E_{\text{Wetland}}^{CO_2,\,\text{Elec}}=\text{EH}\times \text{EF}_{CO_2} \quad (1\text{-}3)$$

式中：$E_{\text{Wetland}}^{CO_2,\,\text{Elec}}$——人工湿地使用提升泵等能源消耗产生的间接年碳排放，t CO_2/a；

EH——人工湿地设备年耗电量，MW·h/a；

EF_{CO_2}——电力 CO_2 排放因子，t CO_2/（MW·h）。

（4）植物年产生碳汇量

$$\text{CS}_{\text{Wetland}}=C\times A\times 10^{-3} \quad (1\text{-}4)$$

式中：$\text{CS}_{\text{Wetland}}$——人工湿地植物吸收产生的年碳汇量，t CO_2/a；

C——湿地碳吸收系数，0.9 kg $CO_2/(m^2\cdot a)$；

A——湿地面积，m^2。

1.5.2.3 人工湿地碳源、碳汇讨论

从 1.5.2.2 中可以看出，人工湿地的碳排放与污水中 BOD 浓度、TN 浓度、用电量和处理单位污水所对应的湿地面积及植物生物量有关。理论上，人工湿地系统既可能为碳源，也可能为碳汇。

de Klein 等[33]通过实地测量生物生长量、N_2O 和 CH_4 排放量，计算 Lankheet 人工湿地净排放，结果以 CO_2 当量表示。计算结果表明，该湿地可能是一个 CO_2 的汇，碳汇量为 0.27 ～ 2.4 kg/（$m^2 \cdot a$），占生物 CO_2 固存量的 12% ～ 67%。

Wang 等[34]通过计算某人工湿地的碳排放和植物碳汇量，得出该人工湿地是整个生命周期的碳源的结论，碳排放量为 0.10 ～ 0.14 kg CO_2 当量 /m^3。但是如果不考虑建设期，而只关注运行期间的碳排放，人工湿地接近于碳中和状态。

对于用于污水处理的人工湿地，大多数情况下将其认定为碳源。

1.5.3 人工湿地与常见污水处理工艺碳排放对比

郝晓地等[35]对比了垂直潜流人工湿地和常见污水处理工艺的温室气体排放情况。从表 1-5 中可以看出，潜流人工湿地处理每立方米污水的温室气体排放明显低于大部分活性污泥处理工艺，尤其是在间接排放方面，人工湿地有显著的优势。

表 1-5 人工湿地与常见污水处理工艺的温室气体排放

工艺	直接排放					间接排放 /（g CO_2/m^3 污水）	总排放 /（g CO_2/m^3 污水）
	CH_4/（g CO_2/m^3 污水）	N_2O/（g CO_2/m^3 污水）	直接释放总量 /（g CO_2/m^3 污水）	CH_4 释放因子 /%	N_2O 释放因子 /%		
垂直潜流人工湿地	31.68	26.26	57.94	1.74	0.069	99.70	157.64
SBR	20.27	481.16	501.43	0.41	1.67	327.96	829.39
A/O	6.08	176.13	182.21	0.13	0.76	202.89	385.10
氧化沟	32.50	20.72	53.22	1.05	0.043	301.09	354.31
A^2/O	10.00	11.84	21.84	0.16	0.029	266.20	288.04
倒置 A^2/O	17.50	8.88	26.38	0.25	0.035	—	—
传统活性污泥法	8.25	9.18	17.43	0.198	—	268.19	285.62

1.5.4　人工湿地碳排放调控

近年来，人工湿地碳排放相关研究文献数量逐年增长，人工湿地碳排放的调控成为重点关注问题。马洪运等[36]对发表于 1991—2022 年的两百余篇文献进行总结分析，结果表明：①人工湿地基质填料的种类及配置均会影响人工湿地温室气体排放；②植物对温室气体排放的影响有两面性，一方面植物的存在会增大 CO_2 吸收，另一方面增加 CH_4 排放，但总的来说植物生长显著减少了温室气体排放总量，同时不同植物因通气组织及生物量的差异，引起人工湿地温室气体排放存在差异；③人工湿地 N_2O 产生于硝化、反硝化、厌氧氨氧化、硝酸盐异化还原成铵等多条路径，但 N_2O 去除路径仅有反硝化；人工湿地 CH_4 产生于有机物厌氧氧化过程，其去除则包括好氧氧化和厌氧氧化两条路径。

基于上述综述，马洪运等[36]提出可以通过工艺、运行方式优选，内部基质和植物配置优化，外部曝气调控和碳源添加等方式进行人工湿地碳排放的优化调控。

1.6　常见项目类型及特点

1.6.1　污水处理厂尾水湿地

污水处理厂尾水湿地指受纳市政污水处理厂或类似水质的工业污水处理厂尾水（以下简称污水处理厂尾水）并进行深度净化的人工湿地。污水处理厂尾水的排放标准大多执行《城镇污水处理厂污染物排放标准》（GB 18918—2002）一级 A 或一级 B 标准，虽然已大幅削减了原污水中的污染物，但对照《地表水环境质量标准》，仍属于劣 V 类水，直接排入河湖水体则会成为集中式的点源污染，对河湖水体水质达标造成一定压力。随着城镇污水处理厂的排放标准日益严格，尾水深度净化处理的研究也成为污水处理提质增效工作的重点研究方向。

污水处理厂尾水的深度处理可采用物理化学法、生物法（如活性污泥）、膜分离法和生态处理法（人工湿地）。其中，人工湿地作为一项污水生态处理技术，具有处理效果好、建设投资及运行费用低、运行维护简单、生态景观性强等优点，在尾水深度处理工程中日益得到广泛应用。据统计，1990—2015 年我国建成的人工湿地中用于处理污水处理厂尾水的约 94 座，占比为 11.88%[6]。

1.6.2　河湖水净化湿地

河湖水净化湿地指用于净化受污染河湖水的人工湿地，通常利用河道或滨湖带洼地、沟渠或池塘等天然地形进行构建。

由于点源、面源污染造成河流、湖泊等水体污染的现象非常普遍，采取人工湿地进行面源污水处理或者构建人工湿地的旁侧系统对污染河道河水、污染湖泊湖水进行净化的研究及应用近年来逐渐成为热点。河湖水体流量较大，污染程度较低，若采用传统的处理工艺，则所需灰色基础设施的规模较大。人工湿地作为一种生态解决方案，具有运行费用低、生态价值高、水文影响低、美学价值高等优点，能够较好地匹配河湖水体缓冲净化的需求。

1.6.3 农村污水湿地

农村污水湿地指用于农村小规模生活污水二级处理或深度净化的人工湿地。

农村生活污水具有水量小、水量水质波动大、位置分散、管理水平较低、排放标准相对宽松等特点。人工湿地结构简单、设备少，可轻松实现无人值守，且生态景观与乡村风貌更加和谐，因此在村镇污水处理中得到了广泛应用。

1.6.4 雨洪调蓄湿地

雨洪调蓄湿地指用于对合流制溢流、雨水径流等进行调蓄、净化的人工湿地。在湿地竖向设计中，着重通过地形和地表的设计，实现降低径流速度、削减洪峰、增加渗透量、削减污染物等目的。其通常采用表流湿地、稳定塘等形式，更易进行景观化的处理，建设成为湿地公园。在海绵城市的理念框架下，雨洪调蓄湿地是实现“自然积存、自然渗透、自然净化”的重要途径之一。

1.7 项目实操常见问题

人工湿地因其独特的优势得到了广泛应用，但在行业发展初期，国内大量人工湿地项目缺少对实际运行效果的长期跟踪评估及反馈，且从规划设计到施工运维未形成统一的高质量标准，导致在项目实施过程中暴露出一些问题。近年来，随着国家水污染治理要求的进一步提高，行业向着精细化发展，《污水自然处理工程技术规程》（CJJ/T 54—2017）、《人工湿地水质净化技术指南》（环办水体函〔2021〕173 号）等技术规程的出台也显著提升了总体管理水平。

以下根据实际项目运营经验，列举笔者认为在人工湿地项目实操各阶段需重点关注的若干技术问题。

1.7.1　规划方案阶段问题

规划方案阶段通常指规划阶段和立项阶段。规划阶段除总规外，蓝线、绿线、排水、海绵城市等与湿地建设相关的专项规划是政府指导该领域发展以及审批、核准重大项目，安排政府投资和财政支出预算的依据。工程项目立项阶段的主要工作有编制项目建议书、进行可行性研究和编制可行性研究报告，对建设项目投资决策前进行技术经济论证，其目的就是要从技术、经济和财务等几个方面论证建设项目是否适当，提高科学性。

在规划方案阶段，以下问题是需要避免的。

（1）项目定位考虑不周

根据考核目标及项目需求，对湿地的功能、建设目的进行划定，人工湿地多分为水质净化工程主体构筑物的功能性湿地或者兼具科普教育、科学研究、休闲游览功能的景观湿地，亦或二者皆有的复合型湿地，应进一步明确湿地项目的定位、标准及边界条件。

部分项目在规划设计人工湿地时，对其地理选址、技术指标以及各种生物对生存环境的要求考虑欠缺或者没有经过实地的调研和规划，湿地公园的生态和景观功能不能很好地体现。更有甚者，在没有水源的情况下，采用“旱地造园”的方法，使开挖工程耗资增加。同时，对于进水水源的水质、水量估算不准确，造成财力和土地面积的不足或者浪费。

（2）面积估值不合理

人工湿地项目的处理规模、排放标准和占地面积这三个参数是规划方案阶段的重要指标，关系着项目的功能定位和资金筹措。这三个参数看似简单，但其实需要通过长期的运行数据来反演计算，才能在保障达到日益严格的水质考核要求的同时，尽量节省投资。但在行业发展初期，国内大部分项目缺少实际工程数据的积累，因此对上述问题形成了一笔“糊涂账”。在湿地面积估算时，因进出水水质条件不准确、去除能力计算无据可依，湿地规划面积偏小是普遍现象。

（3）用地红线未及时落实

与传统处理单元相比，人工湿地项目占地体量较大，使得其选址存在众多制约因素。土地规划、防洪要求、用地现状、与城市规划的结合等均是需考虑的因素，而在项目前期，缺乏经验的规划人员容易忽视这些因素。因而，往往出现因未及时落实用地手续，自然资源部门对用地性质、面积的批复出现变动，导致项目红线变动或者迟迟无法确定，项目暂停中止或更换选址，浪费大量前期策划资源的现象。

（4）成本估算不合理

规划方案阶段对人工湿地的造价估算多采用面积指标法或者经验法，对人工湿地建设成本前期估计不足，尤其在原料价格显著上涨的情况下，部分项目在立项阶段可能没有留足建设预算，导致后期超概算。

1.7.2　设计阶段问题

设计文件是安排建设项目和组织施工的主要依据，此阶段主要对拟建工程在技术上和经济上进行全面而详尽的安排。设计阶段通常分为初步设计和施工图设计。在设计阶段需避免以下问题。

（1）配水系统设计精细度不够

湿地的布水与集水布置直接影响污染物与基质、微生物接触的有效性及系统内的溶解氧分布和缺氧程度，也影响湿地基质的物理化学特性，从而影响微生物的多样性、活性，影响植物生长、污染物沉积、微生物转化、植物吸收及基质的吸附过程。

尾水、河湖水人工湿地面积动辄上万平方米，每个独立单元面积为上千平方米。若单元之间配水不均匀，一些处理单元可能出现超负荷，而另一些处理单元又没有充分发挥作用。在处理单元内部的不同区域之间同样会出现上述问题。同时，为充分发挥填料能力，避免集水系统的短流和各处理单元处理能力不均衡，集水系统的均匀性也是影响总体最大处理效果的一个重要因素。然而，人工湿地通常采用重力流小阻力配水，在如何实现进水在大面积上的均匀性方面，缺少细部做法和计算方法的规划与成熟产品。流量分配不均匀、形成死水区、局部出现漫水现象和缺少水位控制设施等是常见的集配水系统不均匀造成的运行影响。

（2）填料选择随意性较大

对湿地而言，湿地填料的设计关乎整个湿地系统的运行效果，因此填料的设计尤为重要。在设计过程中，常犯的错误是在填料断面设置表面种植土，在实际运行中土壤随水流下渗而堵塞下层填料；同时，填料过度精细化分层导致施工困难而达不到预期效果。

另外，如何根据不同的进出水水质选择填料的种类和粒径，目前没有统一标准。不同基质种类、配比及粒径选择需要通过经验的积累不断优化。

（3）处理功能与景观功能衔接不足

人工湿地项目在立项伊始一般都承接着水质净化和景观改善的双重期待，但在设计过程中，由于设计院分工习惯、工期等影响，常导致工艺专业和景观专业的衔接不足，从而出现湿地单元形态过于死板、植物选择不考虑色彩搭配、场地缺乏合理的游览动线和亲水功能等问题。

1.7.3　施工阶段问题

人工湿地施工具有作业面大、隐蔽工程多、成品保护难度大等特点，纵观国内已建并运行的人工湿地工程，笔者认为在施工过程中需关注的问题如下。

（1）建设主材准备

人工湿地填料等主材受价格、运输条件、产地等因素影响，在项目实施过程中存在备料不及时、检测不到位、成品保护不到位等问题，严重时直接延误工期，甚至需要对填料种类和处理工艺进行更改调整。

（2）防渗系统质量控制

土工膜防渗工序包含材料进场、场地情况复检、土工膜铺设、接缝焊接、保护层铺设。现场施工常见问题为接缝焊接后未进行闭水等隐蔽工程试验及记录，无法确定防渗效果是否满足工程需要；同时，对防水保护层及周边土方的夯实缺少有效的监督和过程检查，导致部分工程保护苯板被施工垃圾穿刺或破坏，影响防渗效果。

（3）配水系统质量控制

集配水管道的施工质量直接影响各湿地处理分区、各湿地处理单元、单元内部各区域的配水均匀性和收水效率。集配水管道安装与填料回填施工存在交叉作业，非常容易出现质量问题。集配水管道安装的常见问题主要包括：因填料回填造成的管道损伤和管道位移；因管道安装坡度不合格造成管道起伏；在湿地单元内进行管道焊接使防渗层受损；管道开孔的孔径、方向、孔距不合理等。

（4）植物种植

常见问题包括苗木规格不正确、未进行合理的种植期单元水位管理导致植物成活率低等。

1.7.4　运行阶段问题

（1）运行人力配备不足

就多个项目调研结果看，尾水湿地通常由污水处理厂运行团队统一管理，水质预警和设备维护的专业性相对较好。而对于农村污水湿地或者河湖湿地，运维的精细度往往低于污水处理厂尾水湿地，甚至部分从业人员误以为人工湿地不需要运营维护，而出现养护清淤不及时，导致填料层堵塞、出水效果偏差、杂草丛生等不良后果。

（2）堵塞预防不到位

堵塞是潜流人工湿地运行中的常见问题。造成人工湿地堵塞的因素是多方面的，悬浮颗粒物的截留、沉积和生物膜的过度生长都会造成湿地堵塞。为预防堵塞，除了在工艺设计中提前做好应对外，在日常运营中还需做好水质预警抄阅、内涝防治、日常水位调控、合理落干放空、植物系统维护等工作。日常运营的精细化是预防人工湿地堵塞的重要因素。

第 2 章　人工湿地规划立项阶段技术指南

规划立项阶段是奠定人工湿地项目全生命周期实现效果的基石。在这个阶段，需要回答项目的诸多关键问题，其中包括以下几个方面。

①功能定位：项目首要满足哪些功能，例如是水质净化、水量调蓄还是生态恢复，是否需要作为公园对外开放，长时间尺度下的功能定位是否有变化等。

②水量平衡：湿地的水源是污水、河水、地下水还是雨水，其水量变化规律如何；扣除蒸发、下渗、流出等，是否能够保持湿地系统内的水量稳定；湿地水位控制在什么范围，是否需要建设泵、闸、堰等设施进行控制。

③水质目标：进出水水质的设计指标；是否考核出水水质，是否达到考核要求的达标率等。

④工艺选择：采用何种类型的人工湿地，如表流湿地、生态塘、水平潜流湿地、垂直潜流湿地，或其组合；是否需要设置预处理或后处理单元，采用何种工艺。

⑤占地及选址：预估需要的湿地净化面积、叠加附属设施后的总占地面积、有几个选址方案，如何进行选择，是否涉及用地规划调整等特殊立项审批流程要求。

⑥成本预算：预估建设成本和运维成本；若为经营性项目，还需预估运营期经营收入，明确项目预算来源。

以上各方面问题相互影响，因此在方案编制阶段需进行反复的条件比对，并需要开展多种系统方案的综合比对，最终确定最优解。

本章从方案编制的思维导图切入，帮助读者厘清规划立项阶段的考虑因素和工作流程，并针对各部分工作内容提出具体工作方法指南。

2.1 方案编制思维导图

方案编制思维导图如图 2-1 所示。

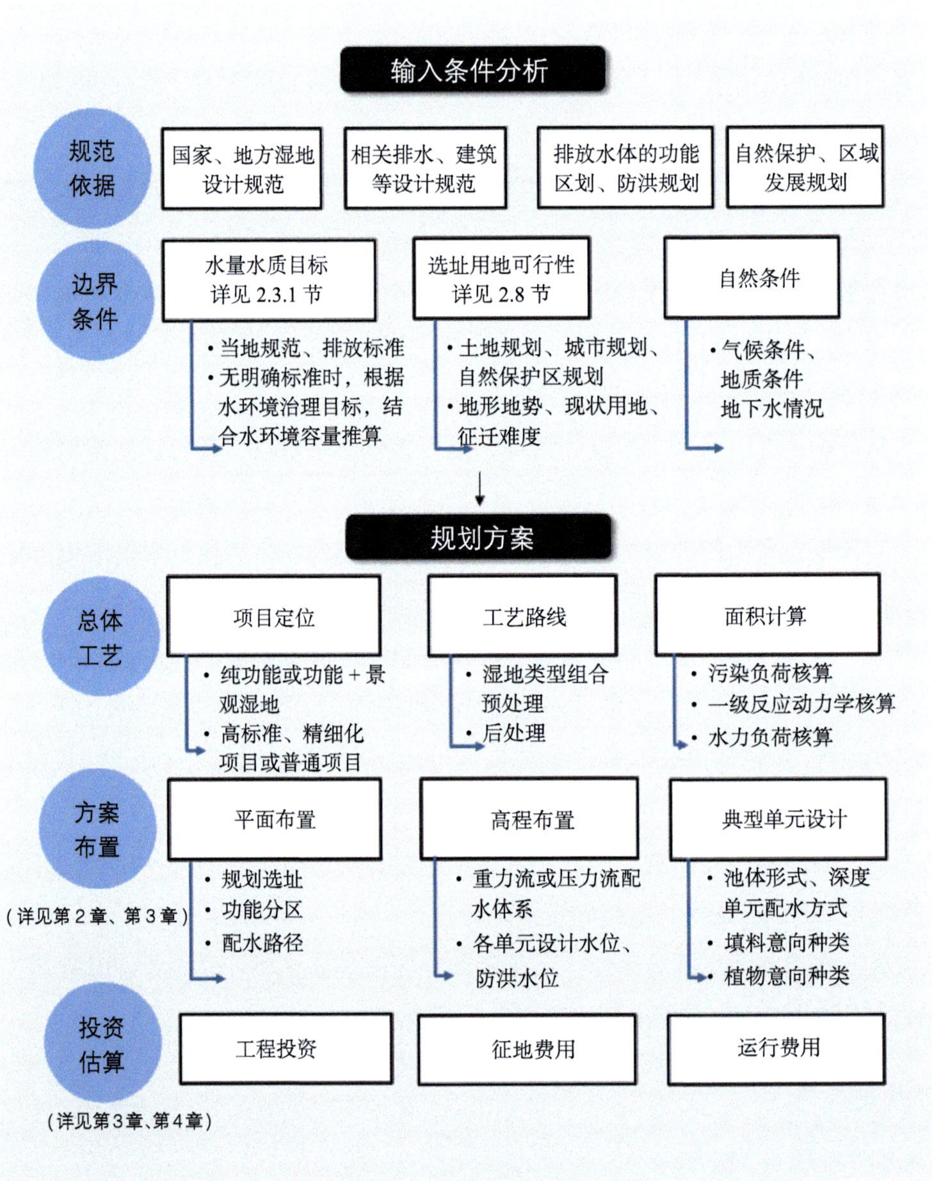

图 2-1　方案编制思维导图

2.2　基于应用场景的方案编制要点

2.2.1　生活污水处理湿地方案编制要点

生活污水处理湿地指用于生活污水处理的湿地，一般用于规模较小的污水处理，如农村污水处理、露营地污水处理等。

①宜采用加大停留时间的前置调节池、预处理段等，以减小水质水量波动对湿地的冲击。预处理段可采用化粪池、沉淀池等一级处理工艺。

②表流湿地直接用于生活污水的二级处理时易产生臭气、蚊蝇孳生等问题，因此应采用以潜流湿地为主的工艺。

③宜采用较小的水力负荷以减小后期堵塞的概率。

④位置较分散、维护不便的湿地站点应尽量简化机械结构，降低养护难度。

2.2.2　尾水湿地方案编制要点

尾水湿地指用于污水处理厂尾水深度净化的湿地。

①可采用表流湿地或潜流湿地，根据用地面积条件及具体指标要求确定使用的具体湿地形式，详见 2.4 节。

②重视与污水处理厂的联动运行，预留相应操作接口，如超越管、中间水质监测点、水量调节设施等。

③通常总面积较大，且考核较严格，宜采用多条处理线并联，有条件的采用多级湿地串联工艺，并重视设计的精细度。

④宜预留强化处理的设施或用地；规划好运营道路及配套设施，以方便后期运维。

⑤由于通常总面积较大，应充分利用空间，重视生态景观功能的设计和实现，以提升综合效益。

2.2.3　河湖水处理湿地方案编制要点

河湖水处理湿地指用于河水、湖水等自然水体处理的湿地。

①有用地条件的优先采用以表流湿地为主的工艺，用地紧张的可采用潜流湿地，但应重视预处理单元，以减轻来水悬浮物对湿地的冲击。

②自然水体温度变化较大，需计算不同温度下湿地的处理能力，并考虑冬季最不利情况下的考核目标。

③充分分析来水的季节性水质变化，尤其是汛期水质情况，并在工艺设计、目标制

定中做相应计算，采取对应措施。

④由于该类型湿地常临近行洪通道，应重视防洪设计。

2.2.4 水源地湿地方案编制要点

水源地湿地指用于饮用水原水净化的湿地，通常也属于河湖水处理湿地。除上述河湖水处理湿地的设计要点外，还需考虑：

①微污染物的监测与去除路径。

②水质污染事故的严格预防、预警，以及应急处理措施。

2.2.5 雨洪湿地方案编制要点

雨洪湿地指用于雨洪水调蓄和净化的湿地。

①工程选址是关键，以低洼地段、地质条件有利于下渗的地段为优。

②做好流域分析和水量平衡计算（包括蒸发、蒸腾、下渗、排出等）以确定径流控制率等海绵城市控制指标，并保证湿地所需的基本水位。

③宜采用以表流湿地、稳定塘为主的工艺。

④处理合流制溢流污染时，应重视预处理。

⑤由于入流不稳定，水质净化效率较难估计，可通过模型模拟。

2.3 输入条件梳理

2.3.1 项目目标

明确项目建设的目标，包括但不限于以下几个目标。

①水质目标：根据所处地域的国家规定或项目管理单位的要求确定；无硬性要求时，根据所处流域的水环境目标，经过水环境容量核算确定。

②景观效益目标：明确是否向公众开放，是否承担公众亲水休闲、科普教育等功能。

③资源利用目标：再生水回用目标、再生材料利用目标等。

2.3.2 上位规划

上位规划是确定项目选址、功能定位、推进时序等的先决条件，包括但不限于项目所在流域的水功能区划、土地规划、城市总体规划、排水规划、其他专项规划等，详见 2.8 节“工程选址要求”。

2.3.3　相关项目

明确人工湿地项目所处位置周边存量涉水项目的运行情况及新增项目计划，包括但不限于污水处理厂、河道治理、截污管网、自来水厂、公园绿地等。

2.3.4　来水条件

对人工湿地水源的水量及水质进行全年尺度上的分析，并应考虑在城市发展、相关项目实施的条件下未来的水质变化。

2.3.5　水文气象

人工湿地项目所处区域的逐月温度、降水、蒸发、冻土深度、河道洪水位及冰冻情况等自然条件数据。

2.3.6　场地条件

场地条件包括建设场地的地形地势、地质条件、现状管线、周边用地情况等。

2.3.7　生态本底

项目所在区域的本地湿地动植物、生态敏感区域等。

2.4　确定适用规范

湿地设计应符合相关设计规范的强制性要求。对规范中未详述事项，可参考行业、地方相关设计规程、指南等进行设计。本节列出主要的相关规范指南，读者可根据情况进行参考，注意使用时，根据最新适用的规范版本调整更新。对不同规范、指南中指导性意见不统一者，结合项目特点进行分析与采纳。

2.4.1　通用人工湿地技术规范及指南

《人工湿地污水处理工程技术规范》（HJ 2005—2010）

《人工湿地污水处理技术导则》（RISN-TG006—2009）

《海绵城市建设技术指南——低影响开发雨水系统构建（试行）》（2014 年 10 月）

《污水自然处理工程技术规程》（CJJ/T 54—2017）

《城市湿地公园设计导则》（住房和城乡建设部，2017 年 10 月）

《国家湿地公园总体规划导则》（国家林业局湿地保护管理中心，2010 年 2 月）

《农村生活污水处理工程技术标准》（GB/T 51347—2019）

《室外排水设计标准》（GB 50014—2021）

《人工湿地水质净化技术指南》（生态环境部，2021 年 4 月）

2.4.2 地方人工湿地技术规范

《人工湿地污水处理技术规程》（ DGJ32/TJ 112—2010 ，江苏）

《有机填料型人工湿地生活污水处理技术规程》（DGJ32/TJ 168—2014，江苏）

《人工湿地污水处理技术规范》（DGTJ 08-2100—2012，上海）

《农村生活污水人工湿地处理工程技术规范》（DB11/T 1376—2016，北京）

《人工湿地水质净化工程技术指南》（DB37/T 3394—2018，山东）

《人工湿地水质净化工程竣工环境保护验收技术规范》（DB37/T 3393—2018，山东）

《河湟谷地人工湿地污水处理技术规范》（DB63/T 1350—2015，青海）

《水解酸化 - 人工湿地无动力污水处理工程技术规范》（DB44/T 1995—2017，广东）

《安徽省污水处理厂尾水湿地处理技术导则（试行）》（2015 年 2 月，安徽）

《浙江省生活污水人工湿地处理工程技术规程》（2015 年，浙江）

《农村生活污水处理技术规范》（DB33/T 868—2012，浙江）

《天津市人工湿地污水处理技术规程》（DB/T 29-259—2019，天津）

《污水处理厂尾水人工湿地工程技术规范》（DB41/T 1947—2020，河南）

《高原湖泊区域人工湿地技术规范》（DB53/T 306—2010，云南）

2.4.3 国家、行业相关规范对比

国家、行业主要相关规范如表 2-1 所示。

表 2-1 国家、行业主要相关规范

规范名称	版本号（发布日期）	发布部门	适用范围	特点
《室外排水设计标准》	GB 50014—2021	住房和城乡建设部	室外排水工程设计	对人工湿地、稳定塘的适用条件、主要设计参数等进行简要规定
《农村生活污水处理工程技术标准》	GB/T 51347—2019	住房和城乡建设部	农村生活污水处理工程设计	将自然生物处理（人工湿地、稳定塘等）列为主要处理工艺之一；对相关设计参数进行简要规定

规范名称	版本号（发布日期）	发布部门	适用范围	特点
《人工湿地污水处理工程技术规范》	HJ 2005—2010	环境保护部	城镇生活污水、城镇污水处理厂出水及与生活污水性质相近的其他污水处理工程	明确基本概念，对湿地进水主要指标的限值提出要求，对基本工艺流程、湿地水力负荷、停留时间、去除率等提出参考取值。对湿地规模计算的介绍较为笼统。对湿地详细设计提出了参考性意见
《污水自然处理工程技术规程》	CJJ/T 54—2017	住房和城乡建设部	规模宜小于或等于 1 万 m^3/d 的城镇污水和农村污水；规模宜小于或等于 10 万 m^3/d 的城镇污水处理厂出水和受有机物污染的地表水；类似的水质其他污水	对不同气候、不同进水条件下的人工湿地及稳定塘的 COD、NH_3-N、TP 污染负荷提出参考范围，对湿地面积计算的指导意义较强。对湿地详细设计提出了参考性意见和参数取值范围
《人工湿地水质净化技术指南》	2021 年 4 月	生态环境部	适用于达标排放的污水处理厂出水、微污染河水、农田退水及类似性质的低污染水的人工湿地水质净化过程	侧重低污染水净化，对气候区划分较细，为不同气候区的 COD、NH_3-N、TP 污染负荷提出参考范围，对湿地面积计算的指导意义较强。对设计、施工、运行、维护的全过程提出相对详细的技术指引
《海绵城市建设技术指南——低影响开发雨水系统构建（试行）》	2014 年 10 月	住房和城乡建设部	海绵城市建设中低影响开发设施的规划编制、设计、实施与维护管理	主要针对雨水湿地的概念构造、适用性和优缺点做了介绍，并列举了雨水湿地的设施维护方案，就雨水湿地在海绵城市建设中的功能作用、选取条件做了列表分析
《城市湿地公园设计导则》	2017 年 10 月	住房和城乡建设部	城市规划区范围内的城市湿地公园设计相关工作	以保护城市湿地资源为目的的城市绿地设计导则，强调生态优先的保护概念，可为人工湿地公园建设提供更高标准的技术依据
《国家湿地公园总体规划导则》	2010 年 2 月	国家林业局湿地保护管理中心	国家湿地公园总体规划的编制	就国家湿地公园中湿地的面积占比作出规定，重点在保护与恢复，可为人工湿地公园建设提供更高级别标准的技术依据

2.4.4 地方人工湿地相关规范

部分地方相关规范如表 2-2 所示。

表 2-2 部分地方相关规范

规范名称	版本号	区域	适用范围	特点
《有机填料型人工湿地生活污水处理技术规程》	DGJ32/TJ 168—2014	江苏	有机填料型人工湿地的生活污水处理	针对有机填料型人工湿地及其在农村的实施做出了具体规定。对其他类型湿地的适用性较弱
《人工湿地污水处理技术规程》	DGTJ 08-2100—2012	上海	3 万人以下镇和村的生活污水处理工程	针对不同指标推荐了典型工艺组合；污染负荷取值较详细，对湿地主要构成部分确定了主要参数，并就推荐做法附图说明
《农村生活污水人工湿地处理工程技术规范》	DB11/T 1376—2016	北京	农村生活污水或具有类似性质的污水	强调人工湿地的环境友好指标，如能耗、产氧量等节能减排要求；列举了处理农村生活污水人工湿地的主要技术参数及污染物去除率；针对北京冬季防冻运行的特点提出了防冻设计要求
《人工湿地水质净化工程技术指南》	DB37/T 3394—2018	山东	微污染水体的净化	针对微污染水体净化，提出部分地区湿地出水水质达到 III 类水平；污染负荷取值较详细
《河湟谷地人工湿地污水处理技术规范》	DB63/T 1350—2015	青海	污水处理厂尾水、经适当预处理的生活污水、其他低浓度废水	针对不同来水推荐了典型工艺组合；污染负荷取值较详细；侧重复合流潜流湿地。规定了不同季节的运行要点
《农村生活污水处理技术规范》	DB33/T 868—2012	浙江	3 万 m^3/d 以下的生活污水处理	规定了预处理的出水目标；针对 COD、NH_3-N、TP 提出污染负荷参考取值；对各部分设计、建造、验收、管理规定了较明确的参数和做法

2.4.5　国际人工湿地技术规范

基于相似工况，还可以参考相应的国际人工湿地技术规范。部分国际人工湿地技术规范如表 2-3 所示。

表 2-3　部分国际人工湿地技术规范

规范名称	发行年份	发行部门	适用范围	特点
Constructed Wetlands Treatment of Municipal Wastewaters	2000	美国环保局	城镇生活污水	偏科普性质，强制条文较少；侧重表流湿地
Technical and Regulatory Guidelines Document for Constructed Treatment Wetlands	2003	美国州际环境技术与规则委员会（ITRC）	所有水源	原理阐述详细、学术性强；明确了设计和审批流程
NJ Stormwater Management Technical Manual（Chapter 6.2 Constructed Stormwater Wetlands）	2013	美国新泽西州	雨洪水	技术手册，包含雨洪水湿地的构建、运行和维护等技术细节
Treatment Wetlands	2017	国际水协会（IWA）	生活污水	实施指南性质；对欧洲各国的湿地设计参数进行归纳
Principles for Dimensioning, Construction and Operation of Wastewater Treatment Plants with Planted and Unplanted Filters for Treatment of Domestic and Municipal Wastewater	2017	德国	城镇生活污水	侧重潜流湿地，侧重在生活污水处理中的应用；为标准性文件，规定较细

2.4.6　构（建）筑物与设备技术规范

预处理、后处理、污泥处理、恶臭处理、人工湿地配套设备及材料等相关技术规范如下。

《室外排水设计标准》（GB 50014—2021）

《室外给水设计标准》（GB 50013—2018）

《泵站设计标准》（GB 50265—2022）

《室外给水排水和燃气热力工程抗震设计规范》（GB 50032—2003）

《建筑机电工程抗震设计规范》（GB 50981—2014）

2.4.7 辅助工程技术规范

厂区道路、围墙、绿化、电气系统、给排水、消防、暖通与空调、建筑与结构、防洪排涝等工程相关技术规范如下。

《城市防洪工程设计规范》（GB/T 50805—2012）

《工业企业设计卫生标准》（GBZ 1—2010）

《建筑给水排水设计标准》（GB 50015—2019）

《建筑设计防火规范》[GB 50016—2014（2018 年版）]

《建筑灭火器配置设计规范》（GB 50140—2005）

《建筑抗震设计规范》[CB 50011—2010（2016 年版）]

《消防给水及消火栓系统技术规范》（GB 50974—2014）

《聚乙烯（PE）土工膜防渗工程技术规范》（SL/T 231—98）

《给水排水工程构筑物结构设计规范》（GB 50069—2002）

《给水排水工程管道结构设计规范》（GB 50332—2002）

2.4.8 施工及验收规范

《建筑给水排水及采暖工程施工质量验收规范》（GB 50242—2002）

《城镇污水处理厂工程质量验收规范》（GB 50334—2017）

《给水排水管道工程施工及验收规范》（GB 50268—2008）

《机械设备安装工程施工及验收通用规范》（GB 50231—2009）

《建筑工程施工质量验收统一标准》（GB 50300—2013）

《建筑地基基础工程施工质量验收标准》（GB 50202—2018）

《混凝土结构工程施工质量验收规范》（GB 50204—2015）

2.5 技术方案比选

2.5.1 人工湿地与传统污水处理工艺比选

如前所述，人工湿地作为一类仿自然污水处理工艺，其净化原理与传统污水处理工艺没有本质区别，均为物理、化学和生物的共同作用。其中，潜流湿地属于广义的生物膜法水处理技术，与常规生物滤池相比，主要区别在于内部是否种植植物及机械化程度的高低。人工湿地与传统污水处理工艺比选如图 2-2 所示。

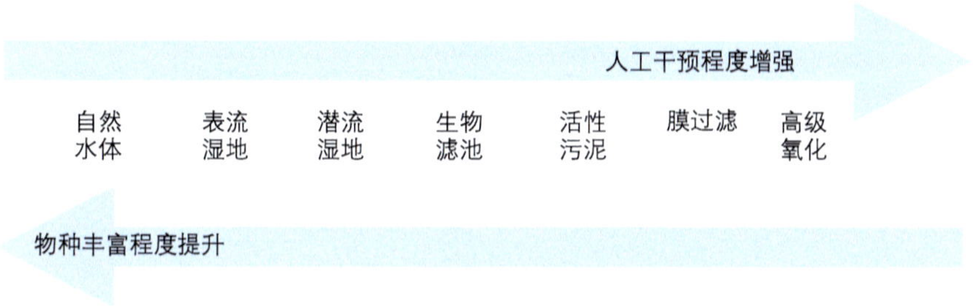

图 2-2　人工湿地与传统污水处理工艺比选

人工湿地主要利用自然降解、富集过程去除污染物，较少使用用电设备和药剂，也基本不输出污泥、反冲洗水等二次污染物，是名副其实的低碳水处理技术，同时能够营造景观良好的亲水空间，提供水生生物的栖息地。而其代价是人工湿地内部需要较大的水环境容量，即湿地的占地面积较大，相应地也增加了植物收割、杂草管理等的运维工作量。

在我国项目实践中，考虑到占地面积和运行管控灵活度等因素，市政污水、工业废水等场景较少采用人工湿地作为主体处理工艺。人工湿地更多地应用在污水处理厂尾水深度净化、河湖水深度净化等低污染水净化场景。村镇生活污水处理、合流制溢流污染治理等分散污水处理场景，以及雨洪调蓄净化、自来水原水净化等需要将水质净化和水量调蓄结合的应用场景中。

2.5.2　湿地类型比选

应根据污水性质、处理水量、处理标准、自然环境、生态特点、景观要求、建设投资和运行成本等条件确定人工湿地处理工艺。人工湿地处理系统可由一个处理单元构成，也可由多个同类处理单元并联、串联或不同类型人工湿地串联构成。

（1）水平潜流湿地

水平潜流湿地有以下特点：①通常为缺氧反应器；②去除 COD、TN；③管道系统简单，易于填料和管道堵塞后的恢复；④对 SS 的适应性相对较强。水平潜流湿地示意图如图 2-3 所示。

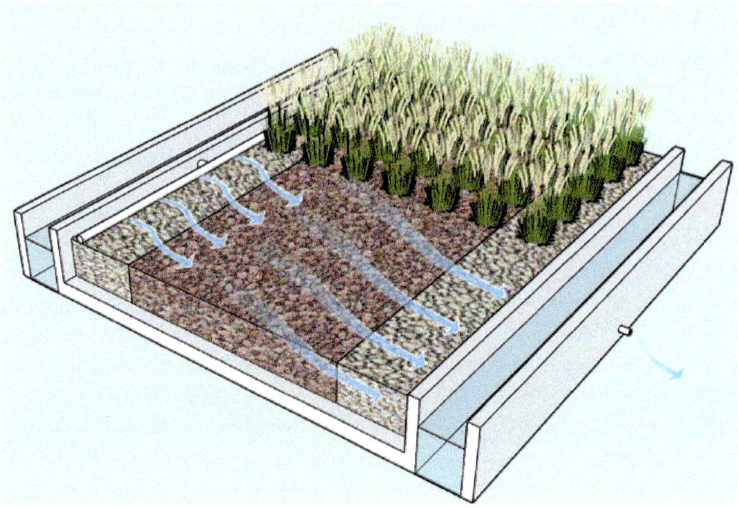

图 2-3 水平潜流湿地示意图

（2）垂直潜流湿地

垂直潜流湿地有以下特点：①通常为好氧反应器；②去除 COD、NH_3-N；③管道系统复杂，堵塞后填料清理及管路清通工作量大。垂直潜流湿地示意图如图 2-4 所示。

图 2-4 垂直潜流湿地示意图

（3）表流湿地

表流湿地有以下特点：①适用于微污染水处理；②占地面积大；③去除 TN、TSS；④易维护、生态效益好；⑤容易发生水华。表流湿地示意图如图 2-5 所示。

图 2-5　表流湿地示意图

上述 3 种湿地类型的典型去除率如表 2-4 所示。

表 2-4　主要人工湿地类型的典型去除率

指标	水平潜流	垂直潜流*	表流
	二级处理	二级处理	深度处理
TSS	> 80%	> 90%	> 80%
COD	> 80%	> 90%	> 80%
NH_3-N	20% ～ 30%	> 90%	> 80%
TN	30% ～ 50%	< 20%	30% ～ 50%
TP（长期）	10% ～ 20%	10% ～ 20%	10% ～ 20%
大肠杆菌 /CFU	100	100 ～ 10 000	10

来源：IWA 湿地手册。表中为对应手册中建议的水力负荷取值。* 单级潜流湿地，主反应层使用砂填料（0.06 ～ 4 mm）。

表流人工湿地宜在有较大面积可利用且处理水中悬浮物较多的情况下采用，并宜采取控制蚊蝇孳生和漂浮物积存的措施。

潜流人工湿地适宜在场地面积有限且对处理效率和效果有较高要求的情况下采用，

应注意控制进水中的悬浮物浓度。

复合型人工湿地和组合型人工湿地宜在处理水中污染物浓度大、处理水水质要求高的条件下采用。应用时应根据各类人工湿地处理单元的特性进行复合或组合，常用的有：

①垂直潜流 + 水平潜流，组成硝化 - 反硝化系统，强化氮的去除；

②垂直潜流 + 表流湿地，通过垂直潜流实现 COD 和 NH_3-N 的去除；通过表流湿地的沉积和生物富集作用实现硝态氮和磷的深度净化。

人工湿地不同处理工艺对比表如表 2-5 所示。

表 2-5　人工湿地不同处理工艺对比表

指标	表流人工湿地	水平潜流人工湿地	上行垂直流人工湿地	下行垂直流人工湿地	稳定塘
负荷	低	较高	高	高	低
吨水占地面积	10～50 m^2	5～20 m^2	1.5～5 m^2	1.5～5 m^2	5～50 m^2
构造管理	简单	一般	复杂	复杂	简单
每平方米建设费用	60～500 元	800～2 000 元	1 000～2 000 元	1 000～2 000 元	60～400 元
受气候的影响	大	一般	一般	一般	较大
卫生状况	差	好	一般	一般	差
景观效果	好	较好	较好	较好	好
有机物去除能力	一般	强	强	强	一般
硝化能力	较强（深度处理）	较弱	一般	强	一般
反硝化能力	弱	强	较强	一般	弱
除磷能力	一般	较强	较强	较强	弱
施工难度	小	一般	大	大	小
堵塞情况	不易堵塞	有轻微堵塞	易堵塞	易堵塞	不易堵塞

指标	表流 人工湿地	水平潜流 人工湿地	上行垂直流 人工湿地	下行垂直流 人工湿地	稳定塘
吨水运维费用	0.05 ～ 0.1 元	0.1 ～ 0.2 元	0.2 ～ 0.3 元	0.2 ～ 0.3 元	0.05 ～ 0.1 元

注：均未考虑强化处理措施；表流、稳定塘造价与场地本底、项目定位关系较大。

针对人工湿地进水中主要的污染物类型和去除目标，可有针对性地选择湿地形式（如表 2-6 所示）。根据实际情况，可采用串联式、并联式或组合式，其工艺流程应根据具体进水水质条件和出水水质要求，综合考虑用地条件，通过技术经济比较后确定。进行技术经济比选时应考虑工程造价和运行费用。相关参考取值见第 3 章、第 4 章。

表 2-6　基于主要污染物的湿地类型选择建议

污染物	人工湿地类型建议
有机物	垂直潜流湿地、水平潜流湿地
NH_3-N	下行垂直潜流湿地、浅水型表流湿地
TN	水平潜流 + 垂直潜流（可考虑回流湿地）、垂直潜流 + 表流湿地
TP	水平潜流湿地、表流湿地、稳定塘
悬浮物（预处理）	表流湿地、稳定塘
悬浮物（深度处理）	垂直潜流湿地、水平潜流湿地

2.6　常见工艺组合

不同的湿地类型具有不同的优点。进水水质的多样性和出水水质要求的不同对湿地的处理效果提出了更严格的要求，往往单一的湿地类型单元不能满足相关需求，因此复合人工湿地系统不断发展和应用。这种由两种或两种以上类型的人工湿地串联成的组合系统，可以有效结合各种类型湿地的优点并互为补充。同时，同一类型湿地也可并联多个单元，可减小规模，有利于均匀配水，方便单元的检修、轮休等。

下面举例说明在进水水质不同的情况下常见的工艺组合。

2.6.1　生活污水处理常见工艺组合

进水为生活污水时，通常可采用化粪池 + 潜流湿地的组合，潜流湿地可选择垂直 +

水平或水平 + 垂直（类似 A+O）两级串联来提高脱氮除磷和有机物去除的效果。若考虑水景观需要，也可以在最末端增加表流湿地单元。生活污水处理常见工艺流程如图 2-6 所示。

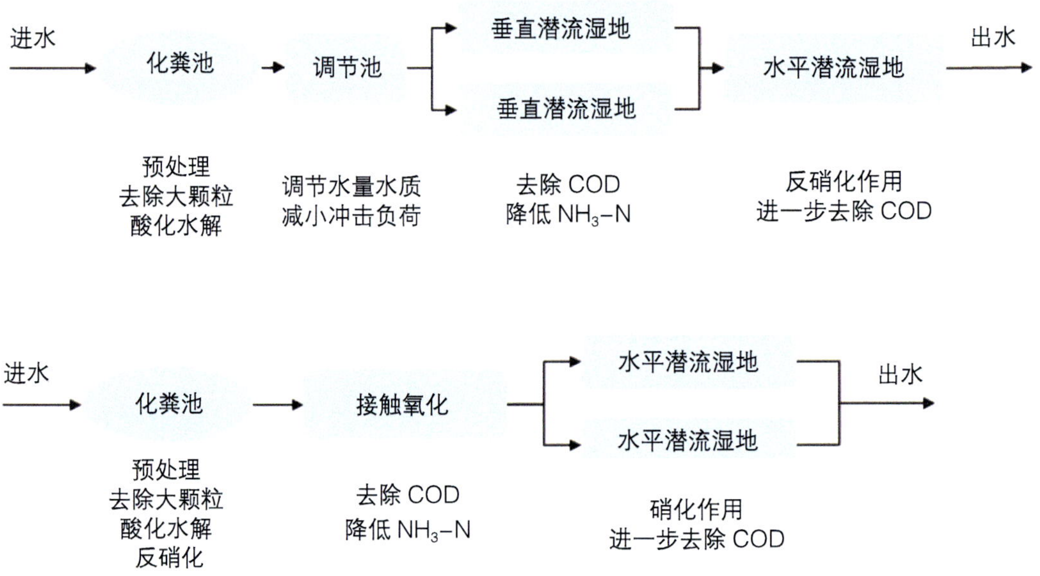

图 2-6　生活污水处理常见工艺流程

人工湿地工艺处理生活污水在欧洲等起步较早，大多用于小规模分散式污水处理。在我国目前多用于农村地区生活污水处理，也适用于具有类似性质的污水，例如公园、景区等的生活污水。

2.6.2　污水处理厂尾水处理常见工艺组合

进水为污水处理厂尾水时，通常可采用水平潜流湿地或垂直潜流湿地，并与表流湿地或生态塘串联组合。潜流湿地对 COD、NH_3-N、TP 可达到较好的处理效果；表流湿地在提升总体生态效益的同时，在合理停留时间下可去除部分 TN（如图 2-7 所示）。

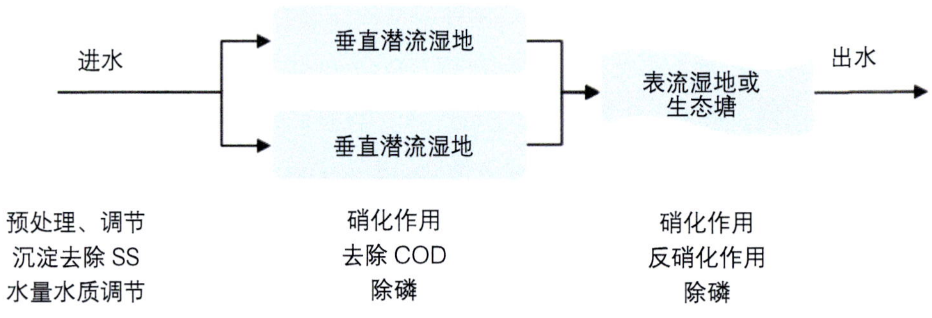

图 2-7　污水处理厂尾水处理常见工艺流程

2.6.3　河水、微污染水体处理常见工艺组合

进水为河水、雨水或其他微污染水体时，在用地条件允许时，优先选用表流湿地（包括根孔湿地、近自然湿地等形式），如图 2-8 所示。

图 2-8　河水、微污染水体处理常见工艺流程

用地紧张时，也可采用潜流湿地，但需采用预处理措施去除 SS，通常可采用沉砂池，在 TP 浓度较高时也可采用混凝沉淀预处理，如图 2-9 所示。

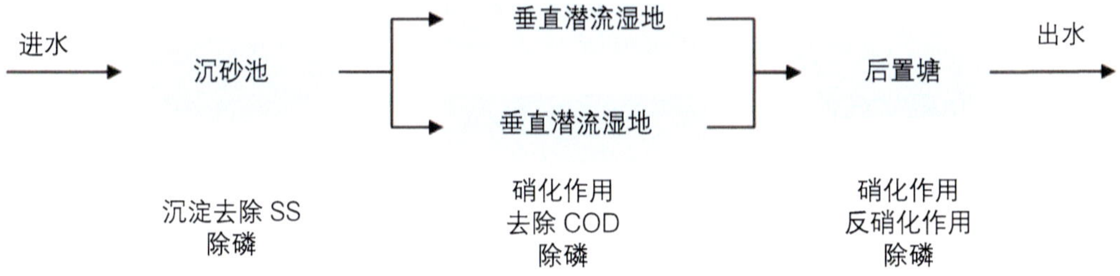

图 2-9　河水、微污染水体处理常见工艺流程（用地紧张时）

2.7　方案计算

2.7.1　处理规模

（1）相对稳定水源的人工湿地

对用于处理生活污水、污水处理厂尾水等相对稳定水源的人工湿地，可根据以下流量确定湿地处理规模。

①平均日流量：用于计算湿地污染负荷、水力停留时间，为主要设计依据。

②最大日流量：用于校核表面水力负荷。

③最大日最大时流量：用于设计预处理单元。

（2）季节性变化较大水源的人工湿地

对用于处理河水、雨水等季节性变化较大水源的人工湿地，应进行全年来水水质水量分析，计算不同处理规模下的水量控制率、污染负荷控制率，并结合下游水体环境保护目标，综合确定湿地规模。

（3）间歇性配水的湿地

对间歇性配水的湿地，还应考虑单次投配流量，用于设计投配频率、泵站等，并核算湿地过水能力。

其中应注意：

①对存在近远期分期的湿地，可考虑按远期规模设计进水泵站及预处理系统的土建部分。

②一般湿地处理规模不考虑湿地表面直接接收的雨水入流量，但对于水质考核严格的非雨水湿地，应避免周边雨水径流汇入。对于吨水处理面积较大、出水水质要求较高的湿地，应考虑表面接收的雨水水质对出水水质的影响。

③对雨水湿地、大型湿地应进行水量平衡分析，以避免湿地干涸、影响周边区域排水、无法供应足额再生水等问题。

2.7.2　湿地面积（容积）计算

人工湿地的有效处理面积是一项重要指标，直接影响工程占地和造价。一般根据处理水量、服务人口、进出水水质要求等工艺条件确定湿地有效面积，或确定湿地容积后，按照水深、湿地孔隙率等计算湿地有效面积。

2.7.2.1　经验值法

经验值法（rule-of-thumb）指根据以往经验，以服务人口或处理水量为输入条件，等比例直接计算湿地面积（容积）的方法。人口当量计算法、水力表面负荷法、水力停留时间法都属于此类。

经验值法的优点是使用方便，缺点则是未考虑来水水质、预处理、气候、污水进水浓度等对湿地处理能力的影响，因而其经验取值往往适用于较窄的湿地应用范围（例如，温带气候下用于生活污水二级处理的水平潜流湿地）。通常在某些国家或地区的设计导则中用于单一湿地工艺类型。

（1）人口当量计算法

人口当量表面积是指人工湿地服务范围内单位人口所需的湿地表面积。一般用于生活污水的二级处理。该方法在欧洲各国应用较为普遍。主要人工湿地规范中的人口当量推荐取值如表 2-7 所示。

表 2-7　主要人工湿地规范中的人口当量推荐取值

单位：m^2/ 人

湿地类型	中国 *	奥地利	丹麦	德国	法国
水平潜流	≥ 5	—	5	—	—
垂直潜流	≥ 4	4	3	4	2

注：*《人工湿地污水处理技术导则》（RISN-TG006—2009）。

（2）水力表面负荷法

水力表面负荷 [单位为 m^3/（$m^2 \cdot d$）] 按照式（2-1）计算：

$$q=\frac{Q}{A} \tag{2-1}$$

式中：q ——水力表面负荷，m^3/（$m^2 \cdot d$）；

Q ——流量，m^3/d；

A——湿地有效处理面积，m^2。

主要人工湿地规范中的水力表面负荷推荐值如表 2-8 所示。

表 2-8　主要人工湿地规范中的水力表面负荷推荐取值

单位：m^3/（$m^2 \cdot d$）

湿地类型	中国（RISN-TG 006—2009）	中国（HJ 2005—2010）	美国 ITRC
表流	—	<0.1	0.007 ~ 0.05
水平潜流	0.1 ~ 0.3	<0.5	0.02 ~ 0.2
垂直潜流	<0.12	<1	0.02 ~ 0.2

可以看到，中国与美国对水力表面负荷的取值差异较大，美国人工湿地设计较保守，吨水占地较大。

（3）水力停留时间法

水力停留时间按照式（2-2）计算：

$$T=\frac{Vn}{Q} \tag{2-2}$$

式中：V —— 人工湿地有效容积，m^3；

n——填料孔隙率，表流人工湿地 n 取 0.9～1，潜流人工湿地根据所采用填料确定。

由于潜流湿地的床深通常有限（0.8～2 m），且较难获取填料孔隙率的准确取值，水力停留时间法在设计潜流湿地时一般仅用于校核。

2.7.2.2 污染物面积负荷法

污染物面积负荷指人工湿地单位表面积在单位时间内接收并可将其降解到预定程度的污染物质量。其计算公式为

$$L=\frac{C_iQ_i-C_oQ_o}{A} \tag{2-3}$$

式中：L——污染物面积负荷，g/（m^2·d）；

C——污染物浓度，mg/L；

Q——流量，m^3/d；

A——湿地有效处理面积，m^2。

对应地，在进出水浓度、处理水量确定时，可根据式（2-4）计算湿地有效处理面积：

$$A=\frac{C_iQ_i-C_oQ_o}{L} \tag{2-4}$$

污染物面积负荷法的理论前提是零级反应，即底物的反应速率是常数。该法适用于一定底物浓度范围内的生化反应和物化反应。

该法是我国国内主要规范重点采用的计算方法。不同污染物指标对应的面积负荷取值范围不同。通常按 BOD_5、NH_3-N、TN 和 TP 等主要污染物的面积负荷和水力表面负荷计算，并取计算结果中的最大值，同时应满足水力停留时间要求。污染物面积负荷取值通常根据中试、类型案例的实际数据确定，缺乏工程数据时也可参考规范取值。

各主要规范中对污染物面积负荷的建议取值如表 2-9 所示。其中，《污水自然处理工程技术规程》（CJJ/T 54—2017）、生态环境部《人工湿地水质净化技术指南》（以下简称“生态环境部指南”）对不同类型人工湿地、不同气候及不同进水水质下的取值参数做了对应区分，表 2-9 中仅列出总体取值范围。

表 2-9　我国主要人工湿地规范中的污染物面积负荷推荐取值

湿地类型	指标	规范规定负荷范围				规范参考去除率上限 /%
		CJJ/T 54—2017	生态环境部指南	GB 50014—2021	RISN-TG006—2009	CJJ/ T 54—2017
表流湿地	COD/[g/（m^2·d）]		0.1～6			
	BOD/[g/（m^2·d）]	1.5～3.0		1.5～5		50
	NH_3-N/[g/（m^2·d）]	0.8～1.5	0.01～0.5			40
	TN/[g/（m^2·d）]	1.0～2.0	0.02～1.5			35
	TP/[g/（m^2·d）]	0.08～0.15	0.005～0.1			50
	水力负荷 /[m^3/（m^2·d）]	≤ 0.15	0.01～0.5	≤ 0.1		
垂直潜流	COD/[g/（m^2·d）]		1.5～15		20～27	
	BOD/[g/（m^2·d）]	5～7		5～8		70
	NH_3-N/[g/（m^2·d）]	2.0～3.5	0.8～4.5			50
	TN/[g/（m^2·d）]	2.5～5.5	0.6～8.0			50
	TP/[g/（m^2·d）]	0.2～0.35	0.03～0.25			60
	水力负荷 /[m^3/（m^2·d）]	≤ 0.5	0.3～1.5	<0.5		
水平潜流	COD/[g/（m^2·d）]		1.0～12.0		16	
	BOD/[g/（m^2·d）]	4～6		4～8		65
	NH_3-N/[g/（m^2·d）]	1.5～3	0.5～3.5			50
	TN/[g/（m^2·d）]	2～4	0.4～6.0			50
	TP/[g/（m^2·d）]	0.15～0.3	0.02～0.2			60
	水力负荷 /[m^3/（m^2·d）]	≤ 0.4	0.2～1.0	≤ 0.3	< 0.1～0.3	

2.7.2.3 一级反应模型法

一级反应（first order reaction）指反应速度与反应物浓度的一次方成正比的反应。

（1）k-C^* 模型法

基于一级反应模型，假定人工湿地是理想的推流式反应器，考虑到湿地本底浓度 C^*，则有推流式 k-C^* 模型法。其中，基于面积的 k-C^* 模型公式写作

$$-\frac{k_A}{q}=\ln\left(\frac{C_o-C^*}{C_i-C^*}\right) \tag{2-5}$$

式中：K_A——一级反应速率常数，m/d 或 m/a；

q——水力表面负荷，m/d 或 m/a；

C^*——湿地本底浓度，mg/L。

其中，k 值受温度影响，并有以下温度函数：

$$k_T=k_{20}\theta^{(T-20)} \tag{2-6}$$

优点：比污染面积负荷法更贴近实际反应规律；考虑了湿地本底浓度 C^* 和温度变化的影响（通过温度校正系数 θ 调整 k_A 取值）。

缺点：k_A 取值主要依赖经验和统计数据（如表 2-10 所示）；推流式假定过于理想化，如果出水要求较高则达标风险较大。

表 2-10　人工湿地 k_A 取值（统计中位值）[15]

单位：m/a

污染物	水平潜流	垂直潜流	表流
BOD_5，二级处理	37	56	41
BOD_5，深度处理	86	63	33
TN	8.4	5.2	12.6
NH_3-N	11.4	52.8	14.7

从表 2-10 中可以看出，以北美州案例数据反推的 k_A 并不高。以 NH_3-N 为例，非冬季要达到 70% 的去除率，则按照表中取值，采用水平潜流需要的湿地面积为吨水 26.6 m^2，而采用垂直潜流湿地需要吨水 5.7 m^2；冬季所需的面积更大。这样大的

面积要求，难以满足我国的实际场景需求。从我国实际案例的运行情况看，实际削减 NH_3-N 指标所需的湿地面积远小于上述计算结果，具体可参照本书下半部分典型案例的运行数据。

（2）*P-k-C** 模型法

基于串联多级反应器（Tank-In Series，TIS）模型，介于理想推流式反应器和连续搅拌反应器系统之间，得出 *P-k-C** 模型法。

$$A=\frac{PQ_i}{k_A}\left[\left(\frac{C_o-C^*}{C_i-C^*}\right)^{\frac{1}{P}}-1\right] \tag{2-7}$$

式中：P —— 湿地中的反应器数量，和污水可降解性、湿地单元的长宽比有关；

k_A—— 一级反应速率常数，m/d 或 m/a；

q—— 水力表面负荷，m/d 或 m/a；

C^*—— 湿地本底浓度，mg/L。

*P-k-C** 模型法是目前学界推崇的计算方法，较为符合实际反应特征。但需要确定的参数太多，使用不够简便。使用该方法时，k_A、C^* 的取值与 *k-C** 法一致，但需要额外确定 P 的取值（如表 2-11 所示）。

表 2-11　参数 *P* 的推荐取值 [15]

污染物	水平潜流	垂直潜流	表流
BOD_5	3	2	1
TN	6	—	3
NH_3–N	6	6	3

2.7.2.4　数据统计法

数据统计法基于大量案例数据直接拟合得出公式，或作图得出对应关系，而不对反应过程做出假定。由于这类方法需要大量数据，工程中使用较少。

（1）污染物面积负荷作图法

通过大量的数据绘制污染物的面积负荷与污染物去除效果的关系图，如图 2-10 所示。

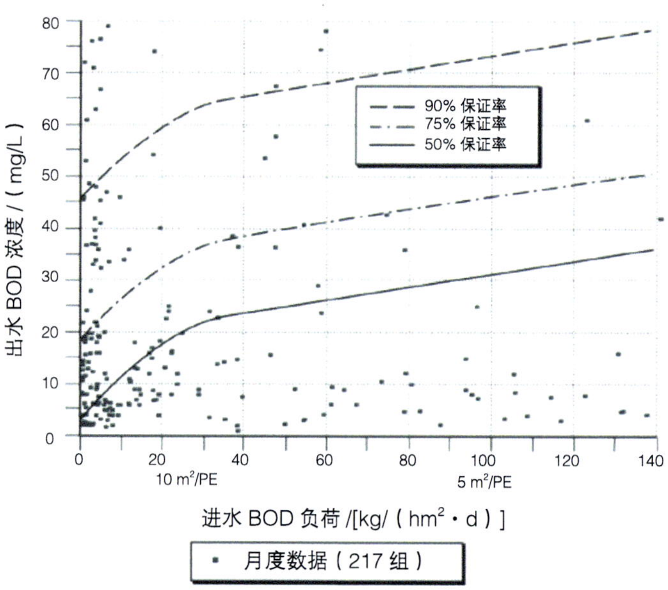

图 2-10　BOD 面积负荷与出水浓度的散点图及不同保证率下的拟合曲线 [37]

（2）回归方程法

通过大量的数据分析拟合得到回归方程，一般需要明确污染物进水浓度（负荷）、水力负荷等，得到出水浓度（负荷）估算值。其方程拟合结果仅适用于方程范围内的湿地进水浓度、气候。此外，该方法只能确定进出水浓度的响应关系，而无法确定湿地面积，其底层逻辑是湿地去除能力在一定水力负荷范围内是稳定的。因此实际上应用时，还需对湿地的水力负荷有一个上限规定。水平潜流湿地的回归方程示例如表 2-12 所示。

表 2-12　水平潜流湿地的回归方程示例 [38，39]

参数	公式	输入范围	输出时间	R^2
BOD_5	$M_o=0.13M_i+0.27$	$6<M_i<76$	$0.32<M_o<21.7$	0.85
	$C_o=0.11C_i+1.87$	$1<C_i<330$	$1<C_o<50$	0.74
COD	$M_o=0.17M_i+5.78$	$15<M_i<180$	$3<M_o<41$	0.79
TSS	$M_o=0.048M_i+4.7$	$3<M_i<78$	$0.9<M_o<6.3$	0.42
	$C_o=0.09C_i+0.27$	$0<C_i<330$	$0<C_o<60$	0.67

参数	公式	输入范围	输出时间	R^2
TN	$M_o=0.67M_i-18.75$	$300<M_i<2\,400$	$200<M_o<1\,550$	0.96
TP	$M_o=0.58M_i-4.09$	$25<M_i<320$	$20<M_o<200$	0.61
	$C_o=0.65C_i+0.71$	$0.5<C_i<19$	$0.1<C_o<14$	0.75

注：①M_i 和 M_o 分别是污染物进水负荷和出水负荷，kg/（hm^2·d）[39]；

②C_i 和 C_o 分别是污染物进水浓度和出水浓度，mg/L[38]。

2.7.2.5　推荐方法

综合对比上述方法，考虑参数易得性、标准化程度等，推荐在充分调研相似项目运行数据的基础上，采用污染物面积负荷法为主要计算方法，并基于回归方程法确定单级湿地的去除率上限。此外，还应对计算结果进行水力表面负荷、水力停留时间的复核。以水质考核为导向的湿地面积计算流程如图 2-11 所示。

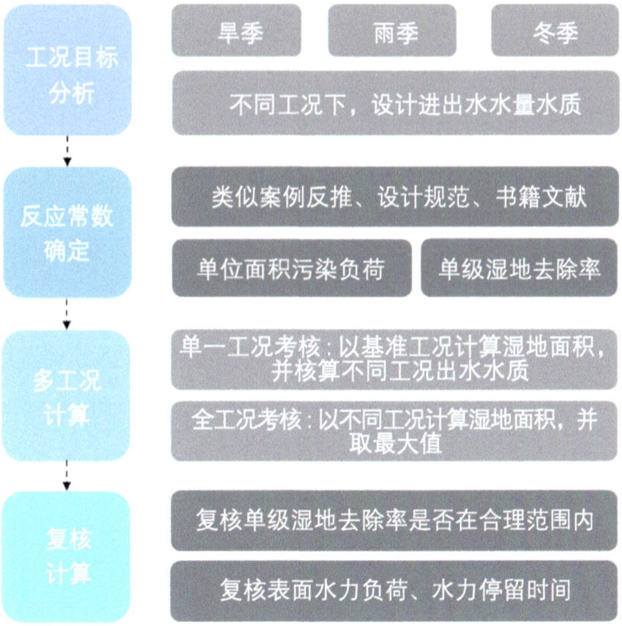

图 2-11　以水质考核为导向的湿地面积计算流程

2.7.2.6　计算参数相关参考资料

确定计算公式中的污染负荷、*k* 值、*C** 值等反应常数时，推荐根据类似案例运行数据进行反推。当缺少实际数据时，可参考下列资料及其他公开文献确定，并注意考虑安全系数。

（1）污染物面积负荷法及单级去除率参考资料

《污水自然处理工程技术规程》（CJJ/T 54—2017）

《人工湿地水质净化技术指南》（生态环境部）

《人工湿地污水处理技术规程》（DGTJ 08-2100—2012，上海）

《人工湿地水质净化工程技术指南》（DB37/T 3394—2018，山东）

《河湟谷地人工湿地污水处理技术规范》（DB63/T 1350—2015，青海）

《农村生活污水处理技术规范》（DB33/T 868—2012，浙江）

《高原湖泊区域人工湿地技术规范》（DB53/T 306—2010，云南）

（2）*k-C** 法参考资料

Kadlec R H, Wallace S.Treatment Wetlands[M] .2nd Ed. Boca Raton: CRC Press, 2009 .

Crites R W，Middlebrooks E J，Bastian R K. Natural Wastewater Treatment Systems[M] . 2nd Ed. Boca Raton: CRC Press, 2014.

王昊，曹伟宏，钟卉元，等 . 潜流型人工湿地深度处理污水厂二级出水的研究 [M]. 哈尔滨：哈尔滨工程大学出版社 , 2017.

2.8 工程选址要求

2.8.1 工程选址原则

人工湿地往往占地较大,其工程选址是项目实施的关键工作。简要选址原则如图2-12所示。

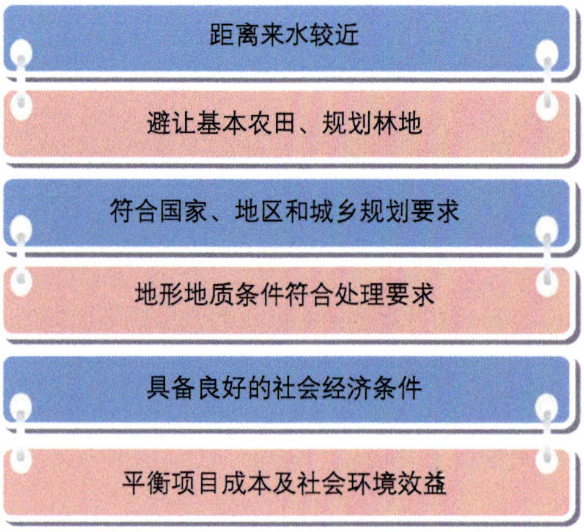

图 2-12 简要选址原则

具体体现在：

①距离进水水源较近；

②符合项目建设规模，存在充足的空间，有扩建的余地；

③地形地质符合建设要求，包括地势坡度可以实现水的重力流输送、土壤可被充分压实以减少渗漏、宜在地下水位之上、避开洪泛区；

④避让耕地、规划林地、保护古迹、矿藏、野生泉脉、野生动物栖息地等历史、自然资源；

⑤符合国家和地区规划的要求，符合城市（乡、镇）总体规划、土地利用总体规划、环境保护规划等各级规划；

⑥具备良好的社会经济环境，有可依托的市政基础设施及环境条件，可满足工程材料、能源、水、人力的供应，不受在建及规划建设工程的影响；

⑦符合项目投资规模，选址地块条件有利于优化工程经济技术指标，节约运营成本，提高企业收益及社会效益、环境效益。

2.8.2　上位规划

了解现阶段及未来城市建设对项目的影响，辅助设计方进行工程合理布局，为城市发展创造良好条件。项目开展前对接当地城市规划、自然资源等各级政府部门，取得地区级别规划的最新成果。

（1）国土规划、保护区规划等影响项目立项的重要规划

项目选址应符合项目地的国土规划、土地利用规划、林地保护利用规划等规划的要求。满足规划要求是项目划定工程建设红线、通过当地自然资源部门的工程用地预审并取得规划选址意见书的先决条件。

国土规划包括全国综合性国土建设规划，地区或区域的综合性国土建设规划，耕地、水利、环境、城市、人口等专业性规划。一般分为综合规划和专项规划。

参考土地利用专项规划，判别选址范围内是否有基本农田。参考林地保护利用规划，判别选址范围内是否有规划林地。由于基本农田及规划林地为“硬性指标”，工程建设应结合当地的控制性详细规划、修建性详细规划，将基本农田及规划林地划出建设红线。在无法规避的情况下需核定占用的用地指标，沟通当地主管一级的自然资源局及市区、乡镇政府协调指标补偿或置换，按照自然资源局签发的用地预审深化工程设计方案，避免设计反复。

尤其是非独立报审的人工湿地工程，其是水环境综合治理的专项工程，在深化设计

前需密切关注工程红线的审定，核实是否满足湿地占地面积及工艺流程设计要求。

（2）国家、地区总体规划（简称“总规”）

总规即省、自治区人民政府组织编制的省域城镇体系规划，城市人民政府组织编制的城市总体规划，县人民政府组织编制的县人民政府所在地镇的总体规划。

城乡总规包含城市、镇的发展布局，功能分区，用地布局，综合交通体系，禁止、限制和适宜建设的地域范围等。对照总规明确工程拟建地块用地分类可作为建设用地，做到不与城市建设冲突。由于城市近期总规通常按 5 年规划设计，如需结合城乡近期规划，需同时考虑规划建设内容对工程建设周期的影响。

（3）控制性详细规划、修建性详细规划（简称“控规”“详规”）

控规即城市人民政府城乡规划主管部门根据城市总体规划的要求组织编制的所在城市控制性详细规划，镇人民政府根据镇总体规划的要求组织编制的所在地镇控制性详细规划；县人民政府城乡规划主管部门根据镇总体规划的要求组织编制的控制性详细规划。

详规即城市、县人民政府城乡规划主管部门和镇人民政府组织编制的重要地块的修建性详细规划（依据控制性详细规划，在其基础上编制修建性详细规划）。

控规、详规多细化至街区层面。这一级规划分为规划说明书和图纸两部分，图纸包含了现状图、总平面规划图、道路系统规划图、绿地系统规划图、用地竖向规划图、工程管线规划图及管网综合规划图等文件图纸以及各类用地平衡表和技术经济指标统计表。

由于规划图纸多采用 1 ： 500 至 1 ： 1 000 的比例，因而在工程选址中可以更为准确地辅助校核工程布局的合理性及可实施性。

（4）各类专项规划

各类专项规划包含总体规划所附属的专项规划，完善总体规划的专项规划，指导城市开发的专项规划等。如居住区、市政基础设施、公共服务设施、交通系统、历史文化遗产保护、绿地系统、城市亮化等，由于人工湿地工程的处理水源及出水回用多与城市水系密不可分，工程设计需要水力要素的支撑，故同地区水务发展规划、河湖水系规划、防洪排涝规划、河道治理工程专项规划等水利工程专项规划的结合尤为重要。

2.8.3 水利防洪

人工湿地工程选址应尽可能避让区域内的低洼地段，最大限度地减少洪涝影响，避免因洪涝淹没造成的湿地堵塞，节省和优化工程建设及运营成本。

利用河滩地建设的湿地工程，需结合河道等级、设计标准、河道设计常水位及洪水位等水力要素进行工程选址，如潜流湿地填料顶高程不低于 20 年一遇洪水位。根据工程需要，表流湿地设计有可能与河道连通，在湿地水位设计上需考虑河道季节性水位变化的影响。

湿地进水及出水高程设计满足河道季节性水位变化及日常调度需要。湿地工程设计与洪水位关系示例如图 2-13 所示。

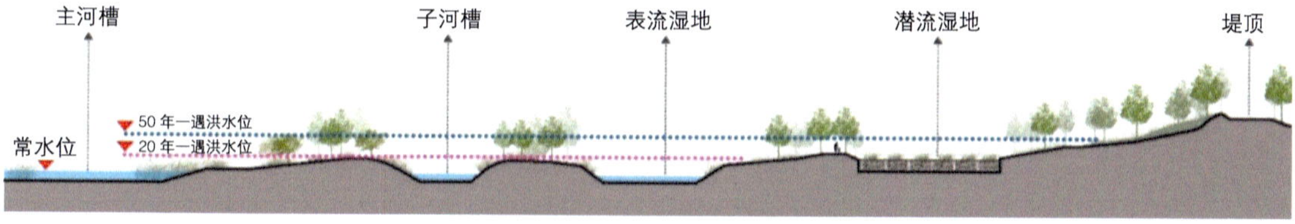

图 2-13　湿地工程设计与洪水位关系示例

2.8.4　地质条件

地质条件影响人工湿地池体及配套工程建设的结构形式、材料采购、地形处理等因素。为保障项目建设的安全性、满足项目建设规模及需求，选址工作中需进行细致的前期现场查勘，结合环境保护、施工条件等进行多方案比较。

工程地质对建设工程选址的影响主要是各种地质缺陷对工程安全和工程技术经济的影响。可简要概括为岩石因素、地质构造因素、地下水因素、土的因素、不良地质现象等给工程建设带来的影响。

《高原湖泊区域人工湿地技术规范》（DB53/T 306—2010）提出“在集中式给水水源卫生防护带，含水层露头地区，裂隙性岩层和溶岩地区，不宜采用人工湿地技术处理污水。”

对于中小型湿地工程，主要体现在工程建设上，例如地质构造和地层岩性形成的土体松软、湿陷、岩体破碎、岩石风化和潜在的斜坡滑动、陡坡崩塌、泥石流等地质问题对工程建设的影响和威胁。

大型建设工程还要考虑区域地质构造和地质岩性形成的整体滑坡，地下水性质、状态和活动对地基的危害，特殊地区还需做防震评测。如勘测湿地拟选址地块基岩分布情况，是否会产生自然顺层滑动，地基承载力是否满足工程结构设计要求，地下水是否会对建筑物基础产生浮托或腐蚀作用，土质是否会发生液化现象而影响工程安全性等，同时可根据地质勘探成果判定设计的地震烈度设防等级。

第3章　人工湿地设计阶段技术工作指南

设计文件是安排建设项目和组织施工的主要依据，此阶段主要对拟建工程的实施在技术上和经济上进行全面而详尽的安排。设计阶段分为初步设计和施工图设计。在此阶段，人工湿地的项目定位、处理目标、占地、工艺流程等都已基本确定，但在厂区平面和竖向布置、湿地单元内部做法、配水系统、植物选择、景观呈现等方面还需要进行大量的细化工作。人工湿地与常规污水处理工程相比，还未形成完善的标准详图体系，因此行业内出现了多种细节做法，其中部分做法在后续工程运行中出现了一些问题。在本章中，编者根据实际工程设计及长时间运行后的复盘经验，提出一套在实践中较为可行的设计工作指南。

3.1　设计思路及要点

3.1.1　表流湿地设计要点

（1）水量平衡

表流湿地处理吨水所需面积较大，应进行水量平衡计算以避免湿地因蒸散发、下渗等原因发生干透现象（尤其是干旱地区湿地及雨水湿地）。

（2）水质变化

表流湿地受气温影响较大，应进行冬季水质达标核算。同时，应合理设置预处理工艺，尽量将表流湿地进水水质控制在微污染水平。

（3）流场设计

表流湿地中的配水管道较少，以自由表流为主。因此，应进行流场设计，包括进出水位置、水力坡度等，以免造成短流、壅水等现象。

（4）水深及分区设计

表流湿地内的溶解氧水平、生化反应过程等通过水深的变化、植物种类的选择来控制。应结合需处理的污染物进行有针对性的分区水深设计，例如：浅水区溶解氧较高，有利于去除 BOD、NH_3-N；前端设置深水区有利于截留 TSS。

（5）感官效果控制

表流湿地易产生水华、臭味、蚊虫等不良感官现象。应通过设计优化，预防上述现象的发生。

（6）景观策划

表流湿地是生态效果最好的人工湿地类型，适合作为项目的展示区、体验区进行景观策划。

（7）游览安全

表流湿地的岸线设计应参照人工湖等公园设计要求，避免出现过陡边坡，做好标识系统，防止跌水事故发生。

人工湿地设计总体思路如图 3-1 所示。

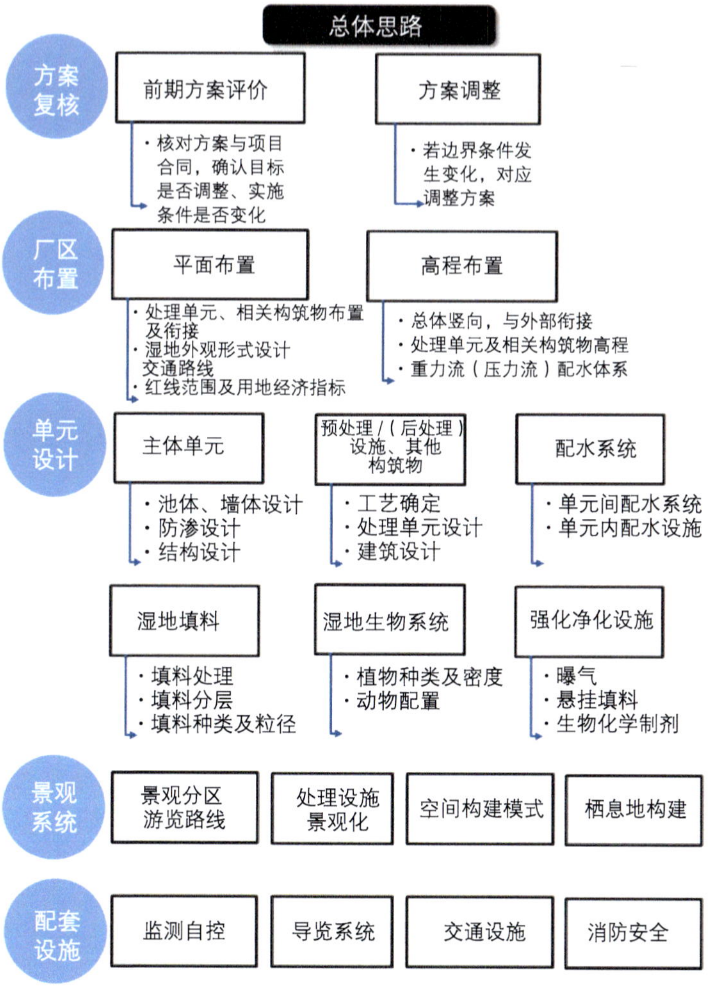

图 3-1　人工湿地设计总体思路

3.1.2 水平潜流湿地设计要点

（1）单元形状设计

水平潜流湿地的单元形状应优先设计为矩形，单个单元面积不宜大于 2 000 m^2，长宽比宜小于 3 ∶ 1。

（2）池体设计

为避免垂直方向的不均匀，水平潜流湿地的深度一般小于 1.6 m。可采用原地开挖放坡结合柔性防渗的方式建设，也可采用其他强度更高的形式。

（3）填料设计

一般随水流方向（如从左到右）设置填料分层。在布水区的粒径较大，在主体反应区的粒径较小。布水区与主体反应区之间可通过填料级配设计过渡区，以减少悬浮物进入主体反应区的可能。填料上方不宜覆种植土。

（4）配水设计

水平潜流湿地单元内在两端进行配水和收水，通常采取短边配水，但进水负荷较高时宜采取长边配水，以降低进水端堵塞风险。沿水流方向长度过长时，可采取中间水渠等方式进行重新布水，提高布水均匀性。单元底部需设置水力坡度（0.5% ～ 1.0%）。

（5）灾害预防

寒冷地区宜设置一定墙体超高，冬季可将水位上升，使配水管道位于冰层以下、防止冻坏。

由于湿地填料被洪水淹没后会因泥沙沉积而失去作用，应注意潜流湿地的防洪设计。

3.1.3 垂直潜流湿地设计要点

（1）单元形状设计

垂直潜流湿地的单元形状相对灵活，但对异形单元需注意配水管道的设计，应通过计算确定管径及开孔方式等。

（2）高程设计

垂直潜流湿地常采取不饱和式运行方式，即出水水位位于湿地单元的底部或中间。因此，需考虑下游单元衔接问题，预留足够的标高差距。

（3）填料设计

随水流方向（如从上到下）设置填料分层。一般至少有主体层（粒径小）和排水层（粒径大），若进水穿孔管埋设于填料层中，则应增设布水层（粒径大）。

（4）配水设计

根据运行水位不同，垂直潜流湿地的运行模式分为饱和与不饱和两种。后者分为连续进水、间歇性进水两种模式。应根据不同的运行模式设计适宜的配水设施。可采用穿孔管系统、间歇进水形成表面漫流等方式，保证进水、出水在湿地表面上的均匀性。

（5）灾害预防

同水平潜流湿地。

3.2　平面与高程布置

3.2.1　平面布置原则

①平面布置应考虑近期、远期结合，厂区面积应按远期规划总规模控制，分期建设，合理确定近期规模，在布置上应考虑分期建设内容的合理衔接。

②应根据人工湿地构筑物及配套建筑物的功能和工艺要求，结合厂址地形、气候、地质条件，充分考虑优化运行成本及便于施工、维护、管理等因素，通过技术经济比较确定。

③在保障功能需求的前提下，可结合建筑外立面设计、景观场地设计、参观路线及运营管理需求等合理布局预处理、人工湿地构筑物，力求突破传统水处理构筑物的刻板外形印象，提高人工湿地园区的观赏性和展示性，详见 3.12 节。

④厂区平面布置应充分利用地形，减少能耗，平衡土方；多单元湿地系统高程设计应尽量结合自然坡度，采用重力流形式，需提升时，宜一次提升。

⑤湿地单元外形及平面布置需充分考虑集配水均匀性。

⑥厂区内应设置通向各人工湿地构筑物和附属建筑物的必要通道，并保证交通运输方便；宜采用人车分流设计，保持厂区清洁。

⑦宜设置参观路线。对具有景观功能的湿地项目，宜设置独立于运维通道的游览通道，详见 3.13 节。

⑧厂内各种管渠应进行综合设计，避免相互干扰。人工湿地处理构筑物之间的输水管线的布置应使管渠长度短、水头损失小、流行畅通、不易堵塞和便于清通。管道复杂时宜设置管廊。

总之，厂区的总平面布置应以节约用地为原则。根据人工湿地各处理构筑物的功能和工艺要求，结合厂址地形、气候和地质条件等因素，总平面布置应合理、经济、节约能源，并便于施工、维护和管理，同时达到良好的景观效果。例如，常德污水净化中心湿地总平面布置如图 3-2 所示。

图 3-2　常德污水净化中心湿地总平面布置图

3.2.2 高程布置

人工湿地的平面布置确定后，按照自重力和水头损失最小的原则，计算各构筑物之间的相对高度，同时确定厂内一条沿处理流程从进水口到出水口的水平趋势线。此水平趋势线的高低关系整个厂区处理构筑物的高度设置，影响整个人工湿地的投资与运行成本。布置时参考如下原则：

①首先明确人工湿地出水口允许的最低标高，此值为控制点。厂内沿处理流程的水平趋势线的终点水面标高要与此控制点重合。

②控制点允许标高有时需要设计计算。如处理后的水需要排向水体，则从控制点起排向水体的高程要保证污水能达到常年水位以上 0.5 m，最好是设计洪水位以上的高度；如处理后的水排向提升泵站，则从控制点起排向水体的高程要保证排水能达到提升泵站集水间的最高水位。

③湿地挡墙应高于设计洪水位，以避免湿地被洪水淹没。

④水平趋势线和厂内地面要有适当的交叉，二者的趋势相差不应太大，应考虑构筑物的挖土深度不宜过大，以免土建投资过大和增加施工上的困难；应考虑因维修等需将

池水放空而在高程上提出的要求；为方便施工还要适当结合土方平衡等问题。

⑤表流湿地水头损失宜根据曼宁公式计算确定，潜流湿地水头损失宜根据达西公式计算确定；粗略估算时可参考相关规程确定底坡，表流湿地底面坡度宜小于 0.5%，水平潜流湿地底面坡度宜为 0.5% ～ 1%，单级垂直潜流湿地水头损失可取 0.2 ～ 0.5 m。

⑥人工湿地进水、出水有较大跌落时，应设置消能、防冲刷设施；人工湿地出水直接进入地表水体有倒灌的可能时，应设置防倒灌设施。

⑦结合场地硬质路面高程设计进行防涝校核，避免内涝。

⑧应结合微地形设计，考虑人工湿地处理构筑物周边地形适当高于外围环境，或设置雨水边沟，避免降雨带来的冲刷污染进入人工湿地。

例如，新凤河安南湿地工艺流程图如图 3-3 所示。

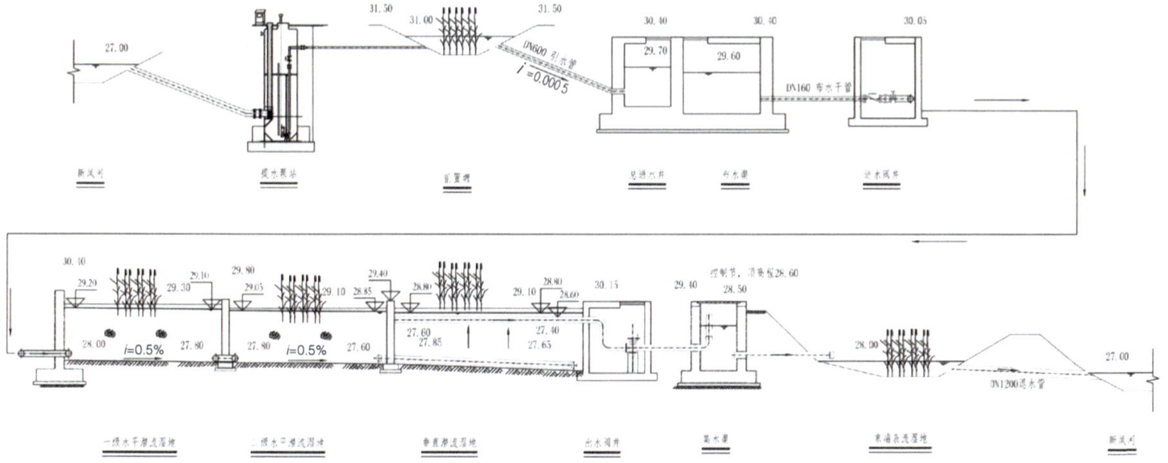

图 3-3　新凤河安南湿地工艺流程图

3.3　预处理设施

3.3.1　基本定义

预处理指为满足工程总体要求、人工湿地进水水质要求及减轻湿地污染负荷，在人工湿地前设置的处理工艺。可用于去除污水中的悬浮物、油类、有机污染物和专项污染物，也可用于改善污水的可生化性，并应具有一定的水量调节和污泥暂存能力。

人工湿地项目基本工艺流程如图 3-4 所示。

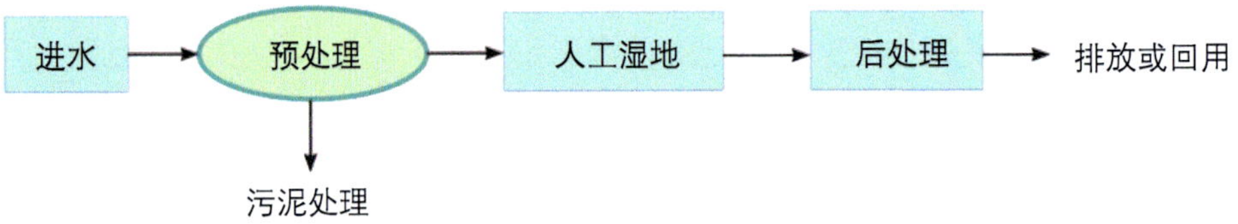

图 3-4　人工湿地项目基本工艺流程

人工湿地能够承受的污水浓度随不同污水组成而异。用于处理渗滤液等工业废水的人工湿地的进水 COD 高达几千毫克每升。对于常规市政污水，通常要求进入湿地的水质满足表 3-1 中的要求。

表 3-1　人工湿地系统进水水质要求（HJ 2005—2010）

单位：mg/L

类型	BOD_5	COD_{Cr}	SS	NH_3–N	TP
表流人工湿地	≤ 50	≤ 125	≤ 100	≤ 10	≤ 3
水平潜流人工湿地	≤ 80	≤ 200	≤ 60	≤ 25	≤ 5
垂直潜流人工湿地	≤ 80	≤ 200	≤ 80	≤ 25	≤ 5

注：①CJJ/T 54—2017 的规定数值与上表差别较小，不再引用。
②一般要求人工湿地进水 pH 值在 6 ~ 9。

3.3.2　预处理工艺分类

一级处理工艺：格栅、沉砂、初沉、均质等。

一级强化处理工艺：物化强化法、AB 法前段、水解酸化等。

二级处理工艺：生物接触氧化、SBR、氧化沟、A/O 等。

3.3.3　预处理工艺选择基本原则

①应根据污水水质特征、人工湿地或者稳定塘进水要求确定预处理程度。可选择一级预处理、一级强化预处理以及其他水质改善工艺，也可针对专项污染物选择专项预处理工艺。

②预处理工艺宜采用建设与运行成本低且不需要频繁操作的处理设施。

③预处理设施应有污泥和臭气控制措施。

④当处理量在 100 m^3/d 以上时，预处理设施不宜少于 2 组。

3.3.4　根据进水类型选择

①城镇污水处理量大于或等于 500 m^3/d 时，宜按照同规模城镇污水处理厂建设预处理设施。

②污水自然处理工程用于处理城镇污水处理厂出水或水质类似的其他污水时，可不设置预处理设施，如有特殊需求，可以设置调节池、稳定塘等预处理设施。

③农村污水可采用化粪池、沼气池、厌氧池及 A/O、接触氧化等预处理设施。

④处理有机污染地表水时，应根据具体水质确定预处理设施。

3.3.5　根据来水水质特征选择

①污水的 SS 浓度大于 100 mg/L 时，河湖水 SS 浓度大于 30 mg/L 时，宜设沉淀池或稳定塘。

②污水中含油量大于 50 mg/L，宜设除油设备。

③污水的 DO 小于 1.0 mg/L，湿地需要去除 BOD、NH_3-N，而湿地运行水位为浸没式时，宜设曝气装置。

④污水的 BOD_5/COD_{Cr} 小于 0.3 时，宜采用水解酸化处理工艺（处理微污染水体时除外）。

3.3.6　根据出水水质要求选择

①人工湿地出水 TP 浓度要求小于 0.2 mg/L：接近湿地本底浓度，宜设预处理或后处理强化加药设施。

②出水 TN 浓度要求小于 1 mg/L：接近湿地本底浓度，宜设置预处理或后处理设施去除总氮。

③考核重金属、POPs：试验确定湿地对原水的去除率，再相应设计物化预处理设施。

注意：预处理系统应设计必要的除臭措施和污泥处置措施，恶臭气体排放浓度应符合《恶臭污染物排放标准》（GB 14554—1993）的相关要求，污泥处置应符合《室外排水设计标准》（GB 50014—2016）中的有关规定。

3.3.7　预处理设施应用举例

典型案例预处理工艺如表 3-2 所示。

表 3-2　典型案例预处理工艺

编号	项目名称	进水类型	湿地主体工艺	处理规模/（万 m^3/d）	预处理工艺进水水质	预处理工艺	预处理工艺主要作用	人工湿地出水水质
1	山东淄博马踏湖人工湿地	河水	稳定塘 + 潜流 + 表流	2	劣Ⅴ类	生态滞留塘	去除 SS、提高可生化性	Ⅲ类
2	山东临沂武河人工湿地	污水处理厂尾水	表流湿地	30	生活污水	市政污水处理厂	综合预处理	Ⅳ类
3	官厅水库黑土洼人工湿地	河水	稳定塘 + 表流 + 潜流	3	Ⅳ类	稳定塘	去除 SS、稳定水质	Ⅲ类
4	山西晋城丹河湿地	河水	表流 + 垂直潜流	10	劣Ⅴ类	平流沉淀池	去除 SS	Ⅳ类
5	长水塘水源生态湿地	河水	稳定塘 + 根孔湿地 + 深度净化塘	30	Ⅳ类～Ⅴ类	—	去除 SS、稳定水质	Ⅲ类
6	山东济宁新薛河人工湿地	河水	稳定塘 + 多级表流	2	Ⅴ类	稳定塘	去除 SS、稳定水质	Ⅲ类
7	山西大同御河湿地	污水处理厂尾水	垂直潜流	11.9	生活污水	污水处理厂	综合预处理	Ⅳ类
8	广东鹤山农村污水	生活污水	水平潜流	—	生活污水	化粪池 + 调节池 + 接触氧化	综合预处理	一级 B

3.4　湿地池体结构

湿地池体由边墙、隔墙及基底构成，以利于水力流程控制及维护管理方便。边墙和隔墙可以为土堤、砖砌、浆砌石、钢筋混凝土结构。

（1）边墙

边墙为湿地单元外围墙体，起到防护湿地的作用，是承受填料压力以避免填料塌滑的建筑物。

①边墙顶高程高于相邻湿地较高表面 0.3 ～ 0.5 m。采用冰盖保温设计的湿地，边墙顶高程需结合冰盖设计拟定。

②边墙可采用毛石、钢筋混凝土、砖等材料，混凝土结构渗水量不得超过 2 L/(m^2·d)，砌体结构渗水量不得超过 3 L/（m^2·d）。

③采用砌体结构时，要保证水泥砂浆强度等级不低于 M10，饱满度不低于 80%。墙面抹灰采用不低于 1 ：3 的水泥砂浆，抹灰厚度以 20 mm 为宜。与底板连接采用土工布结构施工的，应做好连接部位的防渗设计。

④有防洪排涝要求的边墙设计，参见《水工挡土墙设计规范》（SL 379—2007）。

⑤采用土堤作为外围防护的，宜就地取材采用不易透水的黏土。土堤坝顶宽不宜小于 2.0 m。当堤顶允许机动车行驶时，应按通行要求确定坝顶宽度。土堤坝迎水坡坡度宜为 3 ：1 ～ 2 ：1，宜采用草皮、块石或混凝土护坡。

（2）隔墙

隔墙为湿地单元分隔墙体，起到分隔单元的作用，防止处理水从湿地表面流出单元而短流、混流。

①隔墙顶高程高于相邻湿地较高表面 0.2 ～ 0.3 m。

②有布水作用的隔墙可采用多孔砖。

③无布水作用的隔墙可采用毛石、钢筋混凝土、砖等材料，设计要求见边墙设计要求。

主要湿地挡墙形式比选如表 3-3 所示。常见池体形式如图 3-5 所示。

表 3-3　主要湿地挡墙形式比选

名称	适用情况	优点	缺点
土堤	用地宽裕	造价低，施工简单	占地大，土方用量大
砖砌	用地紧张	造价低，施工简单	易渗透，强度低

名称	适用情况	优点	缺点
浆砌石	原料易得，景观要求低	强度较好，防渗效果好	对工人技术要求高
毛石	原料易得，景观要求高	景观效果最好	材料获得难度大，造价高
钢筋混凝土	边墙、有反冲洗需要	高强度，防渗，抗冲击	景观效果差，造价最高

土堤边墙

钢筋混凝土池体

砖砌池体

浆砌石池体

图 3-5　常见池体形式

（3）基底

地基应该选择在土质坚实、地下水位较低且土层底部无渗井、泉眼、虚土等隐患之处。可采用土工布、钢筋混凝土、砖、毛石或黏土结构。采用黏土结构时，防渗要求见防渗设计。池底根据湿地类型和尺寸要求设置坡度，便于排空。

采用混凝土底板时，混凝土强度等级不应低于 C15，应配置不少于一层、不低于 $\Phi 12$ 的双向螺纹钢筋。

采用砌体底板时，水泥砂浆强度等级不低于 M10，饱满度不低于 80%。墙面抹灰采用不低于 1 ：3 的水泥砂浆，抹灰厚度以 20 mm 为宜。

3.5　防渗及底质处理

处理污水的人工湿地构筑物应具有防止污水渗漏功能，不得污染地下水。处理河水等污染程度较低的来水的人工湿地通常可不设防渗措施，但在底质渗透系数较高的地区，从再生水利用和利于管理角度，可能需要设置。

当人工湿地建设场地的土壤渗透系数小于 10^{-8} m/s 且厚度大于 0.6 m 时，工程建设中，应对湿地底部和侧壁 60 cm 厚度范围进行渗透性测定，满足工程防渗要求的，可不再做额外防渗措施。

防渗措施应根据污水性质和地质情况并结合施工、经济和工期等多方面因素确定。

（1）底质处理

湿地地基应该选择在土质坚实、地下水位较低且土层底部无渗井、泉眼、虚土等隐患之处。池体施工前，要对基坑底部进行平整、夯实，保证池底的适宜设计坡度。若基础所在部位原土为有机土壤或高黏土，应采取换土措施。

应对基坑表面进行平整、清除直径大于 2 cm 的石块、杂草、铁丝、树根、树枝等杂物以及垃圾等。换土时，需对回填土分层碾压，使原土层相对密度达 0.65 以上、换土层相对密度达 0.70 以上。

（2）防渗设计

人工湿地防渗可采用黏土碾压法、三合土碾压法、膨润土防水毯法、土工膜法和混凝土法等方法。常见防渗形式如图 3-6 所示。

图 3-6　常见防渗形式

防渗设计比选如表 3-4 所示。

表 3-4　防渗设计比选

名称	使用年限	适用范围	优点	缺点
黏土碾压法	不限	防渗要求不高	在当地具有合适资源时，易于施工，建设费用较低；在一定条件下对污染物具有截污和净化能力	渗透系数较高，有可能破坏耕地或造成水土流失，驳岸防渗难以处理
三合土碾压法	15 年	工程使用年限要求低	造价低，材料易获得	防渗效果一般，使用年限短
膨润土防水毯法	50 年以上	工程使用年限长，防渗要求高	对地基不均匀沉降及冻融影响有一定的适应性，施工简便，具有自我修复能力，抗老化、腐蚀能力强	造价偏高，施工条件要求较高，材料失水容易干裂
土工膜法	50 年	工程使用年限长，防渗要求高，场地条件好	有很好的不透水性、弹性和适应变形能力，对细菌和化学作用有较好的耐侵蚀性，有良好的耐老化能力	厚度较薄，在施工中易受损
混凝土法	30 年	场地条件好，配合池体结构需要	抗渗混凝土兼具建筑材料和抗渗材料两大性能，可以通过添加助剂或同其他材料混合以提高其抗渗性能	抗变形能力差，如保养不及时易产生裂缝，影响防渗性能

防渗设计具体要求如下：

①黏土碾压法的黏土碾压厚度应大于 0.5 m，有机质含量应小于 5%，压实度可控制在 90% ～ 95%。

②三合土碾压法的石灰粉、黏土、砂子或粉煤灰的体积比应为 1 ：2 ：3，厚度可根据地下水位和湿地水位确定，但不得小于 0.2 m。

③膨润土防渗毯法要求沿水流方向顺水搭接，搭接宽度为 20 ～ 25 cm，在搭接底层边缘 15 cm 处均匀地撒上膨润土干粉或膨润土泥胶，其宽度为 15 cm、容重为 0.4 kg/m^2。基层四周设置锚固沟，深 400 mm，宽 400 mm，待膨润土防渗毯铺设后，再用混凝土覆盖压实。

④土工膜法应采用两布一膜形式的复合土工膜，膜质量应为 400 ～ 700 g/m^2，铺膜基层应平整，不得有尖硬物，膜的接头应进行黏接，膜与隔墙外墙边的接口可设锚固沟，

沟深应大于或等于 0.6 m，并采用黏土或素混凝土锚固，膜与填料接触面可视填料状况确定是否设黏土或砂保护层。

⑤混凝土法的混凝土强度等级应大于 C15，厚度宜大于 0.15 m。防渗层面积较大时应分块浇筑，缝间应填充柔性防水材料。

防渗膜收边示意图如图 3-7 所示，管道穿膜防渗示意图如图 3-8 所示。

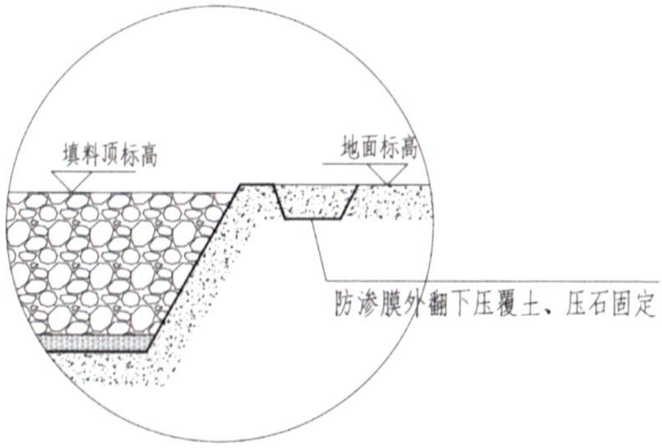

图 3-7　防渗膜收边示意图

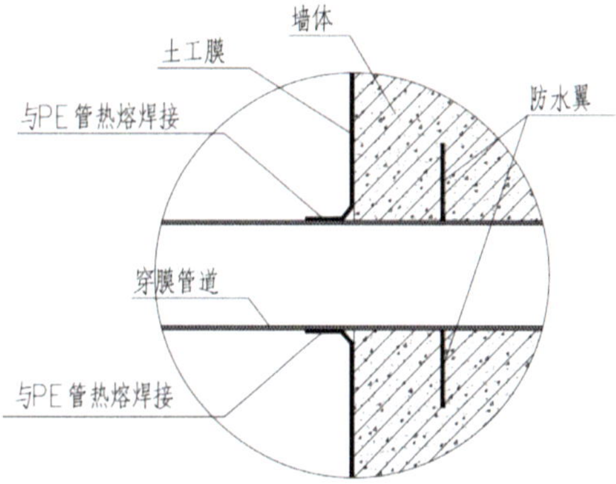

图 3-8　管道穿膜防渗示意图

3.6　配水系统设计

3.6.1　配水系统重要性和设置要求

湿地的布水与集水布置直接影响水中污染物传质的有效性、系统内的溶解氧分布，也影响植物生长均匀程度、湿地基质的物理化学特性，从而影响微生物的多样性、活性，影响植物的生长、污染物的沉积与吸附过程。

尾水、河湖水人工湿地面积动辄上万平方米，由多个单元组成，每个独立单元面积为上千平方米。若单元之间配水不均匀，一些处理单元可能出现超负荷，而另一些处理单元没有充分发挥作用。在处理单元内部的不同区域之间同样会出现上述问题。同时，为充分发挥填料能力，避免集水系统的短流和各处理单元处理能力不均衡，集水系统的均匀性也是影响总体最大处理效果的一个重要因素。

为了实现均匀配水，人工湿地集配水系统的设计应满足下列要求：人工湿地的集配水系统应保证配水、集水的均匀性，宜采用穿孔管、配（集）水管、配（集）水堰等方式来实现集配水的均匀。进出水构筑物的设计应便于建造和维护，出水设计应保证池中水位可调，且应在出水处设置放空管。应避免造成短流的因素，例如表流湿地的死水区、水平潜流湿地壅水和表面流现象等。在配水系统设计中还需兼顾后期运维的便利性，如设置自动水位调节设施或手动水位调节设施系统简单、操作便利。配水系统设计时，还应考虑冬季运行时的防冻要求和冬季不运行时系统的排空防冻需求。

常见的配水不利情况见图 3-9。

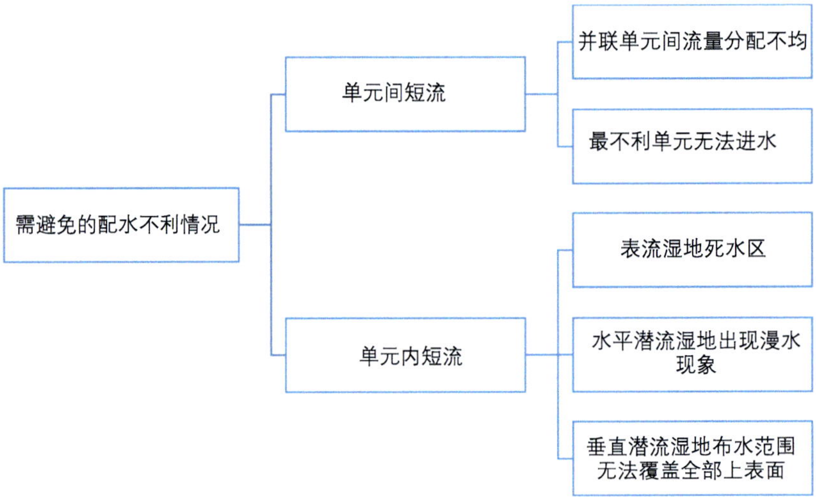

图 3-9　常见的配水不利情况

3.6.2　配水系统的分类

（1）按配水的持续时间分类

连续配水：常规配水方式。来水通过泵提、配水井溢流等方式连续流入湿地。

间歇配水：在非饱和式运行的垂直潜流湿地中，通过泵提、虹吸和电动闸阀等方式实现间歇式、脉冲式布水，可以有效控制湿地内部含氧量，营造好氧、缺氧、厌氧等环境，以更好地实现脱氮除磷效果，且有利于老旧生物膜脱落。

（2）按能量的提供方式分类

重力配水系统（自流式配水系统）：通过利用地形、合理布置湿地单元标高，实现处理水重力自流通过各处理单元。为了节约投资和运行管理简单，多采用重力配水系统。

压力配水系统（水泵配水系统）：通过水泵提升动力，经管渠等进行湿地单元配水。在地形条件无法实现自流，或为实现间歇配水功能、提高配水精度等时，也会采用压力配水系统。

（3）按配水部位分类

单元间：在单元间通过渠道、闸门、管道、阀门、配水井、水泵分组等方式为各配水单元配水。

单元内：根据不同湿地的类型和湿地的水流特性，在单元内部选择适宜的配水方式和工程做法，实现单元内部的配水均匀。

3.6.3　设计流程

配水系统设计的目的是保障各湿地处理单元之间布水均匀，在良好的水力条件下运行，且能量消耗最小。其主要计算内容是处理流程中沿程、局部及处理构筑物内的水头损失。

3.6.3.1　确定配水总体方案

根据处理水质目标、实际用地和景观需求等确定适宜的人工湿地类型，根据人工湿地类型和对布水的要求，确定配水总体方案，包括配水时段、压力流或重力流等。

3.6.3.2　确定配水系统的组成

根据配水总体方案，配水系统的组成包括以下的部分或全部内容。

①进水系统，如水泵、配水管、配水渠、配水井、闸阀、虹吸管等；

②内部导流设施，如导流墙、中间集水渠等；

③集水系统，如集水管、集水渠、泄空管、抽水泵、闸阀等；

④水位调节系统，如可调节出水管、浮球阀等；

⑤通气系统，如通气管；

⑥监测与自控系统，如水质监测仪器、局部取样口、电控柜等；

⑦观察及调控系统，如水位观察口等。

3.6.3.3　水力计算

当配水类型确定后，一般采用从处理流程末端向首端逐步推算的方式，通过水力计算确定各配水管、渠、堰等输配水系统的设计参数，包括渠道、管道尺寸和材质以及安装要求。

①重力流管渠计算参照《室外排水设计标准》(GB 50014—2021)，见“5.2　水力计算”；

②压力管计算参照《室外给水设计标准》(GB 50013—2018)，见“7.2　水力计算”；

③湿地处理单元之间的进出水形式采用配水穿孔墙、出水三角堰、出水薄壁堰时，可参考《给水排水设计手册（第 3 册）城镇给水》“8.2.5　沉淀池进出口形式及计算”；

④穿孔支管的“丰”字形配水系统在潜流湿地应用较多，设计原则如下：

a）穿孔管的长度与湿地单位的宽度大致相等；

b）管孔密度应均匀；

c）管孔的尺寸和间距取决于处理流量和进出水的水力条件；

d）管孔间距不宜大于湿地单元宽度的 10%；

e）穿孔管周围宜选用颗粒较大的填料，其粒径应大于穿孔管孔径。

穿孔管孔口出流公式如下：

$$Q=\eta_{孔}\cdot\mu\cdot A_{孔}\cdot\sqrt{2\cdot g\cdot h_{f孔口}} \tag{3-1}$$

式中：Q——孔口管过流量，m^3/s；

$\eta_{孔}$——安全系数，包含淤堵、遮蔽等影响，为安全起见，宜取 0.1 ～ 0.2；

μ——单孔孔口出流量系数，一般取 0.60 ～ 0.62；

$A_{孔}$——穿孔管孔口面积总和，m^2；

g——重力加速度，m/s^2；

$h_{f孔口}$——孔口出流设计进出水位差，m。

穿孔管流速宜为 1.5 ～ 2.0 m/s，配水孔宜斜向下 45° 交错布置，孔距 0.3 ～ 1.2 m，孔口直径不小于 5 mm，孔口流速不小于 1 m/s，一般在低压下运行。

3.6.3.4　管材与附属设施选择

（1）计量设施

为了提高人工湿地的工作效率和管理水平，并为人工湿地设计提供可靠的数据，需设置水量计量设施，其选择和布置原则如下：

①测量装置水头损失小、测量范围宽，精度高、操作简便，并且不易沉积杂物。

②通常选用咽喉式计量槽或电磁流量计，各自优缺点如下。

咽喉式计量槽以巴氏计量槽最常用。优点：水头损失小，不易发生沉淀，精度可达 95% ～ 98%。缺点：施工技术要求较高，尺寸如不准确，影响测量精度。

电磁流量计是根据法拉第电磁感应原理测流量的仪表，由电磁流量变送器和电磁流量转换器组成。优点：变送器结构简单可靠，内部无活动部件，维护清洗方便；压力损失小，不易堵塞；测量精度不受被测水各项物理参数的影响；无机械惯性，反应灵敏，可测量脉动流量；无严格的前置直段的要求。缺点：这种计量设备的价格相对较贵，需尽心保养，难以维修。安装时要求变送器附近不应有电动机、变压器等强磁场或强电场，以免产生干扰，同时要求在管道内充满水，否则可能产生误差。

③计量设备宜安装在沉砂池之后，或设在总出水管、渠上。

（2）泵站

进水水头不够，或需要通过水泵提升配水的精度，或出水有回用、强排需求时，往往涉及泵站的设计内容，其设置要求和计算要点可参照《室外排水设计标准》（GB 50014—2021）相关章节。

（3）管材与阀门

人工湿地进水、出水管道宜采用聚乙烯（PE）或硬聚氯乙烯（PVC）管，且优先采用 PE 管材。管材应符合现行国家标准《无压埋地排污、排水用硬聚氯乙烯（PVC-U）管材》（GB/T 20221—2023）和《给水用聚乙烯（PE）管材》（GB/T 13663—2000）的有关规定。当塑料管裸露安装时，需选择防紫外线的塑料管或做好防护，宜采用聚乙烯管，也可替换成金属管。

阀门应满足耐腐性强、密封性好、操作灵活等要求。

水位控制闸板、可调堰等装置采用非标设计时，应考虑材质、控制方式、防腐及耐用等因素。

3.6.4 常规做法

（1）处理单元间的配水系统

对于规模较大的湿地，湿地处理单元数量较多，在不同地形和不同布置情况下，各处理单元间采用的配水方式也存在差异，常见的有渠道 + 闸门 / 配水口、管道 + 阀门、配水井 + 配水堰、单独提升泵组（如图 3-10 ~ 图 3-12 所示）。人工湿地单元间配水方式对比如表 3-5 所示。

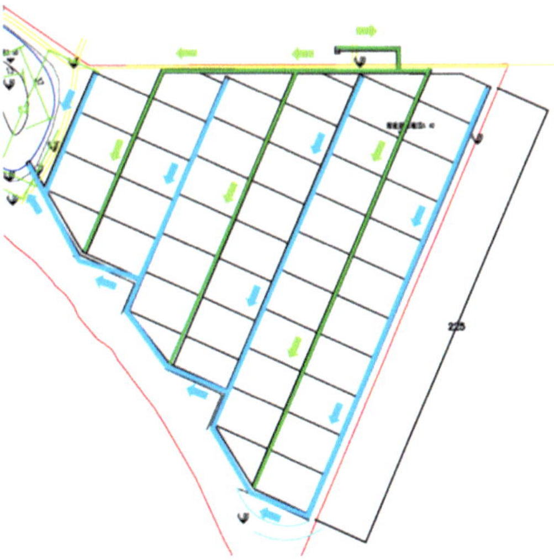

图 3-10 某水平潜流湿地单元间渠道配水（绿线为进水渠，蓝线为出水渠）

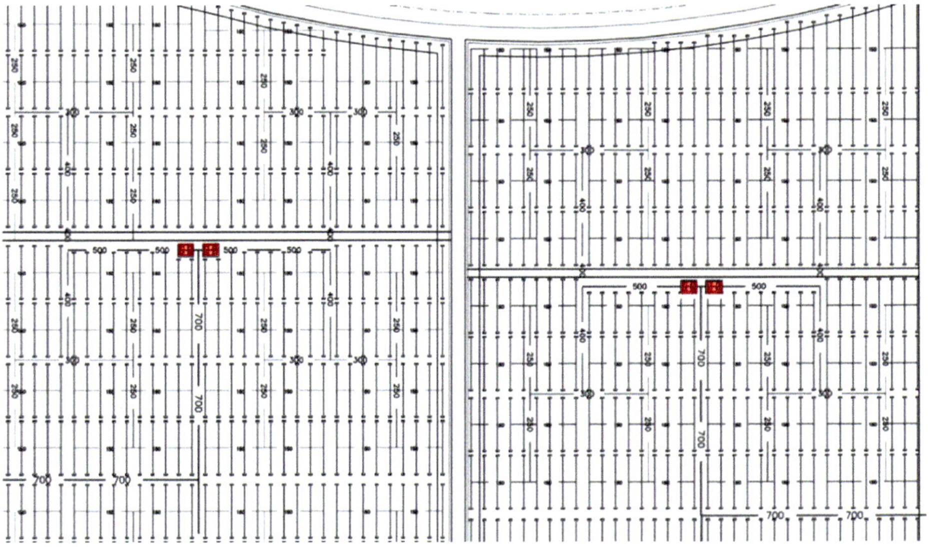

图 3-11　某垂直潜流湿地管道 + 阀门分配方式（红色方块为分区电动阀门）

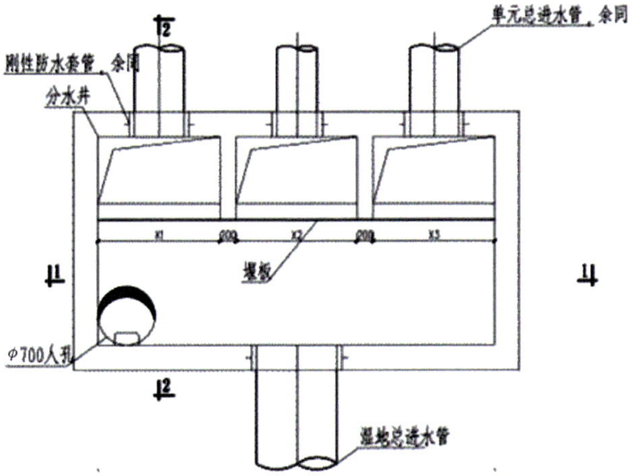

图 3-12　配水井 + 配水堰分配方式

表 3-5　人工湿地单元间配水方式对比

配水方式	优点	缺点	适宜湿地
渠道 + 闸门 / 配水口	结构形式简单，湿地间配水均匀性好	要求每组处理单元设计标高相同，对施工精度要求高	项目用地地势较平

配水方式	优点	缺点	适宜湿地
管道 + 阀门	在单元标高有一定差异时仍适用	需要一定水头实现管道满管带压，流量调节精度不高	处理单元进水有一定水头可以利用，或是压力配水
配水井 + 配水堰	湿地间配水均匀性好，不受标高限制	系统相对复杂，单元间分配比例无法调整，整体造价较高	湿地间存在高差，处理单元前无可利用水头
单独提升泵组	配水均匀性好，能够实现流量精确控制及精确配水	设备造价高、能耗高	精细化管理的湿地

（2）处理单元内的配水系统

人工湿地内部配水方式多种多样。不同湿地类型的水力条件和水流特点不同，其适用的内部配水系统类型也不同，主要有表面漫流、导流墙、穿孔墙、穿孔管等形式。人工湿地单元内配水方式对比如表 3-6 所示。

表 3-6　人工湿地单元内配水方式对比

配水方式	特点	适宜湿地
表面漫流	布水简单；对于垂直潜流湿地，结合大流量脉冲配水在填料表面形成漫流，可实现向下的均匀配水	表流湿地、垂直潜流湿地
导流墙	将单元进一步划分，或引导水流形成蜿蜒路径，避免出现水平方向上的严重短流	表流湿地、水平潜流湿地
穿孔墙	通过配水渠墙面上的孔洞配水，包括顶端出水孔、底端出水孔、均匀穿孔（穿孔花墙）等形式，实现多点进水	水平潜流湿地
穿孔管	通过孔径较小、间隙较小的穿孔管，保障布水和收水均匀性。适用工艺最广，造价较高，湿地单元面积、配水管余压和管道间距对配水均匀性有一定影响	表流湿地、水平潜流湿地、垂直潜流湿地

（3）水位调节

水位调节系统和单元内配水系统共同决定人工湿地的水流特点，也间接影响人工湿地单元内的配水均匀性。其设计遵循施工、维护方便和造价低等原则。主要形式为标高可变的集水装置，例如悬挂固定的软管、旋转弯头、设置不同高度出水阀门等。应结合项目具体情况，考虑施工与运维的方便程度进行选择，例如管径较大时，旋转弯头操作不便；出水井（渠）较深时，阀门操作不便，可设置加长的操作杆等。

（4）管道通气与冲洗

为维持内外压力平衡，提高集水的均匀性，垂直潜流人工湿地应设通气管，通气管应与底部集水管相连，且其管径通常与集水管管径相同，其管口应至少高出覆盖层顶面 300 mm。

若湿地系统处理污水，设计时应考虑布水和集水管道的冲洗。

（5）常见配水装置示例

常见配水装置如图 3-13 所示。

穿孔管配水

出水高度调节阀门

穿孔墙配水（顶部出水孔）

通气管

图 3-13　常见配水装置

3.6.5　表流湿地配水优化措施

表流湿地的配水优化首先应通过表流湿地平面形态的优化来实现，避免死水区的形成。此外还可采用下列措施：

①分割成小型单元，控制长宽比，宜控制在 3 ：1 ～ 5 ：1；当区域受限，长宽比大于 10 ：1 时，宜通过水动力模拟，预测死水区并优化平面设计；

②多点进出水；

③增加导流墙（水平导流）、导流围隔（垂直导流）等。涉及湖心岛设计的表流湿地，可结合岛群的形态布置辅助配水流向设计；

④设计浅水区（植物密植区）、深水区（开放水面）交替串联，深水区相当于一个收水井，形成水力再分配；

⑤死水区设置推流设施，湿地范围内如有栈道、栈台、桥梁等景观及交通系统的涉水建筑物布置时，需考虑其结构基础、周边岸线形态等对水流流向的影响，避免形成死水区。

3.6.6　待解决的问题

（1）小阻力、低水力负荷条件下的配水均匀性问题

在传统污水处理中，滤池等单元常采用大阻力配水，而相对于活性污泥法、生物膜法等，人工湿地的单位面积、体积处理的水量小很多，同时为降低能耗常采用小阻力配水系统，因此传统污水处理的水力计算公式体系无法直接应用于人工湿地。出现局部配水不均匀的潜流湿地单元如图 3-14 所示。

图 3-14　出现局部配水不均匀的潜流湿地单元

（2）配水精密性与系统简单化要求的矛盾

在较小的水力负荷下，湿地面积相对大，施工安装精度对配水效果的影响较大。而以往的人工湿地应用中，为发挥低投资、近自然的特点，配水系统设计尽可能简单，在配水不均匀的情况下，会造成人工湿地内部处理单元处理负荷未充分发挥作用，配水均匀性在一定程度上制约了湿地大型化方向的应用。

3.7 湿地填料设计

在湿地系统中，尤其是潜流湿地中，填料（基质）是植物的载体，是微生物的生长介质，将湿地中发生的所有处理过程连成一个整体。填料还能够通过过滤和吸附等作用直接去除污染物。

人工湿地填料的选择一般满足以下几个条件：

① 尽量采用本地材料，减小运距，降低湿地造价；

② 有足够的机械强度，这是因为填料要长期经受污水的冲刷；

③ 比表面积大，孔隙率高，吸附能力强；

④ 化学稳定性良好，不能产生二次污染；

⑤ 渗透性能好，水头损失小，不易产生堵塞问题；

⑥ 具有合适表面粗糙度，有利于微生物附着和植物生长，增强污水处理效果。

示例如图 3-15、图 3-16 所示。

图 3-15　某人工湿地植物收割后外露的碎石填料

图 3-16　某人工湿地正在铺设填料

3.7.1　在不同水流方式中的应用原则

表流人工湿地主要依靠植物拦截和微生物降解去除污染物，填料处理作用相对较小，因此表流湿地一般使用当地土壤作为填料层。

对于潜流人工湿地，需要针对水体主要污染物、水力条件等因素考虑填料去污能力和通透性等。为保证通透性能，潜流湿地填料层的初始孔隙率应为 35% ～ 50%。为保障处理效果，建议水平潜流湿地填料高度不小于 60 cm，垂直潜流湿地填料高度不小于 100 cm。

在潜流人工湿地中，填料分层应垂直于水流方向，如垂直潜流湿地填料层自上而下或自下而上分层，而水平潜流湿地的填料层在水平方向上自左向右或自右向左分层。

在下行垂直潜流湿地中，填料从上而下分为配水层（可选）、主体层（滤料层）、过渡层（可选）、排水层 4 层。

主体层是水质净化的主要发生位置，其粒径和材质的选择很大程度上决定了潜流湿地的净化效果以及能否长期运行稳定。对于进水水力负荷较大或主体层粒径较小的项目，可以在上方设置配水层，采用较大的粒径，提升配水效率。填料排水层用于加快水的排走，一般采用粒径较大的填料。当填料层颗粒级配变化较大、滤料层会堵塞下层排水层时，应设置过滤层，粒径介于滤料层和排水层之间。在系统的过渡层、排水层部分，需要注意系统内部氧气含量、渗透性能和保护集水管等，合理布置填料。

在水平潜流湿地中，填料在水平方向上分为进水区、过滤区、出水区3个部分。其中，过滤区与垂直潜流湿地的主体滤料层设置原则相似；进水区、出水区与垂直潜流湿地的排水层设置原则相似。

3.7.2 潜流湿地填料材质及粒径选择

一般来说，粒径越小，比表面积越大，越有利于微生物附着和植物生长，但同时也越容易堵塞。因此应结合进水水质情况进行选择。各地规范中对主体填料（过滤层）粒径的建议取值有所不同，其中水平潜流建议粒径较大，属于碎石范畴，而垂直潜流建议粒径较小，介于碎石与砂之间。

在材质方面，国外规范建议取材以普通的砂、碎石为主，而国内规范建议就地取材，并为提升处理效果，将选材扩大到火山岩、无烟煤（如表3-7所示）等。填料层可采用单一填料或组合填料，其组合方式可以为混合或分层。填料粒径可采用单一规格或多种规格搭配。

表3-7 国内外部分规范填料选择

规范	主体填料		进出水区
	填料粒径	材质	粒径
美国国家环境保护局（2000年）	20 ~ 30 mm（水平潜流）	砾石或碎石	40 ~ 80 mm
国际水协会（2000年）	8 ~ 16 mm	砾石或碎石	75 ~ 100 mm
德国DWA（2017年）	0 ~ 8 mm(粒径不同，设计要求不同）	沙、砾石或碎石	8 ~ 16 mm
Wallace等[37]	>4 mm	砾石/碎石	25 ~ 50 mm
《人工湿地污水处理技术导则》（RISN-TG 006—2009）	0.2 ~ 6 mm（根据市场供应）	无泥粗砂	8 ~ 16 mm
《人工湿地污水处理工程技术规范》（HJ 2005—2010）	应达到设计要求	应就近取材	

规范	主体填料		进出水区
	填料粒径	材质	粒径
《浙江省生活污水人工湿地处理工程技术规程》	10 ～ 20 mm（水平潜流），4 ～ 8 mm（垂直潜流）	碎石、砾石、粗砂、火山岩、沸石、陶粒等	25 ～ 35 mm（水平潜流进水区），10 ～ 15 mm（水平潜流出水区和垂直潜流排水区）
《污水自然处理工程技术规程》（CJJ/T 54—2017）	4 ～ 8 mm（水平潜流），2 ～ 5 mm（垂直潜流）	石灰石、火山岩、沸石、炉渣、无烟煤（宜就地取材）	10 ～ 25 mm（水平潜流），10 ～ 15 mm（垂直潜流）
《人工湿地水质净化指南》（环办水体函〔2021〕173 号）	10 ～ 50 mm（水平潜流），2 ～ 6 mm（垂直潜流）	土壤、砾石、碎石、卵石、沸石、火山岩、陶粒、石灰石、矿渣、炉渣、蛭石、高炉渣、页岩或钢渣	50 ～ 80 mm（水平潜流），10 ～ 30 mm（垂直潜流）

3.7.3　潜流湿地填料材质

大规模应用的常见填料如图 3-17 所示，实验研究或小规模应用的填料如图 3-18 所示。

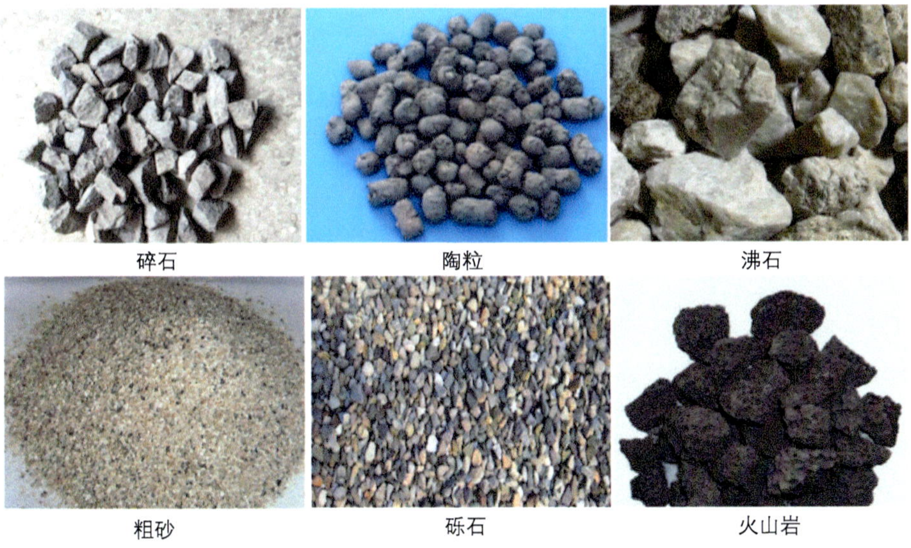

图 3-17　大规模应用的常见填料

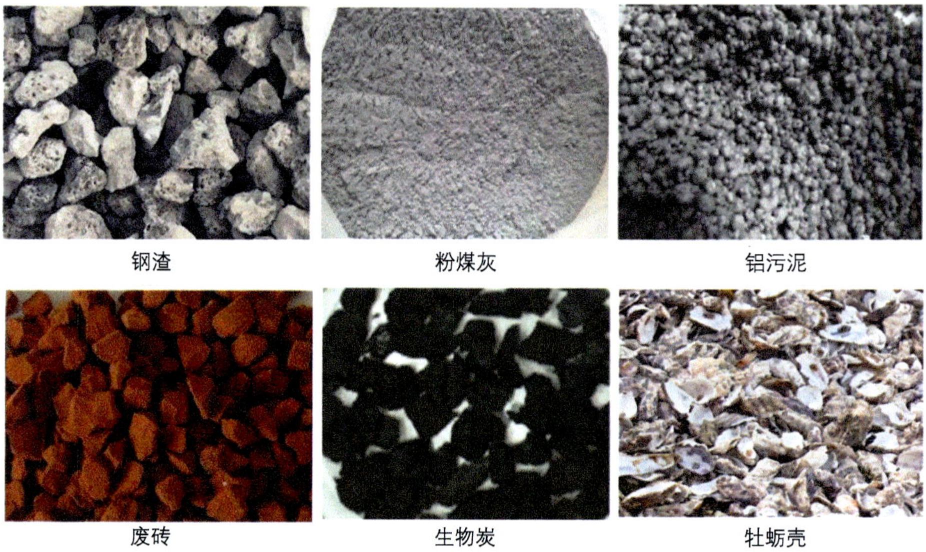

图 3-18　实验室研究或小规模应用的填料

参考近年研究和应用经验，列举人工湿地工程常用填料如表 3-8 所示。

表 3-8　工程常用填料

填料	材料特征	应用优势	应用限制
砾石（卵石）	砾石（卵石）俗称承托层滤料或垫层滤料。鹅卵石主要化学成分是二氧化硅，其次是少量的氧化铁和微量的锰、铜、铝、镁等元素及化合物	品质坚硬，抗压、耐磨、耐腐蚀，渗透系数较大	吸附容量小，易解吸，北方冬季施工不易大量获得
碎石	与砾石成分类似，由较大的岩石自然风化或人工破碎而成	品质坚硬，抗压、耐磨、耐腐蚀，渗透系数较大，表面粗糙，利于微生物附着，材料易得	吸附容量小，易解吸，比表面积小
石灰石	主要成分是碳酸钙、钙镁碳酸盐或碳酸钙和碳酸镁的混合物，是自然界储量最大、应用最广的非金属矿物之一	价格低廉，来源广泛，机械强度高，除磷效果较好	碱性强，不适宜微生物生长，除氮效果不稳定，一般作为搭配填料使用
沸石	主要由含水硅酸盐类矿物组成，其主要成分是二氧化硅，表面粗糙，孔径均匀，比表面积在 400 ~ 800 m^2/g。我国沸石资源储量丰富，总体开发利用水平不高	吸附能力强，pH 中性，对 COD 和 NH_3-N 去除效果较好	在非产地价格较贵，对磷的去除效果随种类不同差异较大

填料	材料特征	应用优势	应用限制
火山岩	火山岩是天然蜂窝多孔，是菌胶团最佳的生长环境，对水流阻力小，不易堵塞，布水布气均匀，表面粗糙，挂膜速度快，反复冲洗时微生物膜不易脱落	孔隙多，质量轻，强度高，保温，隔热，吸音，防火，耐酸碱，耐腐蚀	偏酸，在非产地价格较贵
陶粒	由黏土、页岩、煤矸石、粉煤灰等原料在 1 100℃左右的窑中制备而成。根据原料可分为黏土陶粒、粉煤灰陶粒、页岩陶粒、垃圾陶粒、污泥陶粒等。通透性好，比表面积一般大于或等于 100 cm^2/g	吸附性能优良，化学成分稳定且对环境友好，易于再生，价格低廉	价格较高，材料性质随原料和制造工艺不同而具有较大差异，使用前需要测定其效果

为增强填料的净化性能、降低建设成本、实现资源利用等目标，业界一直在开展人工湿地新型填料的试验和试用。这些新型填料并未得到大范围工程验证，其应用的长期稳定性有待考察，但各有特点及优势。有小范围工程应用或有实验室研究的填料如表 3-9 所示。

表 3-9　有小范围工程应用或有实验室研究的填料

填料	材料特征	应用优势	应用限制
钢渣	炼钢过程中排出的熔渣，每生产 1 t 粗钢会排放约 0.13 t 钢渣，钢渣主要由钙、铁、硅、镁和少量铝、锰、磷等的氧化物组成，显碱性，粉磨后比表面积较大	吸附能力强，效果稳定，除磷效果极好，价格低廉，来源广泛	碱性过强，不适合植物生长；易造成二次污染
废砖块	是城市化建设的副产物、建筑垃圾主要组分；随着城市化进程加快，其排放量剧增；一般用红壤烧制而成，其中铁、铝含量较高；与其他湿地填料相比，其具有较大的比表面积和微孔体积	多孔结构有利于生物膜生长，以废治废，节约资源	需要破碎后使用；材料性质随原料和制造工艺不同而具有较大差异，使用前需要测定效果

填料	材料特征	应用优势	应用限制
牡蛎壳	贝壳类动物牡蛎的外壳，主要成分为碳酸钙，粒径较大，表面粗糙，适合微生物生长	在部分沿海地区便宜易得，对磷的吸附能力强，表面有利于微生物生长	清洗、破碎工序要求高；地域性强
铝污泥	给水处理厂混凝沉淀工艺的副产品，含有大量铝及其聚合物，表面粗糙多孔，比表面积较大	废弃资源利用，成本低；对磷的吸附能力强	铝渗出风险有待长期观测；运输、储存、填装的工序尚不成熟
塑料	聚氨酯、PET 等材料的塑料类制品，可通过回收材料制备；比表面积大，孔隙率较高	成本低，质轻，方便施工；比表面积大，吸附能力强	结构强度较低，易沉降、粉碎；密度小于水，需要限位装置
煤渣	煤炭在充氧条件下燃烧后的产物，煤炭燃烧放热产气后生成高孔隙率结构及较大的比表面积，主要成分为二氧化硅、氧化铝、氧化钙等碱性氧化物	废弃资源利用，成本低；对磷的吸附能力强	碱性较强；存在重金属浸出风险
粉煤灰	火力发电厂燃煤粉锅炉排出的固体废弃物，是一种高分散的微细颗粒的集合体，其主要化学成分为二氧化硅、氧化铝、氧化铁、氧化钙和未燃炭，具有较大的比表面积	废弃资源利用，成本低；吸附能力强	碱性较强；粒径极小，易堵塞，宜二次加工后使用
生物炭	花生壳、玉米秸秆等生物质在无氧或限氧条件下，通过热解形成的一种含碳量丰富、性质稳定的产物	结构多孔，吸附能力强、可提供碳源，并实现废弃生物质资源利用	制备成本高，机械强度较低
蛭石	复杂的铁、镁含水硅酸盐类矿物，其化学成分和物质组成因产地不同而有较大变化，耐碱、隔热、抗菌、耐冻、耐磨、吸水、吸声、防火、防腐等性能优异	价格低廉，来源广泛，对各类污染物均有较好的吸附效果	通透性较差；机械强度低，极易粉碎

3.8　湿地生物系统设计

3.8.1　人工湿地生物系统构成

复杂、近自然的生物系统是人工湿地区别于传统水处理设施的主要特征，也是人工湿地景观和生态功能的载体。湿地生物系统如图 3-19 所示。相对于天然湿地，人工湿地的生物群落应根据工程建设的目的进行引入和引导，以保障其主要功能的实现。典型湿地生物如图 3-20 所示。

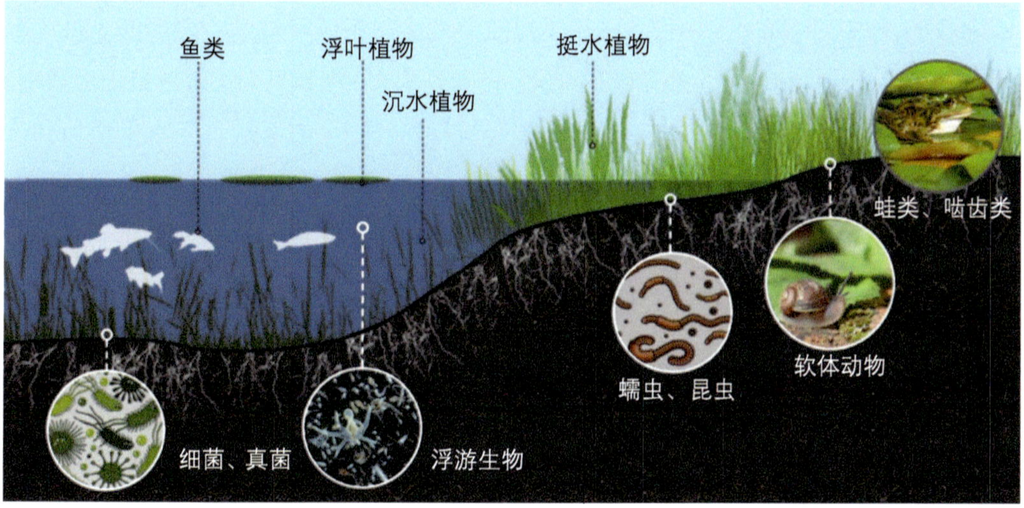

图 3-19　湿地生物系统

图 3-20　典型人工湿地生物

3.8.2 人工湿地生态系统特征

（1）不同人工湿地类型的差异性

表流湿地同时为陆生和水生动植物提供适宜的栖息环境，在项目运营中更加注重其生态景观功能，允许其生物群落自然更替；潜流湿地多为单一的水生植物系统，多数项目对其植物的选择有特定要求，独立单元内的种植密度及种植种类经过明确设计，并在后期的运营养护中通过人为干预，维持设计的种植形态，以保障出水水质目标，从而形成了更为工程化的生态系统。

（2）系统的生态脆弱性及易变性

水文、土壤、气候、生物相互作用是形成湿地生态系统环境的主要因素。每一因素的改变都会或多或少地导致生态系统的变化。特别是水文，例如当人工湿地处理水量减少、湿地内水位下降过多时，湿地内的生态系统会演替为陆地生态系统，当水量增加时该系统又演化为湿地生态系统。

系统外生物的进入也会引起湿地生态变化。例如，人工湿地运营若干年后，如果没有进行专门的植物管理，则建设时种植的湿地植物经常被更加强健的本地植物所取代。

（3）效益的综合性

人工湿地生态系统具有综合效益，在以净化水质为主要目标的同时，还具有调蓄水源、调节气候、提供野生动物栖息地等基本生态效益。同时也具有作为亲水空间、环保教育基地等社会效益。

3.8.3 生物功能、特征及应用

各种生物的功能及应用重点可参照表 3-10 进行考虑。其中，功能湿地设计较为侧重的是水生植物和微生物，将进行重点介绍。

表 3-10 人工湿地中各种生物的功能、特征及应用重点

种类	功能及特征	应用重点
湿地植物、水生植物（大型）	有一定的水质净化作用；为其他生物提供食物和栖息地，促进综合水质净化；显示度最高	功能湿地和景观湿地中均应注重水生植物的配置；其中，功能湿地的植物选择应侧重于其生长的强健性及管理难度
微生物	包括细菌、真菌等，是湿地水质净化功能的主要贡献者	功能湿地中，常通过创造有利条件来促进微生物生长，如提高 DO 浓度以促进硝化细菌生长、采用易于附着的填料促进生物膜形成等；运行中可采用菌剂接种来加快建立净化功能

种类	功能及特征	应用重点
藻类	是生态系统生产力的重要支撑；能够吸收截留营养盐，但浮游藻类大量繁殖则易形成水华，引起水质恶化	通过营造适合藻类生长的条件，在生态塘系统中促进藻的生长，可提高氮、磷的去除效率，但必须注意对藻类密度的控制和后续的去除
浮游动物	植食性大型浮游动物能够减少浮游植物生物量	一般不会专门进行设计，但对于表流湿地，浮游动物的科学投放是控制藻类密度的方法之一
其他动物	包括蠕虫、昆虫、两栖类、啮齿类、鱼类、鸟类等，有利于生态系统的稳定，但对运行管理也形成一定影响	在表流湿地中进行选择性的底栖动物和鱼类投放，是建立稳定生态系统的重要措施之一

3.8.4　湿地植物

3.8.4.1　湿地植物的定义

广义的湿地植物是指生长在潮湿环境中的植物。狭义的湿地植物是指生长在水陆交汇处、土壤潮湿或者有浅层积水环境中的植物。湿地植物种类繁多，主要包括水生、沼生、盐生以及一些中生的草本植物，在自然界具有特殊的生态价值，同时也是园林、庭院水景园观赏植物的重要组成部分。

3.8.4.2　湿地植物分类

（1）湿生植物

湿生植物即生长在水陆交汇处、土壤潮湿或者有浅层积水环境中的陆生植物。在生态修复工程中常布置于近河湖消落带和土壤潮湿的浅滩地。湿生植物可适应季节性的水位变化或短期枯水期，不能忍受较长时间的水分不足，是抗旱能力最弱的陆生植物。实际工程运用中多泛指可扎根于水岸边缘湿润土壤中生长的草本植物、灌木及少数乔木，其根系不能接受长时间浸泡，具有一定的耐淹能力。

常见种类有结缕草、高羊茅、石菖蒲、垂柳、水杉等（如图 3-21 所示）。

图 3-21　湿生植物示例

（2）水生植物

1）挺水植物

挺水植物通常株形高大、直立挺拔，绝大多数有茎、叶，观花类多数花色艳丽，植物下部或基部沉于水中，根或地茎扎入泥中生长发育，上部挺出水面。适宜水深通常在 0.5 ～ 1.5 m，部分品种在水位不发生频繁且大幅度变化的情况下也可逐渐适应 1.5 m 以上水位。常见种类有荷花（莲）、千屈菜、菖蒲、水葱、再力花、香蒲、芦苇等。适宜环境下有一定自播繁衍能力。挺水植物如图 3-22 所示。

图 3-22　挺水植物

2）浮叶植物

浮叶植物根或地茎发达、扎入泥中生长，观花类花大色艳，无明显地上茎或茎细弱不能直立，叶片或植株能平衡地漂浮于水面上，适宜水深通常为 0.5 ～ 3 m，水上部分新叶更新迅速。常见种类有荇菜、王莲类、睡莲类、萍蓬草类、芡实、莕菜类等。浮叶植物如图 3-23 所示。

图 3-23　浮叶植物

3）漂浮植物

漂浮植物的根不生于泥中，植株漂浮于水面之上，随水流漂泊，多数以观叶为主。生长迅速、繁殖快，在生态修复或景观种植设计中需结合考虑项目所在地气候条件，避免其长势发展不可控。常见种类有浮萍、满江红、水鳖、大薸、槐叶萍、凤眼莲、水蕨等。漂浮植物如图 3-24 所示。

图 3-24　漂浮植物

4）沉水植物

沉水植物根或地茎生于泥中，整体植株位于水下，叶多为狭长或丝状，借助水下弱光条件生长，对水质有一定的要求，较差水质会影响植株对弱光的利用而造成成活率降低，在水质透光率较好的条件下可适应近 10 m 水深。通常花小、花期短，以观叶为主。常见种类有黑藻类、金鱼藻类、眼子菜类、苦草类、狐尾藻类等。沉水植物如图 3-25 所示。

图 3-25　沉水植物

3.8.4.3　水质净化作用

水生植物对污染物的削减起到直接和间接的加强作用。水生植物的作用 [40] 主要归纳为以下几点。

①分解和转化有机物及其他物质的能力，通过吸收同化作用，直接从污水中吸收可利用的营养物质，如水体中的氮和磷等，最后通过植物收割而离开水体。

②通过根茎、根系吸附有毒有害物质。

③通过密集交织在一起的根茎，对固体颗粒起到拦截吸附作用。

④为微生物的吸附生长提供表面。

⑤为根际微环境输送氧气，形成好氧和厌氧的交替环境。

⑥分泌低分子量有机酸，为反硝化反应提供碳源，并促进微生物对磷的转化与利用。

植物直接吸收净化的贡献比例：根据文献及工程经验总结，湿地植物对水中污染的直接吸收净化作用通常占人工湿地去除量的 5% ～ 15%（因温度、水质等变化因素影响波动较大），特殊情况下部分植物对污染物或微污染水体的贡献可达 30% 以上，但整体来说，植物的直接吸收净化作用并非主要作用 [41]。

植物综合促进净化的贡献比例：虽然湿地植物直接吸收的贡献比例较小，但在污染物去除过程中，植物的综合作用不可替代。根据研究，有植物的湿地系统比无植物的系统净化能力能够提高 40% ～ 130%[40]。此外，良好的植物系统对人工湿地的长期稳定运行、防堵塞等起到积极作用。

不同植物对湿地净化作用的影响：不同的植物种类具有不同的生理和生态特征，这些特征理论上影响其对污染物的吸收、转化和去除能力，但在实际工程中，对于 COD、氮、磷等常规指标的去除，不同常用湿地植物的差异并不显著 [40]。因此，在工程设计中通常不针对污染物进行植物的专门筛选，而是更多考虑植物外观、生长速度、运维便捷程度等因素。

3.8.5　湿地种植设计

3.8.5.1　潜流湿地种植设计

潜流湿地植物以挺水植物为主，也可利用部分湿生植物种类。

在潜流湿地植物设计中，存在以下误解：

①误以为湿地植物必须长在土壤中，而实际上有多种湿地植物在碎石等填料中即可生长，且在潜流湿地中使用土壤容易引起填料堵塞；

②误以为湿地植物必须长时间连续浸泡在水中，实际上植物能够适应周期性的排干。

③误以为湿地植物需要每年重新种植，实际上通常采用多年生植物，在正常运行情况下，次年可以重新萌发。

④误以为单纯靠湿地植物种植即可在单元内形成色块或图案效果，实际上除非建造分隔墙体且加强对植物种类的维护，否则植物的自然生长演替会快速改变色块效果。

潜流湿地植物的选择考虑下列因素：

①适合当地气候环境，优先选择本地植物，禁止采用外来入侵物种；

②成活率高，根系发达，茎叶茂盛；

③耐污能力强，去污能力强；

④具有抗冻、耐盐、耐热、抗病害能力；

⑤具有一定景观价值；

⑥收割后的茎叶易于资源化和处理处置。

3.8.5.2　表流湿地和生态塘种植设计

（1）消落带种植设计

在与地表水体连接的表流湿地和生态塘中，由于季节性水位涨落，存在周期性露出水面、水陆交替的特殊区域。在这类区域，种植设计可选用耐短期淹没的植物种类，如垂柳、水杉、枫杨、芦竹、狗牙根、苔草、青茅草等。

此区域为水域和陆地的过渡带，植物配置讲究艺术构图，利用丛植、片植、散植的配置方式点缀于水边，错落有致的倒影丰富水面层次。需注意乔木、灌木的种植不能影响河道的正常行洪过水功能。

（2）浅水区植物配置

在水深 1 m 以下的表流湿地，植物配置以挺水植物和浮叶植物为主。常见植物有香蒲、再力花、梭鱼草、睡莲、莲蓬草等。在以净化功能为主的表流湿地中，采用较大的挺水植物和浮叶植物覆盖度，通过茎叶物理截留、同化吸收、根系促进微生物生长等方式，起到良好的净化作用。

在兼顾景观效果的表流湿地中，为营造水生植物的群落景观，需考虑植物覆盖度与水面大小比例、周边景观的视野相协调。同时植物设计可结合亲水步道或亲水栈台布置，并与护岸设计相结合。

在强调生物多样性保护功能的表流湿地中，植物配置还需考虑两栖类、水鸟等湿地动物的栖息空间需求。

（3）深水区植物配置

在表流湿地和生态塘水深 1 m 以上的区域，植物配置时重点考虑水质净化作用，常采用以沉水植物为主的配置方式。常见植物有金鱼藻、菹草、黑藻、伊乐藻等。水面面积允许时可设置湖心岛，不受人为干扰的岛区植物种植可更好地配合鸟类等湿地动物栖息地的营造，同时要结合后期养护便利的需求来配置。

人工湿地常用挺水植物如表 3-11 所示。

表 3-11　人工湿地常用挺水植物

名称	植物学名称	图片	适宜水深 / cm	种植密度	习性
芦苇	*Phragmites australis*（Cav.）Trin. ex Steud		0 ~ 40	20 ~ 30 芽 /m^2	多年水生或湿生的高大禾草，高 1 ~ 3 m，为全球广泛分布的多型种。生于江河湖泽、池塘沟渠沿岸和湿地

名称	植物学名称	图片	适宜水深 / cm	种植密度	习性
香蒲	*Typha orientalis* Presl		20 ~ 60	20 ~ 25 株 /m^2	多年生水生或沼生草本植物，高 1.3 ~ 2 m，喜高温多湿气候，生长适温为 15 ~ 30℃，当气温下降到 10℃以下时生长基本停止
菖蒲	*Acorus calamus* L.		0 ~ 35	20 ~ 40 芽 /m^2	高 50 ~ 120 cm，生于池塘、湖泊岸边浅水区、沼泽地或泡子中。最适宜生长的温度为 20 ~ 25℃，10℃以下停止生长
黄菖蒲	*Iris pseudacorus* L.		0 ~ 40	20 ~ 30 芽 /m^2	多年生湿生或挺水宿根草本植物，高 60 ~ 100 cm，喜温暖水湿环境，喜肥沃泥土，耐寒性强
灯芯草	*Juncus effusus* L.		5 ~ 10	40 ~ 50 株 /m^2	多年生挺水或湿生草本植物，广布于温带和寒带地区，常生长在潮湿多水的环境中，是北纬 30°附近种植较为适宜的人工湿地植物
慈姑	*Sagittaria trifolia* L. var. *sinensis*（Sims.）Makino		0 ~ 30	20 ~ 40 株 m^2	高 50 ~ 100 cm，有很强的适应性，在陆地上各种水面的浅水区均能生长，可作为水边、岸边的绿化植物
水葱	*Scirpus validus* Vahl		0 ~ 50	40 ~ 50 株 /m^2	最佳生长温度为 15 ~ 30℃，10℃以下停止生长。能耐低温，在北方大部分地区可露地越冬

名称	植物学名称	图片	适宜水深/cm	种植密度	习性
扁杆藨草	*Scirpus planiculmis* Fr. Schmidt		0～20	40～50株/m^2	高30～80 cm，生于河岸、沼泽等湿地。茎叶可造纸、编织用。块茎及根状茎含淀粉可造酒
菰	*Zizania latifolia*（Griseb）Stapf		0～20	6～9丛/m^2	多年生浅水草本，高1～2 m，喜温性植物，生长适温为10～25℃，不耐寒冷和高温干旱
针蔺	*Eleocharis peuucida* Presl		0～15	40～60株/m^2	多年生草本，高30～60 cm，根茎型水生或湿生种，生境多为池沼、湖泊、河流和沟渠等处
水芹	*Oenanthe javanica*（Bl.）DC.		0～20	10～20株/m^2	多年生草本植物，高15～80 cm，适宜生长温度为15～20℃，能耐0℃以下的低温，性喜凉爽，忌炎热干旱，生活在河沟、水田旁
雨久花	*Monochoria korsakowii* Regel & Maack		0～55	30～50株/m^2	直立水生草本，高30～7 0cm，喜温暖，不耐寒，在18～32℃的温度范围内生长良好，越冬温度不宜低于4℃
黑三棱	*Sparganium stoloniferum*（Graebn.）Buch.-Ham. ex Juz.		0～35	10～30株/m^2	多年生草本，高70～120 cm，生于湖、河浅水湿地中。喜湿润气候，耐寒，不怕酷热，适应性强，以含腐殖质丰富的壤土为宜

名称	植物学名称	图片	适宜水深 / cm	种植密度	习性
鸢尾	*Iris tectorum* Maxim.		0 ~ 35	10~30 芽 /m²	多年生宿根性直立草本，喜日光充足，亦稍耐阴，耐寒性较强
千屈菜	*Lythrum salicaria* L.		0 ~ 30	25 ~ 35 丛 /m²	多年生草本，高 30 ~ 100 cm，多生长在沼泽地、水旁湿地和河边、沟边。喜强光，耐寒性强
泽泻	*Alisma plantago-aquatica* L.		0 ~ 25	20 ~ 30 芽 /m²	多年生沼生植物，叶根生；叶片宽椭圆形至卵形，长 5 ~ 18 cm，宽 2 ~ 10 cm；生于沼泽边缘。喜温暖湿润的气候，幼苗喜荫蔽，成株喜阳光。在持水性差或土温低的冷浸土壤不宜生长
风车草（旱伞草）	*Cyperus involucratus* Rottboll		0 ~ 35	8 ~ 12 株 /m²	属多年生草本，高 40 ~ 160 cm，喜温暖、阴湿及通风良好的环境，生长适宜温度为 15 ~ 25℃，不耐寒冷，冬季室温应保持在 5 ~ 10℃
荷花	*Nelumbo* sp.		10 ~ 100	1 株 /m²	水生植物，生长期内时刻都离不开水，大株形品种最深可达 1.7 m，中小株形只适于 20 ~ 60 cm 的水深

名称	植物学名称	图片	适宜水深 / cm	种植密度	习性
荻	*Miscanthus sacchariflorus* (Maximowicz) Hackel		0 ~ 30	25 株 /m²	多年生草本植物，高可达 1.5 m，直径约 5 mm。荻的种子萌发和幼苗的生长需要在 15℃左右的温度条件下。日平均气温在 18 ~ 25℃时，植株生长发育最旺盛，每天可增高 10 cm
水生美人蕉（粉美人蕉）	*Canna glauca* L.		0 ~ 15	10 ~ 15 株 /m²	多年生湿生草本植物，根茎延长，株高 1.5 ~ 2 m；适应性强，喜光，怕强风，适宜于潮湿及浅水处生长，生长适宜温度为 15 ~ 28℃，低于 10℃不利于生长。喜温暖湿润气候，不耐霜冻，保持 5℃以上即可安全越冬
水蓼	*Polygonum hydropiper* L.		0 ~ 10	16 ~ 25 株 /m²	一年生草本植物，高可达 70cm，喜湿润，也能适应干燥的环境
花叶芦竹（变叶芦竹）	*Arundo donax* var. *versicolor* Stokes		0 ~ 30	20 ~ 30 芽 /m²	多年生草本植物，根状茎发达。高可达 3 ~ 6 m，常生长于河边、沼泽地、湖边。喜光、喜温、耐水湿，不耐干旱和强光
莎草	*Cyperus rotundus* L.		0 ~ 30	40 ~ 50 芽 /m²	多年生草本，多生长在潮湿处或沼泽地

名称	植物学名称	图片	适宜水深 / cm	种植密度	习性
梭鱼草	*Pontederia cordata* L.		0 ～ 20	15 ～ 20 芽 /m²	多年生挺水或湿生草本植物，株高可达 150 cm，喜温、喜阳、喜肥、喜湿、怕风、不耐寒，在静水及水流缓慢的水域中均可生长，适宜在 20 cm 以下的浅水中生长，适温为 15 ～ 30℃，越冬温度不宜低于 5℃

人工湿地常用浮叶植物、漂浮植物如表 3-12 所示。

表 3-12　人工湿地常用浮叶物表、漂浮植物

名称	植物学名称	图片	适宜水深 / cm	种植密度	习性
芡实	*Euryale ferox* Salisb. ex Konig et Sims		30 ～ 90	1 株 /m²	一年生水生草本植物，喜温暖、阳光充足，不耐寒也不耐旱。生长适宜温度为 20 ～ 30℃，适宜在水面不宽、水流动性小、水源充足、能调节水位高低、便于排灌的池塘、水库、湖泊和大湖湖边生长
萍蓬草	*Nuphar pumilum* (Timm) DC.		20 ～ 100	3 ～ 4 头 /m²	多年生浮叶水生草本植物，对土壤选择不严，耐低温
睡莲	*Nymphaea tetragona* Georgi		20 ～ 100	3 ～ 4 头 /m²	多年生浮叶水生草本植物，生于池沼、湖泊中，性喜阳光充足、温暖潮湿、通风良好的环境。耐寒睡莲能耐−20℃的气温

名称	植物学名称	图片	适宜水深 / cm	种植密度	习性
荇菜	*Nymphoides peltatum* (Gmel) O.Kuntze		20 ~ 100	15 ~ 25 芽 /m²	多年生水生植物，适生于多腐殖质的微酸性至中性的底泥和富营养的水域中，土壤 pH 值为 5.5 ~ 7.0
水金英（水罂粟、水泽莲）	*Hydrocleys nymphoides* (Humb.&Bonpl.ex willd.) Buchenau		60 ~ 120	10 ~ 20 株 /m²	多年生浮叶草本植物，性喜温暖，不耐寒，在 25 ~ 28℃的温度范围内生长良好，越冬温度不宜低于 5℃
水鳖	*Hydrocharis dubia* (Bl.) Backer		不限	10 ~ 20 株 /m²	浮水草本植物。须根长可达 30cm，生于静水池沼间
菱	*Trapa bispinosa* Roxb.		5 ~ 400	3 ~ 5 株 /m²	一年生浮水水生草本植物，喜温暖湿润、阳光充足，不耐霜冻
大薸	*Pistia stratiotes* L.		不限	30 ~ 40 株 /m²	多年生漂浮水生草本植物，性喜高温高湿，不耐寒，怕干旱，稍耐阴，多生于河流、湖泊、池塘、水渠等“富营养化”的静水或缓流的水面中，生长适温为 15 ~ 22℃，温度超过 35℃或低于 10℃时植株停止生长，冬季能耐 5℃的低温

人工湿地常用沉水植物如表 3-13 所示。

表 3-13　人工湿地常用沉水植物

名称	植物学名称	图片	适宜水深 /cm	种植密度	习性
马来眼子菜	*Potamogeton wrightii* Morong		85 ~ 100	30 ~ 50 株 /㎡	多年生沉水草本植物，生于灌渠、池塘、河流等静水体、流水体，水体多呈微酸性
苦草	*Vallisneria natans* (Lour.) Hara		50 ~ 200	15 ~ 25 株 /㎡	多年生无茎沉水草本植物，喜弱碱性水质，喜活水，耐寒，喜强光，不喜高温，生长对水质透明度要求较高
黑藻	*Hydrilla verticillata* (Linn. f.) Royle		50 ~ 100	20 ~ 30 株 /㎡	多年生沉水草本植物，喜光照充足的环境，喜温暖，耐寒冷，在 15 ~ 30℃的温度范围内生长良好，越冬温度不宜低于 4℃
金鱼藻	*Ceratophyllum demersum* L.		30 ~ 200	30 ~ 40 芽 /㎡	多年生沉水草木。生长与光照关系密切，当水过于浑浊时，水中透入光线较少、金鱼藻生长不好，但水清透入阳光后仍可恢复生长。金鱼藻对水温的适应范围较宽，但对结冰较为敏感，4℃左右时生长速度会显著减慢
狐尾藻	*Myriophyllum verticillatum* L.		30 ~ 200	30 ~ 40 芽 /㎡	多年生粗壮沉水草本植物，喜无日光直射的明亮之处，性喜温暖，较耐低温，在 16 ~ 26℃的温度范围内生长较好，越冬温度不宜低于 4℃

名称	植物学名称	图片	适宜水深 /cm	种植密度	习性
菹草	*Potamogeton crispus* L.		50 ~ 200	30 ~ 40 芽 /m²	多年生沉水草本植物，生于池塘、水沟、水稻田、灌渠及缓流河水中，水体多呈微酸性至中性

（4）湿地植物种植要点

1）种植时间

应根据苗种的习性和当地的气候条件，选择最适宜的时间进行种植。一般在春季或初夏。在不影响整体工期条件下，苗木栽植可选在雨季，于降雨前后施工，从而大大增加挺水植物成活率。

应合理安排起苗时间和栽种时间，水生植物自起苗开始暴露时间不宜超过 8 h。

2）种植密度

根据植物种类与工艺类型合理确定种植密度，挺水植物宜为 9 ～ 25 株 /m^2，浮水植物宜为 1 ～ 9 株 /m^2，沉水植物宜为 16 ～ 36 株 /m^2，具体可参考表 3-11、表 3-12、表 3-13。

在水平潜流湿地中种植挺水植物时，进水区的种植间距可适当加大，可在一定程度上辅助预防湿地堵塞。

3）挺水植物种植方法

①可直接采用裸根（少量泥土）种植，种植前宜清洗种苗，灭杀有害生物；并对种苗分散整理，选用生长状态良好的植株。

②种植前，应合理修剪茎叶，修剪后茎高不宜低于 20 cm。

4）沉水植物种植方法

①直接种植法：水深在 0.5 m 以内时，施工人员可直接手工种植。

②叉子种植法：软质底泥在 10 cm 以上、水深在 0.5 ～ 2.0 m 时，可采用带叉的竹竿或木杆作为工具。作业人员乘船用叉将植物固定在底泥中。此法适宜于丛生的沉水植物，如黑藻等；或单生的多株种植，如将苦草等 5 ～ 6 株捆绑后种植。

③直接抛掷法：如金鱼藻、菹草等可直接抛入水中，适用于静水体，不适宜流动水体。若干天后，这些植物自然慢慢沉入水底，生根萌发新芽。

④包裹抛掷法：用无纺布包裹种植土和植株根部，抛掷入水中，根部沉入水底，植

物起初借助包裹内的种植土生长。适用于底部浆砌石或无软质底泥发育的水系。

5）水位水量调节

潜流湿地种植时应保持基质湿润，种植后及时提升并保持合适水位，建议高出填料表面 10 ～ 15 cm，不可淹没整个植株。待植物生长良好后，宜采用间歇降低水位的方式运行，引导植物根系向下生长，正常运行水位在填料表层以下。

浮水植物、沉水植物种植区域水深不应超过水体透明度。种植初期一般不超过 50 cm，植物成活后可逐渐增大水深。

3.8.5.3　陆生植物种植设计

人工湿地的陆生植物种植设计可借鉴湿地公园设计手法，结合场地的需要，根据场地所要突出的观赏性或实用性或生态功能进行设计。例如，休闲广场、林荫道和防护林带所需的种植设计是不同的。

大型人工湿地面积较大，湿地植物低矮，缺少遮阴效果，因此宜在参观路线道路两侧选用能够提供树荫的陆生植物。在需要突出观赏性的区域，则考虑选择观花、观果、树干姿态优美、色彩丰富的树种；在侧重生物栖息地功能的区域，则需结合欲优先保护的动物种类，选用有利于其觅食、栖息、庇护的植物种类。

3.8.6　湿地微生物

（1）湿地微生物主要种类

人工湿地中的微生物主要包括细菌、真菌、放线菌、原生动物等，是承担污染物分解、转化重任的主力军。

细菌是湿地微生物中数量最多的一个类群，在人工湿地水质净化过程中起到核心作用。细菌分为以下几类：①好氧细菌，如枯草芽孢杆菌、硝化细菌；②厌氧细菌，如甲烷菌；③兼性细菌，如反硝化细菌。

真菌是参与填料中有机质分解过程的主要微生物之一，具有强大的酶系统，能促进纤维素、木质素、果胶等的分解，并能将蛋白质分解，最终释放氨。

放线菌在人工湿地填料中的分布也很广泛。放线菌是分解填料中有机化合物的积极参与者，能有效分解氨基酸等，还能形成抗生物质，维持湿地生物群落的动态平衡。

原生动物摄食一些微生物和碎屑，起到调节微生物群落的动态平衡和清洁水体的作用。

以上各种微生物共同协作，构成了互利共生的有机系统，共同完成污水净化的任务。

原生动物显微照片如图 3-26 所示。

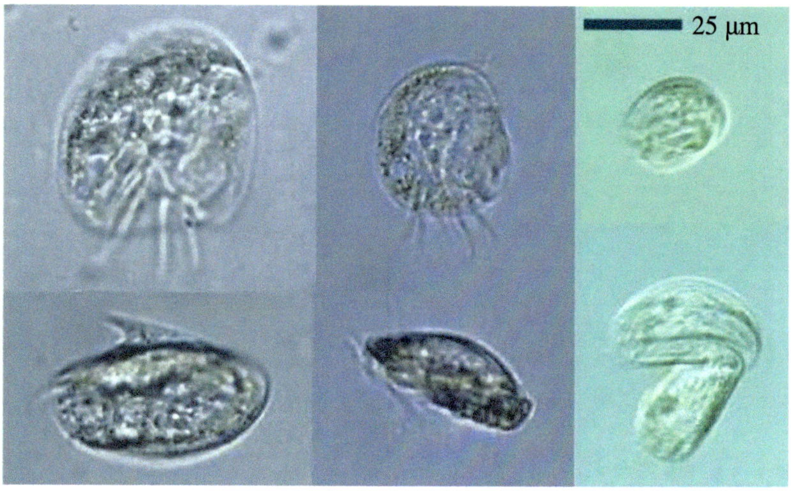

图 3-26　原生动物显微照片

（2）湿地微生物的功能促进

通常通过创造微生物所需的适宜条件来促进微生物功能，包括以下几个方面。

1）温度

微生物的生长与繁殖能力受到温度变化的影响。研究表明人工湿地对 TN 的去除作用在夏季明显强于冬季（但 COD、NH_3-N、TP 等指标受影响程度较弱）。对于冬季净化功能要求较高的人工湿地系统，可采用加盖、秸秆覆盖等保温方式，提高微生物活性。

2）pH 值

大量研究表明，微生物受 pH 值的影响较大，如在低 pH 值条件下，湿地中真菌类微生物的活性较强，而高 pH 值条件会影响湿地系统对氮、磷的去除。对 pH 值的调节可通过填料的选择来实现。

3）溶解氧浓度

湿地系统中差异化的溶解氧浓度形成好氧、缺氧和厌氧的不同环境，从而影响优势菌群的发展。因此，人工湿地设计中应特别注重溶解氧浓度。例如对于着重进行反硝化反应脱氮的环节，可采用溶解氧浓度较低的水平潜流湿地；对于需氧量较高的处理环节，可采用间歇配水的垂直潜流湿地，也可采用主动曝气的方式提高溶解氧量，详见 3.9 节。

4）附着生长的表面

人工湿地中起净化作用的微生物大多生长在生物膜中。植物根系、落叶、填料表面等均是生物膜附着的载体。载体的表面属性包括比表面积、表面亲水性及表面电荷、粗糙度等，均会影响微生物的生物量积累。

5）污染物浓度

来水中的污染物也是微生物的营养物质。若来水污染物浓度较低，则微生物群落的建立需要较长时间。

6）有毒物质

废水中的一些成分若浓度过高，将对微生物起抑制和杀害作用，如重金属、酚、氰等。因此当处理含有毒物质的废水时，应考虑通过内循环系统等方式降低进水浓度。

除了通过环境条件促进目标微生物生长外，部分工程也采用外加菌剂的做法，详见 3.9 节。

3.8.7　湿地动物

常见湿地动物包括鱼类、两栖类、爬行类、鸟类、小型兽类等，主要栖息在且受人为活动干扰较少的大型人工表流湿地区域内。

在人工湿地建设中，尤其是表流湿地和生态塘的建设中，有时会以加速构建健康的水生态系统为目标，主动投放鱼苗、虾苗、螺类等底栖动物。其投放比例、密度和投放次序均需结合水域面积及生态本底情况科学制定，并通过过程追踪进行实时调整。常见水生动物投放种类如表 3-14 所示。

在部分人工湿地项目中，生物栖息地构建是其重要目标之一，需要结合目标物种的习性进行栖息地构建设计。例如，为了吸引特定鸟类栖息，构建适宜的水陆地形、遮蔽、觅食场所，并避免场地出现过于鲜艳的大片色块等。

表 3-14　常见水生动物投放种类

种类	图片	习性	放养区域
鲢鱼		生活于水的中上层，幼鱼以浮游动物为食，成鱼吃浮游植物为主	生态塘

种类	图片	习性	放养区域
鳙鱼		分布在水域的中上层，为温水性鱼类，被称为“水中清道夫”	生态塘
白鲫		生活于水体中上层，适应性强，耐寒、耐高温	
环棱螺		常栖息于冬暖夏凉、底土柔软、饵料丰富的湖泊、池塘、水田和缓流的河溪中	生态塘、表流湿地
蚌		生活在淡水湖泊、池沼、河流等水底，滤食水中的微小生物及有机质颗粒	
黄颡鱼		杂食，主食底栖小动物、小虾、小昆虫和一些无脊椎动物等	生态塘

种类	图片	习性	放养区域
史氏鲟		肉食性鱼类，幼鱼的食物以底栖生物、水蚯蚓和水生昆虫为主，成鱼则以水生昆虫、底栖生物和小型鱼类为食	
鲴鱼		杂食性，喜刮藻类为食。生长较快，自然繁殖量大	
鳜鱼		属凶猛肉食性鱼类，性凶猛，常以其他鱼类为食，幼鱼喜食鱼虾，成鱼以吃鱼类为主，冬季停止摄食	生态塘
翘嘴鲌		属中上层大型淡水经济鱼类，行动迅猛，善于跳跃，以小鱼为食	
罗氏沼虾		生长速度快，食谱广，营底栖生活，喜栖息在水草丛中	

种类	图片	习性	放养区域
青虾		属杂食性水产动物，营底栖生活	生态塘

3.9 强化净化设施选择

3.9.1 基本定义

为减小人工湿地占地面积、提高人工湿地水质净化效果，近年来各种强化净化手段成为业界热点研究方向，其中部分做法已有工程应用。强化净化设施基于人工湿地水质净化的原理，对某一个或多个限制因子进行改善。主要可分为以下四类（如图 3-27 所示）：

①创造有利于目标物质氧化反应的条件，以提高对 BOD、NH_3-N 等污染物的去除效率，一般通过在湿地的部分区域提高溶解氧实现；

②创造有利于目标物质还原反应的条件，以提高对硝态氮等指标的去除效率，一般通过在湿地的部分区域限制溶解氧、并提供相应的电子供体来实现；

③提高湿地填料的吸附截留能力，以提高对 TP、重金属等污染物的去除效率，一般通过采用化学吸附填料来实现，近年来也有添加助凝药剂的尝试；

④改变湿地中的微生物总量和群落结构，以提高对各种污染物的综合去除效率，在表流湿地中可增加悬挂填料来实现，在潜流湿地中可采用外加菌剂。

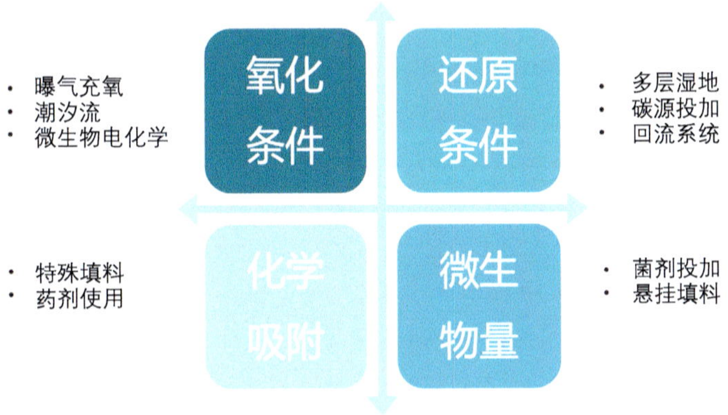

图 3-27　人工湿地强化设施类别

3.9.2　曝气充氧

当自然复氧过程无法满足微生物好氧反应所需的溶解氧要求时，为提高碳、氮降解速率，可以采取曝气充氧措施。

曝气措施包括跌水曝气、表面曝气、底层曝气（如图 3-28 所示）。

两个主体处理单元水位差大于或等于 0.5 m 时，可采用单级或多级陡坡充氧、跌水充氧等自然充氧形式。

在好氧塘等水深较大的单元，可采用表面曝气式充氧机、推流曝气机等，也可采用底层曝气，如曝气头、穿孔曝气管等。

在潜流湿地中，可采用曝气头、穿孔曝气管等方式，设置在进水渠（井）中或湿地池体中。设置在湿地池体中时应考虑与湿地配水管道的布置关系及曝气管道的支撑保护措施。

图 3-28　曝气设施类别

3.9.3 潮汐流

潮汐流人工湿地（tidal-flow constructed wetland，TFCW）是在传统垂直潜流人工湿地的基础上发展起来的，通过淹没—排空的交替运行方式，强化湿地系统增氧，使湿地内部形成缺氧和好氧环境，以增加反硝化和硝化能力，达到提高有机物和 TN 去除效果的目的。

潮汐流人工湿地系统脱氮过程分为三步：

①淹没期，进水中 NH_4^+-N 被吸附到基质表面；

②排空期，空气进入湿地基质空隙中，吸附在基质表面的 NH_4^+-N 被氧化成 NO_2^--N 和 NO^-_3-N；

③进入下一个周期的淹没状态时，氧化态氮自基质表面解吸、进入液相，反硝化菌利用进水中的有机物作为碳源完成反硝化过程。

3.9.4 微生物电化学

微生物电化学与人工湿地的耦合体系主要有人工湿地 - 微生物燃料电池（CW-MFC）、人工湿地 - 微生物电解池（CW-MEC）、人工湿地 - 微生物电化学通气管（CW-MES）。其中，CW-MEC 或 CW-MES 不以收集能量为目标，而是基于微生物电化学原理，提高人工湿地的净化效率。

CW-MFC 的阳极位于底部厌氧区，阴极位于顶部缺氧区或需氧区。电活性细菌在厌氧区消耗有机化合物并释放电子，该电子从阳极沿着外部电路流向阴极，释放的电子用于 O_2 或 NO_3^- 还原，通过离子分离器或使离子在流体中流动完成电荷平衡。在使用 CW-MFC 进行废水处理时，除达到传统人工湿地的处理性能外，还具有从电活性细菌代谢活性及其与电极的相互作用中获取能量的附加价值。

目前，CW-MFC 的研究成果大多以上流式模式连续运行，应用于猪粪废水、生活污水、含油废水和药物废水等的处理中。

MFC 及 CW-MFC 原理如图 3-29 所示。

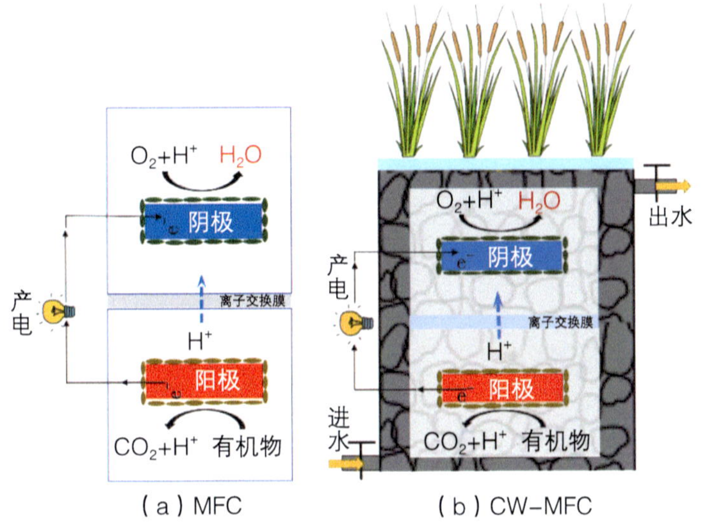

图 3-29　MFC 及 CW-MFC 原理[42]

MEC 是基于 MFC 发展演变的微生物电化学系统，利用电极上的生物膜去除污染物，通过外加电源增强阳极和阴极之间的电位差，使电极反应得以进行或增大电极反应速率。MEC 可在阴极进行化学电解水反应，从而产生氢气，氢气可代替有机碳源用于反硝化，将有机硝酸盐氮转化为氮气。CW-MEC 的研究多以太阳能作为外部电源供体连接电极（如颗粒石墨），在低碳（C/N=2）和低温（<10℃）条件下仍能够强化氨氧化和反硝化过程。

MEC 及 CW-MEC 原理如图 3-30 所示。

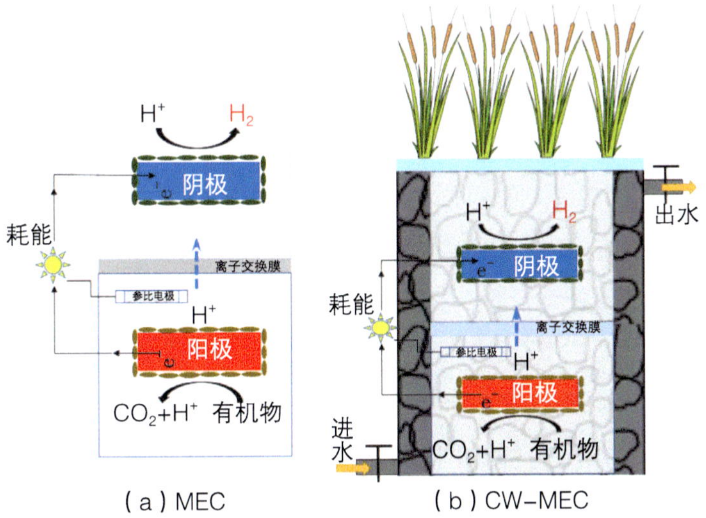

图 3-30　MEC 及 CW-MEC 原理[42]

MES 被认为是短路的 MFC，无关电流收集，仅着眼于除去废水中的污染物。配置无需具有离子交换膜或其他隔板的复杂电化学反应器，设计可简化为单片导电材料或两个连接的电极，在阳极和阴极区域之间建立直接的电化学连接。CW-MES 使用导电材料（如导电性焦炭颗粒）作为湿地填料，在去除有机物、药物污染物等的性能上优于以传统砾石为填料的人工湿地。

MES 及 CW-MES 原理如图 3-31 所示。

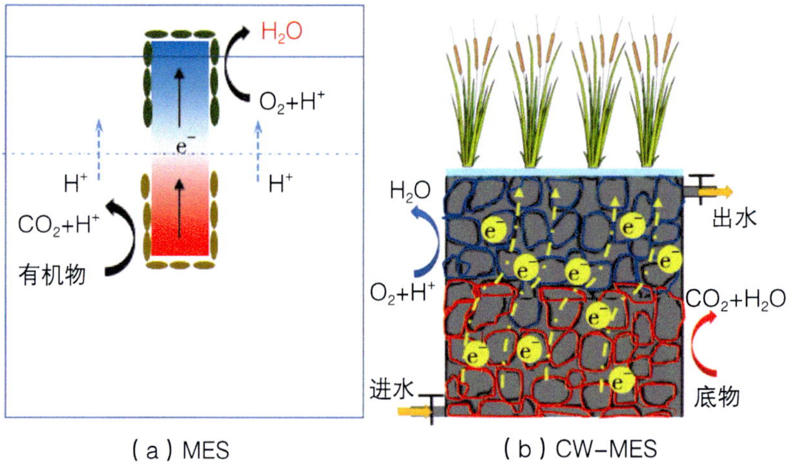

图 3-31　MES 及 CW-MES 原理[42]

3.9.5　化学制剂

除了部分项目在预处理中使用外，人工湿地中很少直接使用化学制剂，这也是人工湿地技术的优势之一。近年来为了增强人工湿地的水质净化功能，学界也开展了一些相关研究。当前正在研究阶段的化学制剂有：

① 铁盐，理论上可提高絮凝与沉淀效率，促使湿地内部氧化还原和酸碱条件变化，促进脱氮反应，但同时也可能形成化学沉淀，导致湿地堵塞；

② pH 调节剂，如碳酸钙、熟石灰等，可用于改善表流湿地中的 pH 值，以提高土壤的吸附能力；

③ 溶菌剂，如酸、碱等，可抑制微生物胞外聚合物的产生，脱除或溶解有机堵塞物，改善生物堵塞现象。但这些制剂的使用也会破坏湿地微生物体系，宜进行试验后采用。

应用化学制剂时，必须充分考虑其对生物系统和填料系统的影响，避免造成湿地堵塞或二次污染。

3.9.6　生物制剂

人工湿地中的微生物种群一般通过自然富集或污水处理厂接种形成。近年来，为提高人工湿地的处理效率，强化菌剂的使用也在研究和小试中。主要应用方向有：

① 通过引入某些菌种，如脱氮菌等，提高湿地对某些污染物的去除能力；

② 通过引入驯化的菌种，提高湿地在低温期的处理效率；

③ 通过引入大量外源微生物，降解湿地中积累过多的生物膜与胞外聚合物，改善堵塞现象。

3.9.7　外加碳源

在处理低碳氮比污水时，碳源不足可能成为反硝化反应的限制因素，从而影响人工湿地对 TN 的净化效果。

当前，外加碳源在人工湿地中的应用大多处于试验阶段，主要碳源类别及特点如表 3-15 所示。

表 3-15　常见碳源类别及特点

分类	碳源示例	优势	应用限制
小分子有机物	甲醇、乙醇、葡萄糖、蔗糖	碳源含量高，易于生物降解且易被反硝化细菌利用	甲醇有毒、易燃易爆、成本较高且运输不便。糖类物质化学结构较复杂，同时导致系统中污泥偏多，引起堵塞
污泥和污水	市政污水和工业废水、剩余污泥消化液	碳源易于利用，且能够实现资源回收利用	需要前处理，加药成本高；可能造成二次污染
植物固体碳源	树枝、芦苇秸秆	能够实现资源回收利用	需要前处理，酸碱试剂成本高；植物碳源投放初期可能引起水质反弹
藻液	螺旋藻、小球藻消化液	易于投加、能够实现资源回收利用	需要前处理；氮、磷含量高，可能造成二次污染

3.9.8 生物膜载体填料、浮动湿地

生物膜载体填料是接触氧化工艺的重要组成部分，用于增大池内比表面积，提高微生物生物量，促进生化反应净化水质。稳定塘同样可设置生物膜载体填料，但塘中若不进行曝气，悬浮性填料的使用可能受到限制。

生物膜载体填料按形态分为硬性填料、软性填料、半软性填料、固定化填料、悬浮性填料等，按成分分为塑料、醛化纤维、碳纤维等。在稳定塘中常用的是软性、半软性悬挂填料。常见悬挂填料如图 3-32 所示。

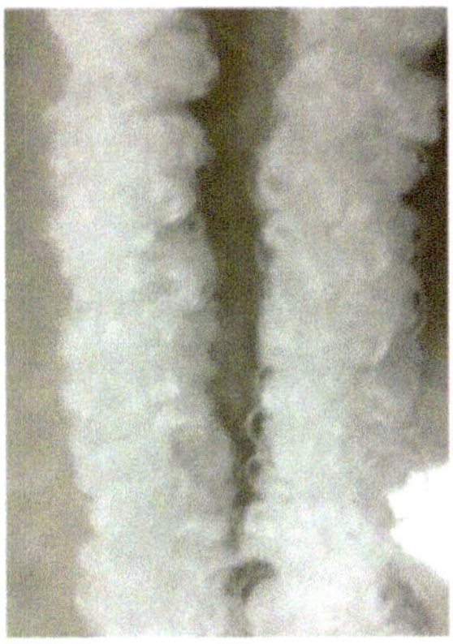

生物绳填料

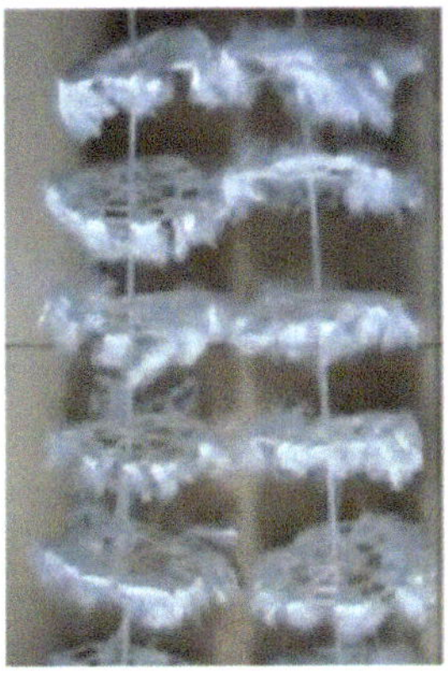

组合填料

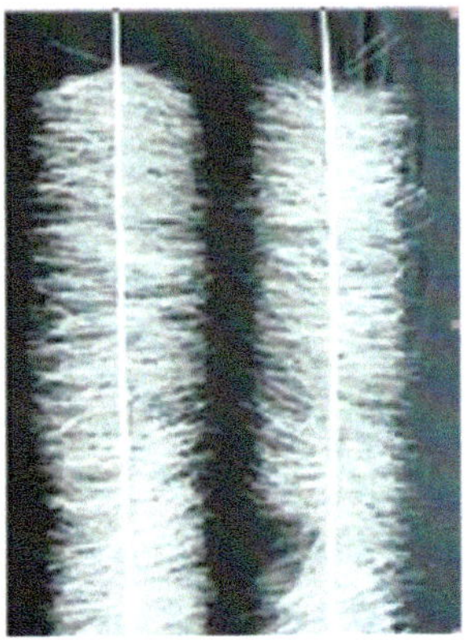

弹性填料

图 3-32 常见悬挂填料

浮动湿地通过植物根系及浮岛的床体，增大比表面积，以达到提高稳定塘效果的目的。对于较深的塘系统，植物根系的长度难以贯穿整个深度，宜采用悬挂生物膜载体填料的复合式浮动湿地（如图 3-33 所示）。

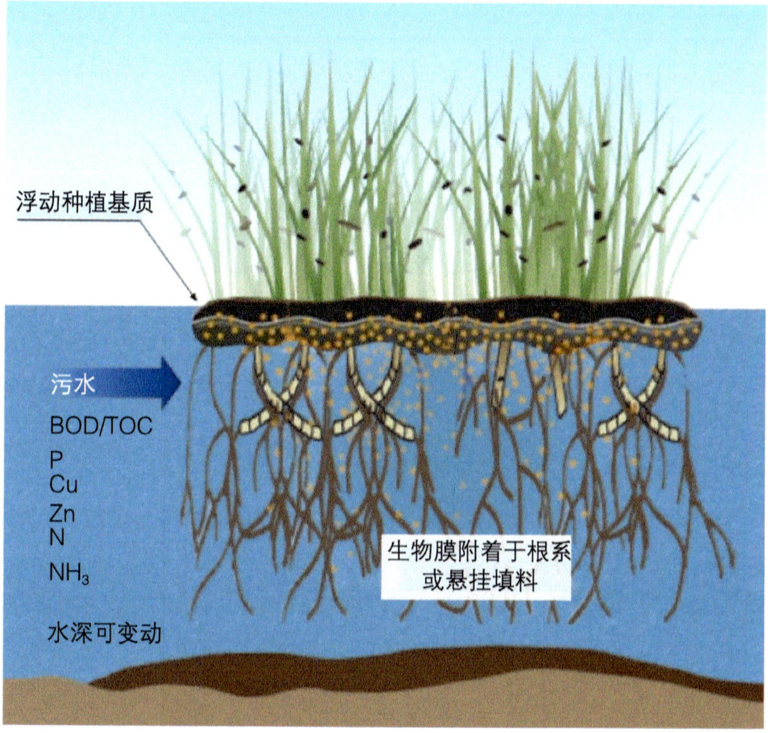

图 3-33　浮动湿地
（周艳制图）

3.9.9　硫自养反硝化系统

针对人工湿地面临的前端溶解氧不足而限制硝化、末端有机碳源不足而抑制反硝化以及整体脱氮效果相对传统脱氮工艺效率偏低等问题，可将硫自养反硝化系统通过模块方式与人工湿地耦合联用。

硫自养反硝化以单质硫或硫化物代替有机物作为电子供体，无需外加碳源，反硝化脱氮效果明显。选取合适的硫源、碱度补充剂等作为湿地填料来强化人工湿地净化污染物能力，能够在充分利用已有有机碳源脱氮的同时，利用末端自养反硝化模块提升整体工艺的脱氮效果，控制出水中硝态氮和亚硝态氮含量，从而提升出水水质。

最常见的硫源有硫黄、硫铁矿等（如图 3-34 所示），最常见的碱度补充剂有石灰石、菱铁矿等。

应用硫自养反硝化时，湿地系统存在二次污染风险，可能增加出水硫酸盐浓度、硬度和总溶解固体。

图 3-34　常见硫源

3.9.10　循环、回流系统

通过增加内回流系统，可形成类似于 A/O 工艺的脱氮机制，提高 TN 去除效率；对进水浓度较高的湿地系统，可通过内回流系统稀释进水浓度，避免对湿地生物的伤害。

对面积较大的稳定塘系统、表流湿地系统，设置水力循环设施（如推流泵等），可以减小死水区，避免水华形成，提高去除效率。

3.10　交通系统

人工湿地的交通系统设计需考虑人工湿地主要功能定位、人工湿地对外开放程度、人工湿地占地面积等。道路系统应有利于各类用地的功能分区和有机联系，以及建筑物、构筑物的合理布局，并有利于雨水排泄，便于管线敷设。

根据主要服务对象，人工湿地交通系统可分为生产运维交通系统和参观游览交通系统。

3.10.1　生产运维交通系统

当人工湿地对外开放程度较低时，其交通系统主要满足生产运维的需求。考虑因素包括运维机械设备进场条件及作业条件、人员作业条件、收割植物堆放及转运条件等。应保障内外联系畅通、安全，避免迂回，便于货物、生产车辆、消防车等通行。基地出入口与城市道路连接的方位应符合当地主管部门提供的城市规划条件。

人工湿地内部应设置通向各构筑物和建筑物的必要通道，通道的设计应符合下列要求。

①主要车行道的宽度：单车道为 3.5 ～ 4.0 m，双车道为 6.0 ～ 7.0 m，并应有回车道；

②车行道的转弯半径需结合运营车辆需求，一般宜为 6.0 ～ 10.0 m；

③人行道的宽度宜为 1.5 ～ 2.0 m；

④通向高架桥构筑物的扶梯倾角宜采用 30°，不宜大于 45°；

⑤车道、通道的布置应符合国家现行有关防火规范的要求，并应符合当地有关部门的规定；

⑥通道的路线布置与运维需求密切结合，建议在设计阶段充分考虑清淤、水面清洁、植物收割，物资材料运输的路线要求、临时堆砌场地需求等。

3.10.2　参观游览交通系统

当人工湿地对社会公众开放时，其交通系统不仅需要满足湿地自身运维的需求，还需要满足非生产性外来人员的游玩和参观需求。生产运维交通系统与参观游览交通系统应基于各区域功能，考虑适当分隔，防止游客误入而造成安全隐患，同时减少运行维护成本。

人工湿地的参观游览交通系统主要分为场内交通和场外交通。场外交通主要考虑场地可达性以及停车空间的设置。场内交通主要考虑以不破坏自然环境为前提，从生态保护的角度出发进行规划设计。根据湿地公园的功能分区以及人们的休闲、游憩、教育的需求，将园区的道路分为主干道、次干道、游步道和水上交通。

主干道交通流线：根据项目的用地尺度和通行人流量，建议主干道设置为宽 3 ～ 5 m（没有消防需求的通道可以设置为 3 m），主要考虑园区的电瓶车道、消防车道、运维通道以及人行步道等综合交通功能。12 座电瓶车的道路宽度建议设置为 1.5 ～ 2 m，作为通往园内各分区和主要景点的电瓶车游线（针对大尺度的湿地公园设置电瓶车游线）。

次干道交通流线：次干道主要为分区的人行道路，在道路级别上低于园区主干道，不需要考虑消防车。人行步道设置依据景观设计的分级要求及功能性质，如单人通行可最低控制在 0.8 m，多人或兼具骑行功能可设置为较为宽松的 2.5 ～ 3 m。

人工湿地道路分布示意图如图 3-35 所示。

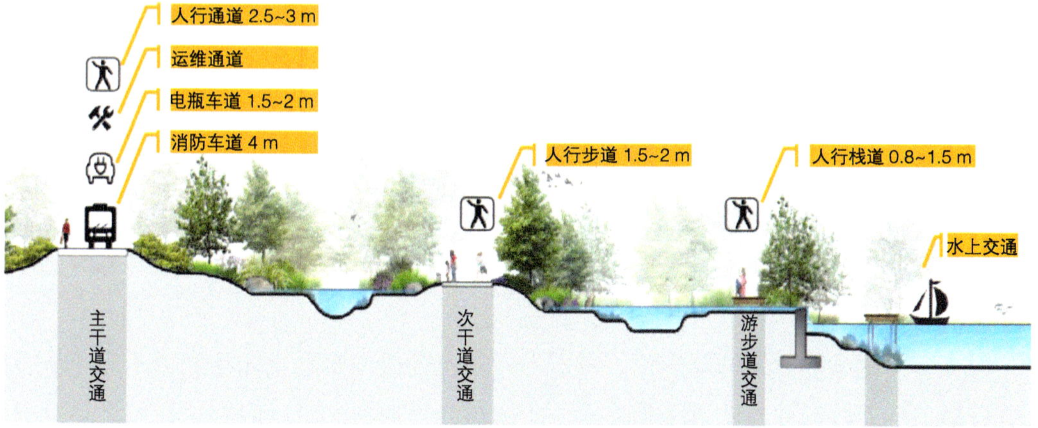

图 3-35　人工湿地道路分布示意图

3.11 湿地景观系统策划

3.11.1 策划原则

（1）生态性

1）优先选择本地乡土湿地植物

对于南北区域气候和环境条件的不同，在物种的选择上需要考虑当地普遍生长的乡土物种，保证湿地植物的适应性和稳定性。例如，对西北盐碱地的土壤要选择耐盐碱的湿地植物，在南方洪涝频繁的区域要选择耐水淹的湿地植物等。

2）道法自然，构建原生态的湿地生物群落

以构建近似自然湿地的发展方向来恢复湿地的生物环境，从水文、投放生物、植物环境等方面，创造适宜湿地生物栖息的环境，例如高秆的挺水植物为鸟类提供栖息隐蔽的空间，以及浅滩的湿地中有微生物和鱼类，可以吸引鸟类来觅食等。

3）采用自然生态材料，与湿地环境相融合

湿地内的设施材料以融合湿地的自然环境为设计原则，对湿地内的步道、平台、标识指引、建筑等都需要考虑采用自然生态的材料来设计建造，例如步道采用可渗透的石材或者卵石等，低介入的空间采用木栈道来设计；休憩平台可考虑石材或者木质材料；标识设计考虑耐久性以及与环境的融合度；建筑以生态低碳的建筑设计理念，与湿地环境相融合。

4）低介入的景观设计手法，保护湿地自然生境

为保护湿地的自然环境，避免人的活动对湿地生境的干扰，湿地景观设计上需要采用低介入的景观设计手法，设计特定的参观流线，如木栈道、观景塔、观鸟屋等来引导人们在湿地中的行为模式。

（2）地域性

因地制宜，尊重场地的现状肌理以及充分挖掘当地的文化内涵，创造符合当地特色的湿地景观风貌。例如高原草甸湿地、白洋淀芦苇荡湿地、桑基鱼塘湿地等，风貌统一，主题特色突出。

（3）功能性

根据不同湿地的不同功能定位，对应的景观设计的内容和空间功能也不同。从功能上定位湿地，大致可分为污水净化湿地、河湖缓冲带湿地、雨洪调蓄湿地、自然景观型

湿地以及城市游憩型湿地等。

污水净化湿地：如对生活污水、污水处理厂尾水、工业废水的净化处理以及微污染地表水的旁路净化等，依据湿地的净化工艺要求，如前置塘、预处理、潜流湿地、表流湿地等功能属性来进行景观空间的布置，不同湿地的面积比例以及景观形态需要结合水动力计算或模型进行推导，得出最优的湿地净化的空间方案。

河湖缓冲带湿地：主要指沿着河道、湖泊的自然缓坡或者阶梯式驳岸设置适宜的植被群落，形成沉水—挺水—水陆生—陆生的植物布置，建立弹性且具有减缓地面径流和减少面源污染的生态缓冲带。

雨洪调蓄湿地：以洪水蓄滞的功能为主，考虑湿地植物及设施的耐淹性。需要结合水文的不同条件，设置不同水文线的景观可淹没范围，主体建筑需要在洪水线以上的位置。

自然景观型湿地：设置低介入的步道系统，保留湿地的自然环境，通过增加少量观景和科普导览设施，创造人们亲近湿地、了解湿地的机会。

城市游憩型湿地：以保护湿地的自然生境为前提，在湿地的功能空间布局上可以更加丰富和多元化，创造多种游览体验路线、可参与的湿地空间（如采摘、捕鱼等）以及科普教育的场所（如湿地展馆等）。

（4）体验性

湿地中的活动体验主要基于湿地的功能属性来策划，大致上可以将湿地的体验活动分为游憩型和参与型两大类。

游憩体验上，要基于湿地生境的敏感程度，设计游览步道、平台和观鸟屋等，尽量避免破坏和干扰自然生境。

参与体验上，根据湿地的主题定位，策划符合其主题方向的湿地活动和体验空间。例如田园湿地可以策划农耕、采摘等活动；科普教育湿地可以策划科普体验活动等。

3.11.2　湿地景观构成要素

（1）水体景观

表流湿地、生态塘：最贴近自然、生态程度最高的湿地类型，多采用近自然形态，有连续完整的水面，驳岸为土坡入水或尽可能地采用生态材料，面积允许的条件下可设湖心岛，具备较好的亲水休闲功能。需要关注的是，根据项目的工艺流程设计，表流湿地作为第一级或中间级湿地时，由于污水水质问题，有可能存在蚊蝇孳生、水体感观差、散发臭味等问题；作为末级尾水湿地时，通常水质较好，更适宜结合景观亲水设施或科普观察设施的打造。

表流湿地根据工程需要可体现为多种形式，如漫滩湿地属于狭义的表流湿地；河道湿地、生态塘、雨水花园、湖泊、库区等则可归为广义的表流湿地。

奥森湿地平面图及实景如图 3-36 所示，北京翠湖平面图及实景如图 3-37 所示。

图 3-36　奥森湿地平面图及实景

图 3-37　北京翠湖平面图及实景图

水平潜流湿地：污水在填料层表面以下，从池体进水端水平流向出水端，要求布水均匀，故水平潜流湿地通常由矩形单元组合而成，外形相对单一。植物等距满植，水面不外露，亲水休闲功能相对较弱，一般通过与其他景观设施、其他湿地形式组合等方式形成湿地景观。水平潜流湿地实景如图 3-38 所示。

图 3-38　水平潜流湿地实景

（聊城清泉河人工湿地，卢欣戈摄）

垂直潜流湿地：进水垂直流过填料层，布水点满布于湿地单元表面，因此单元平面形态可采用不规则形式，通过外形设计可以形成有项目特色的景观效果，同景观亲水休闲功能的结合度较高。如图 3-39 所示，充分利用场地，湿地单元设计为弧线形或扇形；潜流湿地单元通过进深排布的变化和不规则折线形，打破死板线条。

图 3-39　垂直潜流湿地实景

（左：江苏常熟某人工湿地，布隆伯格工程师事务所供图。右：湖南常德污水净化中心，卢欣戈摄）

（2）生物景观

相对于城市景观多由硬质铺装、构筑物、造型小品来打造城市空间，强调使用功能，人工湿地景观重在展示自然的魅力和活力。在湿地中，水生植物、湿生植物、水生动物、两栖类动物、昆虫、鸟类等形成依水而生的生物链景观。

在人工湿地场地内尽可能地营造生物栖息地，并通过布局规划和游客引导，减少人类对核心生态保育区域的干扰。同时作为功能属性补充，预留一定空间，为居民和游客提供观测和亲近生物景观的场地和设施，通过与生物景观的接触更能唤起人们对自然的情感依恋（如图 3-40 ～ 3-42 所示）。

图 3-40　北京南海子公园的麋鹿栖息地

图 3-41　香港湿地公园观鸟屋

（来源：渔农自然护理署香港湿地公园）

图 3-42　西溪湿地水生植物园

（林卉摄）

（3）文化景观

湿地文化主要围绕宣传湿地保护成果、增强湿地保护意识、弘扬湿地文化、动员社会参与等方面进行，可通过对区域历史文化的挖掘，代入项目设计中，如展示历史时期的湿地文化、水文化与城市发展等，在科普教育、休闲娱乐的过程中实现。

修建湿地展览馆，展示湿地与城市发展的关系，湿地的生态价值、社会经济价值，科普湿地的基本组成和结构等科学知识，并展现当地的水文化历史、人文等。如澳大利亚阿德莱德植物园不仅科学地诠释湿地的功能，也同时展示考尔纳地区的文化知识，演绎了各种具有当地原住居民色彩的故事，并借助一系列趣味性体验解说装置引导游客探索湿地（如图 3-43、图 3-44 所示）。

图 3-43　湿地文化墙展示

（澳大利亚阿德莱德植物园供图）

图 3-44　湿地科普廊道

（澳大利亚阿德莱德植物园供图）

3.11.3　湿地景观分区设计

根据湿地的形式、空间、功能等因素，将湿地景观主要分为湿地保育区、湿地净化区、湿地展示区以及湿地体验区。

（1）湿地保育区

湿地保育区以保护生态特征和生态过程为主，其环境容量较小，以低介入和不介入的景观设计方式来考虑，还原湿地的自然状态和功能属性。

保护自然生态的最佳方式就是降低人类活动的干扰。结合欲保护的目标物种的需求，分析现状湿地栖息地的完整性，针对其缺失的条件进行补给和修复，恢复湿地生境的完整性。在人员活动方面，以低介入和不介入的景观设计方式来考虑，避免对湿地的自然状态和功能属性的破坏。

1）缓冲带宽度

缓冲带是指乔灌草相结合的植物带，在湿地保育区和其他功能区之间起到缓冲隔离的作用，以保护核心湿地环境的区域。根据周边用地的规划密度，以及湿地生境的敏感需求，有效的生态缓冲带的宽度为 30 ～ 300 m。缓冲带越宽，对湿地生境的保护和修复越有效。生态湿地缓冲带宽度示意图如图 3-45 所示。

图 3-45　生态湿地缓冲带宽度示意图

2）保育区水体形态要求

水位的变化对湿地的生物栖息环境有直接的影响。需要结合不同生物对环境的需求，创造不同的水域面积及水深。例如，浅滩、生态塘、芦苇床、岛屿等可为不同湿地生物提供其适宜的栖息环境。浅滩水深为 0 ～ 0.5 m，主要为迁徙水鸟提供可觅食的环境；生态塘控制水深通常为 1 ～ 2 m，满足水下生物及沉水植物的栖息条件，为野鸭、鸟类等提供安全开阔的水域；岛屿的形式有林地、芦苇床（水深为 0 ～ 0.7 m）等，形成相对独立和隔离的岛屿环境，吸引更多的生物栖息。

3）地形特点

自然生态湿地的地形应形成不规则的、多变化的形态，包括驳岸需要呈现蜿蜒多变的形式，形成碛、沱、洲、岛等多样的微小栖息空间，提供生境可繁殖和生长的空间环境。地形设计应针对欲保护的关键物种的需求进行优化，例如，针对涉禽需求，可增加浅滩、光滩的面积等。

4）植被恢复

湿地保育区以恢复和保护自然原生植被为设计原则，通过梳理场地的植被状态，结合关键物种需求，补充和恢复缺失的植物群落，并且依据不同的水位和潮汐变化情况，考虑不同的湿地植被布置形式。

5）冠层丰富

在湿地缓冲带上尤其要重视乔灌木的层次控制的变化，形成上层、中层、下层的植被生长空间，构建保护湿地区域的森林绿带，同时也增加林地区域的生物多样性。

6）驳岸侵蚀控制

在湿地驳岸的消落带区域，构建适应不同水湿环境的韧性防护带，例如利用水生植物发达的根系固岸，或者采用天然石、木材护底和植物扦插等方式，在恢复驳岸自然生境的同时，也提升了驳岸的稳固性，避免水流对驳岸土壤的侵蚀和破坏。

（2）湿地净化区

湿地净化区在景观空间设计上既要结合湿地净化的功能需求，同时又具有景观空间的美感，可根据场地的不同条件和主题要求（如台地地形与平原地形的不同地形条件），通过大空间定主题和功能，小空间则由模块化的单元组成，形成易建造、低造价、形式丰富的湿地净化景观。

以下从生态塘、潜流湿地、表流湿地 3 种主要单元类别考虑景观空间的设计形式。

1）生态塘的空间形式

生态塘的空间形式示意图如图 3-46 所示。湿地生态塘主要布置在潜流湿地和表流湿地的前、后两部分。在潜流湿地、表流湿地之前的作为前置塘和预处理来设计，布置在表流湿地之后的是作为水质稳定和净化的功能来考虑。在生态塘的景观形态上根据用地的条件和空间需求形成不同的设计手法。如曲线不规则式和几何规则式，以及基于有高差的地形设计成跌水塘的形式。示例如图 3-47、图 3-48 所示。

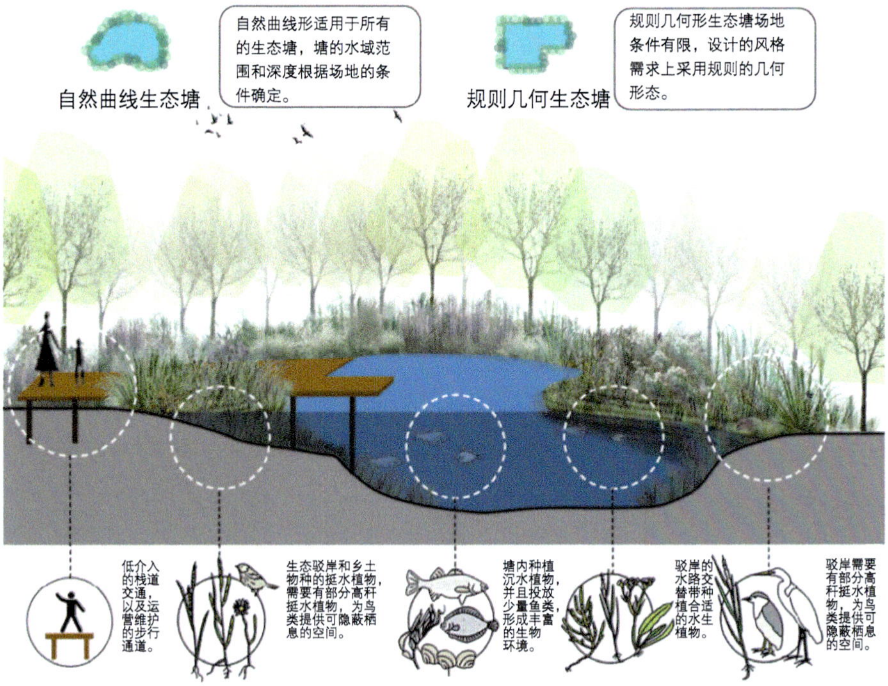

图 3-46　生态塘的空间形式示意图

图 3-47　某生态雨水蓄滞塘

图 3-48　某生态净化前置塘

2）潜流湿地的空间形式

潜流湿地的景观空间形式局限性较大，需要考虑净化的高效性和湿地的定期维护需求，主要以几何规则的模块化形式建造，以满足施工的效率和经济性以及运维后期的便利性要求。

在满足功能要求的基础上，根据空间的游览、体验和视觉观感的需求，以自由模块的组成方式，也能创造丰富的景观空间形态，在坡地上建设的阶梯式潜流湿地中还能营造立体式的体验空间。示例如图 3-49 ~图 3-51 所示。

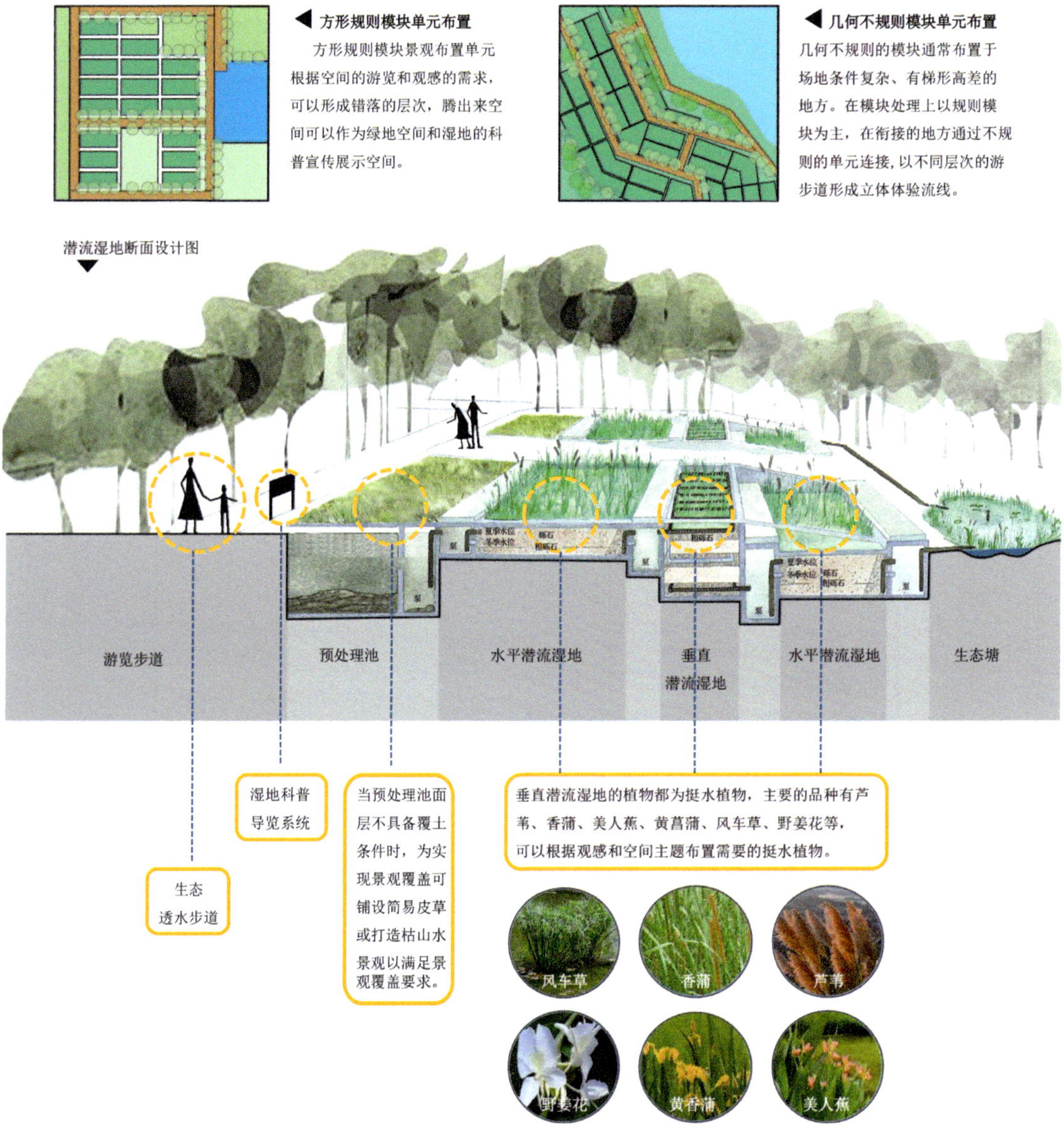

图 3-49　潜流湿地平面布局样式及断面设计图
（周艳制图）

图 3-50　环形模块单元潜流湿地（常熟某医药工业园人工湿地项目）

图 3-51　不规则几何模块单元潜流湿地（海口美舍河凤翔湿地公园）

3）表流湿地的空间形式

表流湿地与自然湿地的系统非常相似，不同的是在人工表流湿地中，会根据水质净化的要求进行浅水区和深水区的布置，设计种植床的面积和形态以及水流的动力走向，并设置导流墙（浅堤）、闸坝泵站等水工调节设施。

表流湿地的景观设计形式较丰富，容易形成自然的湿地景观风貌，设计手法上可以呈现自然曲线，也可以呈现规则几何的样式，根据场地的条件和功能需求来选择合理的空间设计形式。示例如图 3-52 ～图 3-54 所示。

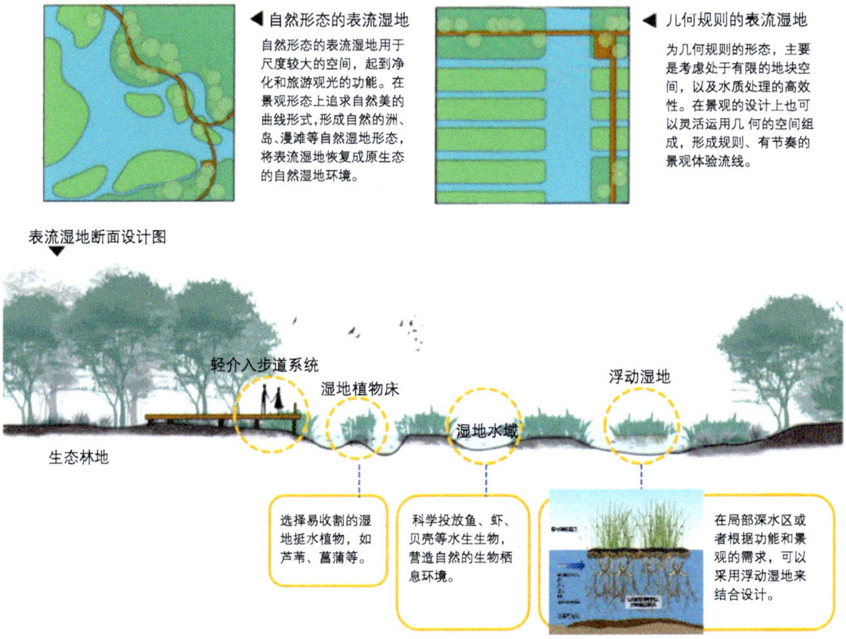

图 3-52 表流湿地平面布局样式及断面设计图

图 3-53 自然形态的表流湿地

图 3-54　几何规则的表流湿地

（3）湿地展示区

湿地展示区主要展示湿地的生态艺术美学、生物多样性以及生态涵养、水质净化等科普教育功能。主要以两种形式进行科普展示：①在园区建设一个生态湿地科普展览馆；②在湿地公园内的各生态节点布置相关的科普展示牌。根据项目的场地条件和功能需求来决定是否设计生态湿地展览馆，多数湿地公园只布置生态节点和生态科普展示牌。湿地展示系统图如图 3-55 所示。

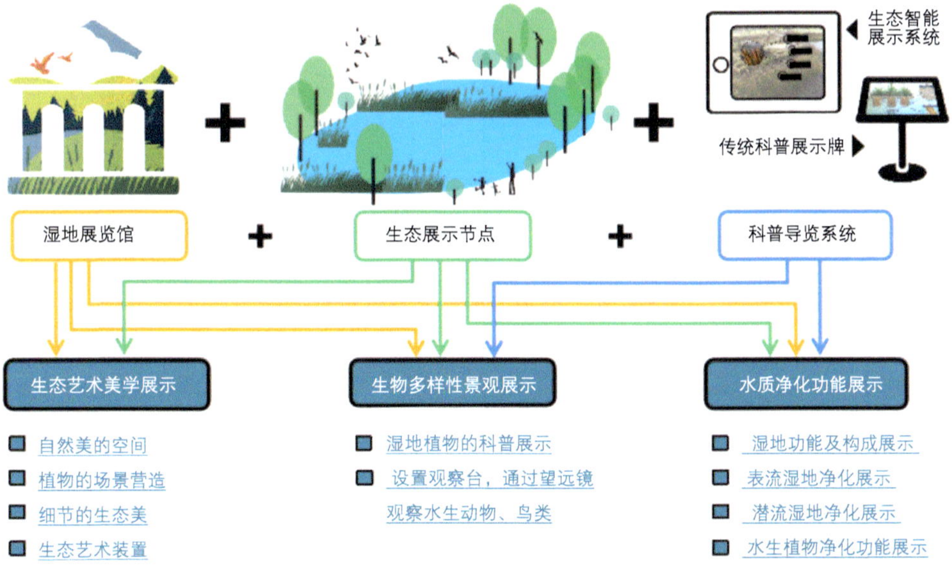

图 3-55　湿地展示系统图

1）生态艺术美学展示

通过景观营造形式来考虑湿地的空间布局，创造艺术化的生态景观空间，将自然美最大化。以水、植物、艺术装置等为元素，营造具有场景感和自然美的湿地空间展示。

2）生物多样性景观展示

通过配置乡土湿地物种，招引湿地鸟类、昆虫，达到湿地环境多样统一、鸟语花香的景观效果。通过土壤种子库等技术恢复岸带植被，在林下空间种植耐阴、喜湿植物，增加景观层次。通过沉水植物群落、浮水植物群落、挺水植物群落以及湿生草本群落到木本植物群落在空间上的分布，展示群落结构多样性和空间分异规律。

选择适应能力强、景观效果突出的湿地植物，并设置可供游人进入的廊、桥、汀步等设施，达到功能和景观的双重效果。

3）水质净化功能展示

对围绕科普教育功能设置的景观活动设施，需从整体项目规划阶段开始逐步确定并细化游线布置、设施类型、展示内容、展示形态、互动需求等，配合整体园区的景观游线设计及空间打造进行。湿地科普系统如图 3-56 所示。

图 3-56 湿地科普系统

（上左为 Schöneberg Nature Park，上右为 NSW National Parks，下为北京奥林匹克森林公园）

科普标识系统：包括对湿地的定义、人工湿地的工艺原理、湿地的功能及作用、湿地动植物介绍等。结合游线设计形成独立体系，渗透到各空间领域，具备引导游人的作用，形态上兼具美观、便利的功能特点。

科普互动小品：如配合标识体系或作为独立展示的科普小品、模型等，展示水动力的户外游乐设施等。

科普空间打造：如附带说明介绍的观鸟台、瞭望塔，能观察到湿地结构的沉水栈道以及科普教育基地等。

（4）湿地体验区

湿地体验区主要可从湿地的水体景观、生产景观和人文景观等功能对湿地的体验空间进行规划布局。按功能划分，大致可分为水体景观体验、生产景观体验、文教活动体验和生态科技体验。湿地体验区功能如图 3-57 所示。

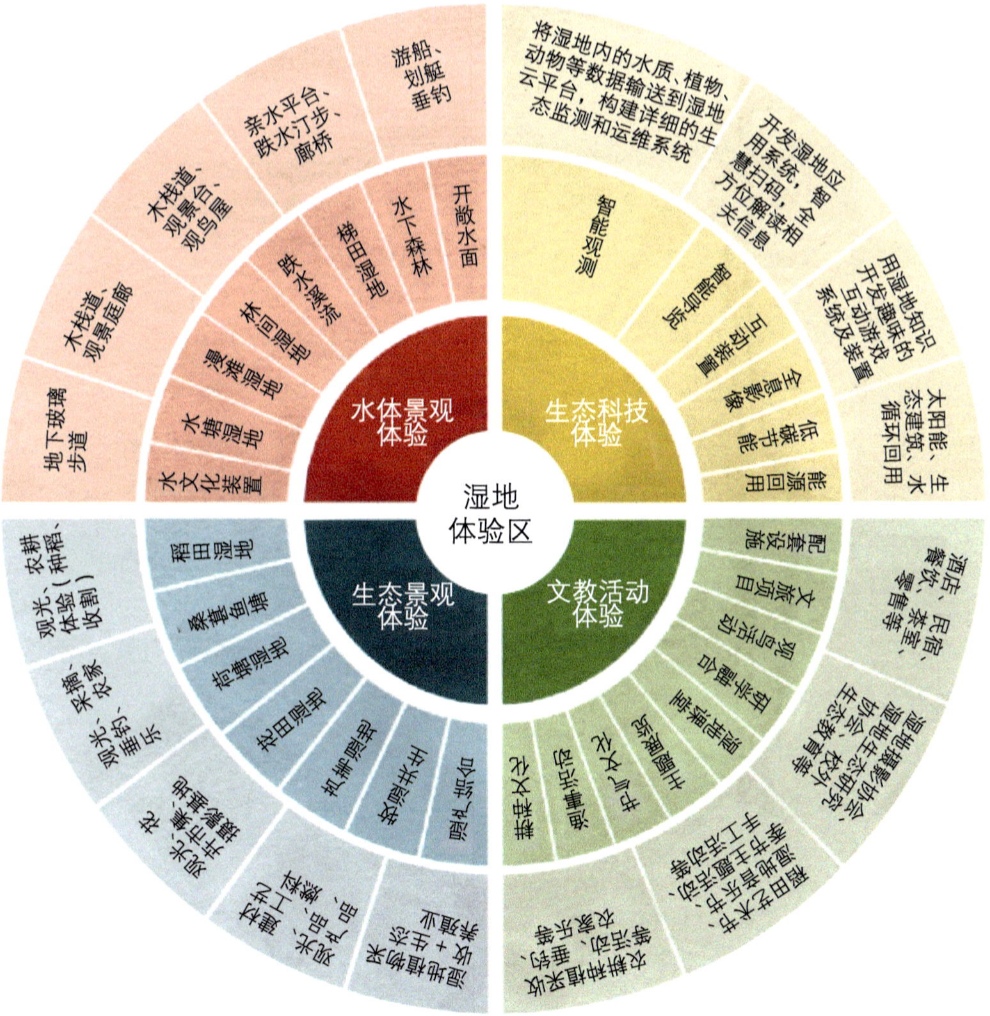

图 3-57　湿地体验区功能

①水体景观体验：可通过地形改造、水文连通等工程，营造浅滩、沼泽、溪流、跌水、水塘、开敞水面等湿地水景观形态，根据各水体景观的条件和特点布置相应的活动和设施，例如在开敞的水面可以有码头，设置游船等水上活动；在漫滩湿地、林间湿地等设置木栈道、观景亭廊、观鸟屋等。感受湿地的自然美和生物多样性。

②生产景观体验：主要考虑湿地中的生态产出、材料的再利用以及生态循环产业模式。在生态产出上，主要以稻田湿地、桑基鱼塘、荷塘湿地等生产型湿地的形式，同时创造多种农耕、采摘等体验活动；在材料的再利用上，通过收割的蒲草、芦苇等制作成工艺品或者生产燃料；在生态循环产业模式上，以牧湿共生、产湿结合的模式，例如湿地产出的水生作物可以作为原料，供应给家畜养殖，家畜养殖产生的日常废水又经过湿地净化，形成生态循环的养殖产业模式。

③文教活动体验：主要从人的活动空间策划和场地的服务设施规划上考虑设计，例如在湿地空间中可以有农耕文化、渔事活动、稻田艺术表演等。

④生态科技体验：采用新型的数字技术，设计湿地水净化处理动态装置以及各种互动的游戏平台、湿地全息影像展示、互动低碳生活馆等。

3.11.4 湿地景观行为模式

湿地公园与普通的城市公园不同，湿地的环境容量有限，生物种群有其自身的环境适应性和敏感性。为避免生态系统受到人类的干扰和破坏，需要通过设计来规范人类在湿地公园中的行为，保护湿地生境的完整性、生物多样性以及生态的可持续性。根据湿地生态敏感性的不同级别以及生态旅游开发的需求，规划人类在湿地中的活动内容和行为方式。可以将人们在湿地中的景观行为模式划分为隔离模式、交织模式和融合模式（如图 3-58 所示）。通过在公园不同区域组织不同类型的景观行为模式，力求在湿地公园建设中既尊重和满足人类的需求，又尊重和保护湿地生物与环境。

（1）隔离模式

湿地作为自然界中重要的生态系统，保护的意义已经不言而喻。只有在确保湿地资源的真实性和完整性不被破坏的基础上才能实现湿地的多种功能。因此，有必要采取隔离模式，限制人类的游憩行为，使人类与湿地生物互不干扰，保持相对独立，这样才能使湿地公园保值并增值。

图 3-58　湿地景观行为模式类型

1）完全隔离

为处理好生态保护与科普教育、自然野趣与休闲娱乐、保护与游览的关系，在重点保护区内设立“禁入区”，隔离人类的任何方式的游憩行为，将人类与湿地环境完全分隔，并与湿地核心区域保持适当的距离（如图 3-59 所示），这样有利于生态恢复和湿地价值的提升。例如，有的湿地公园在重点保护区内，在珍稀物种的繁殖地及原产地设置禁入区，以及在候鸟及繁殖期的鸟类活动区设立临时性的禁入区。

图 3-59　完全隔离模式

2）远距离视线观赏

出于既要保护又要接近的需求，可以采用远距离的视线碰触的方式，在不惊扰生物的休养生息、不破坏保护地价值的前提下，通过远距离视线观赏方式，满足游客的观赏要求，加强人们对湿地的认知，创造城市中人与动物和谐相处的环境（如图 3-60 所示）。例如，设置观光栈道、观鸟亭台等，方便游客观赏，拉近人类与野生动物之间的距离。

图 3-60　远距离视线观赏

（2）交织模式

湿地公园不仅是独特的自然生态系统，还是人们游憩活动的重要载体。以低介入的生态理念，通过点状或线状的交织行为模式，在尽量不破坏湿地自然栖息地的基础上，将人类作为湿地生态系统中的一个组成部分，使其的行为活动和强度控制在湿地可容纳的承载力之内，实现自然资源的合理开发和生态环境的改善。

1）散点式的人与自然对话

对于湿地公园，合理的轻度人为干扰可以保持较高的生物多样性。因此，合理利用人为干扰，维护湿地群落物种多样性及生态功能是湿地治理的关键。在湿地公园建设中，建立合理的游憩空间，对湿地公园的保护和可持续发展具有重要意义。

由于人本能地偏爱借助小空间去观察更大的空间，所以在湿地公园的某些区域，可以利用此特点，构建分散的小空间，如隐蔽的停留点、休息平台等，合理展示湿地资源。通过这种方式将人流分散，使其活动点缀于大环境中，化解保护与开发的矛盾，将人们的游憩行为对公园生态系统所造成的影响控制在最低限度。而且分散的小空间可以为人们提供稳定的心理空间，人们可以驻足、小憩或交流、观测、沉思、感受等，进行人与自然的对话，也可以近距离地了解、鉴赏和享用湿地的价值，这也是对湿地资源的一种利用。“散点式的人与自然对话”图解示意如图 3-61 所示。

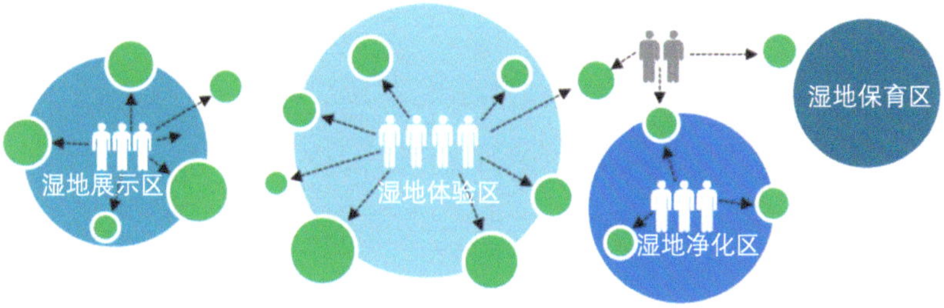

图 3-61　“散点式的人与自然对话”图解示意

2）流动的线式体验

人对环境的感受并非各视线片段的简单叠加，而是在空间、时间多维交叉状态下的某种方式的连续展现。在湿地公园中一些不宜停留和汇集的区域，必要的线状空间对人们的行为具有方向上的指引和导向，是功能场所的联系纽带。在这里，人的活动是一个连续的序列，对环境的感知也是一个连续的过程。在湿地公园的建设中，可以通过湿地公园游览路线的组织、多种交通方式（如游船、步道、栈道等）的介入，构建流动的线式空间，使人们走进大自然、融入大自然、体验大自然的清纯与美妙。“流动的线式体验”图解示意如图 3-62 所示。

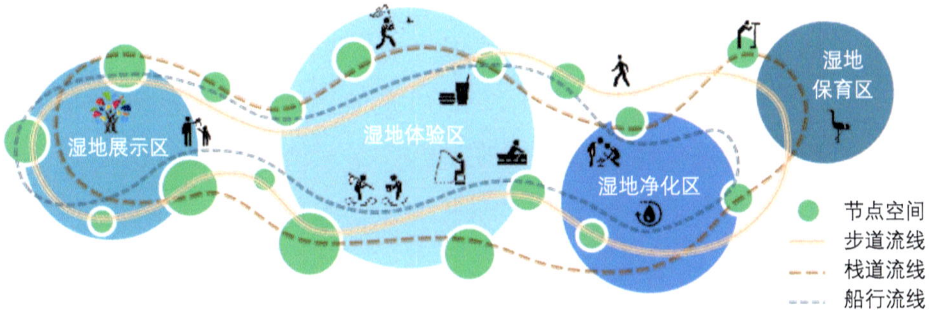

图 3-62 “流动的线式体验”图解示意

（3）融合模式

湿地公园除了多种自然功能之外，还具有历史、文化、旅游等社会功能。以当今公园规划设计理念而言，设计师更加强调以人为本，从人的尺度、需要、情感、知觉等出发，满足人类生存、大众行为、游憩娱乐及心理需求，强化大自然与人类生活空间的融合。

作为人类亲水天性在现代生活中的一种表现，湿地公园不仅具有湿地的生物、土壤和水文等特征，同时是人类以一定的审美眼光，通过人工干预促使其发挥观赏、娱乐效果的场所。因此，为满足城市居民的休闲、游憩、教育等需求，湿地公园的建设应当将各种发展需求统筹考虑，依据资源的重要性、敏感性和适宜性，综合安排、协调发展，为人们提供交往、聚会、休憩、游玩、演出等多样活动集合的游憩场所。在这些区域，人类游憩行为集中，活动基本不受限制，重点体现动感欢乐气氛。例如，可以将湿地敏感度相对较低的区域划为游憩活动区，安排适度的游憩设施，开展以湿地为主体的休闲、游憩活动。在这种情况下，人与湿地这两种元素不再是孤立、被动的，而是多元互动的复合关系。人与湿地更加亲近，人们可以触摸湿地动植物，可以戏水泛舟，充分感受湿地环境和生物特有的生态优势，加强人与湿地的联系。融合模式如图 3-63 所示。

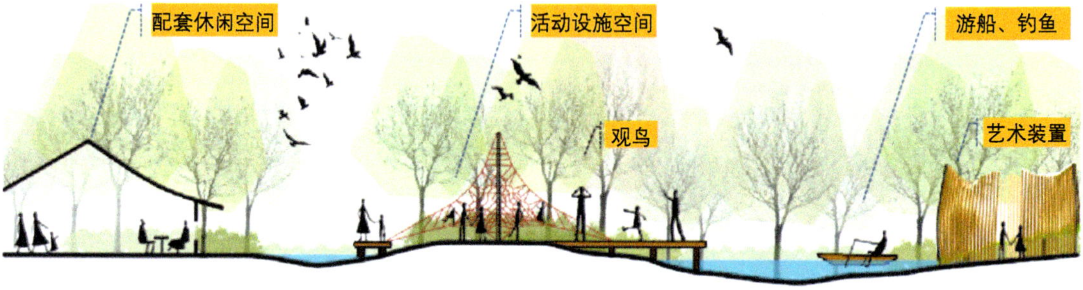

图 3-63　融合模式

3.11.5　亲水休闲设施

亲水休闲设施包含亲水平台及栈道、汀步、观景挑台、空间构筑小品等，面积较大的公园可设置游船码头。由于湿地公园是以水为主题的公园，亲水场地形态丰富、空间大，结合科普教育功能，需要考虑对停留空间的合理设计。示例如图 3-64 所示。

图 3-64　亲水休闲设施示例

（上为芜湖中江公园，中为海口美舍凤翔湿地公园，下左为昆明斗南湿地公园，下右为银川鸣翠湖国家湿地公园）

3.12　附属设施设计

附属设施包括但不限于厂区道路、围墙、绿化、电气系统、给排水、消防、暖通与空调、建筑与结构、防洪排涝等工程。

3.12.1　电气系统

①供电方式应根据用电要求，与当地电力部门协商确定。

②供配电系统应符合《供配电系统设计规范》（GB 50052—2009）和《20kV 及以下变电所设计规范》（GB 50053—2013）中的有关规定。

③低压配电设计应符合《低压配电设计规范》（GB 50054—2011）中的有关规定。

④照明设计应符合《建筑照明设计标准》（GB /T 50034—2024）中的有关规定。

3.12.2　自动监测与自动控制

为了人工湿地工程运维管理的便利性，系统宜具备监控与自控功能。

基本监测功能需求包括：

①进出水水量自动监测；

②进出水水质自动监测，指标宜根据考核要求确定；

③湿地内部各单元水质监测（可设置自动监测或定期人工水质监测）；

④配水井、配水渠、湿地单元及受纳水体水位（人工巡查及自动监测结合）；

⑤园区视频监控。

基本自控功能需求包括：

①水泵自动控制；

②关键闸、阀自动控制。

3.12.3　给水、排水及消防

①应有可靠的供水水源和完善的供水设施。给水设计应符合《建筑给水排水设计标准》（GB 50015—2019）和《室外给水设计标准》（GB 50013—2018）及相关规范的有关规定。

②排水设计应符合《室外排水设计标准》（GB 50014—2021）及相关规范的有关规定。

③管理区消防应符合《建筑设计防火规范》（GB 50016—2014）和《建筑灭火器配置设计规范》（GB 50140—2005）及相关规范的有关规定。

3.12.4 采暖、通风与空调

①建筑物的采暖与空调的设计应符合《工业建筑供暖通风与空气调节设计规范》(GB 50019—2015)的有关规定。

②当建筑物的机械通风不能满足工艺对室内温度、湿度要求时，应设置空调装置。

3.12.5 建筑与结构

①建筑的造型应简洁、新颖，并与周边环境相协调。建筑物的平面布置和空间布局应满足工艺设备布置要求，同时应考虑今后生产发展和技术改造的可能性。

②建(构)筑物结构设计应符合《给水排水工程构筑物结构设计规范》(GB 50069—2002)的有关规定。

③人工湿地结构设计应符合《砌体结构设计规范》(GB 50003—2011)和《矿山电力设计标准》(GB 50070—2020)的有关规定。

④建筑物抗震及机电抗震等设计应符合《建筑抗震设计规范》(GB 50011—2020)、《建筑机电工程抗震设计规范》(GB 50981—2014)的有关规定。

3.12.6 消毒

①处理城镇污水和农村污水时.应在出水处设置消毒设施，出水中的粪大肠菌群数应符合《城镇污水处理厂污染物排放标准》(GB 18918—2002)的有关规定。

②污水自然处理工程可采用二氧化氯、次氯酸钠和紫外线等进行消毒，其消毒方式应通过技术经济比较后确定。

③采用含氯消毒剂消毒时，消毒剂量应通过试验或类似工程运行经验确定。无资料可参考时，消毒剂量可采用 6 ~ 15 mg/L，消毒接触时间不应小于 0.5 h。当出水直接排入地表水体时，应控制总余氯小于 0.5 mg/L。

④采用紫外线消毒时，照射剂量和照射接触时间应通过试验或类似工程运行经验确定。无资料可参考时，照射剂量可采用 24 ~ 30 mJ/cm^2，照射接触时间应大于 10 s。

3.12.7 其他设施

①污水自然处理工程建设区内道路应按货物运输、检修维护和运行管理时车辆和人员通行的需要来设置，同时应与建设区内的景观工程相协调。

②建筑物、构筑物、道路两侧及其他空闲地应进行绿化。绿化植物应选择抗污染能力强、景观效果好、易于管理的植物。宜采用灌木、乔木与花草相结合的方式。

3.13　标识系统设计

湿地作为环保教育基地及生态旅游目的地，需要有系统规范的标识牌，为游客提供清晰的游览路径及详细的科普教育内容，增加参观者对湿地价值和生态功能的认知，提升人们的环保意识。

3.13.1　科普展示标识系统

位置要求：位于湿地公园的出入口及主要的功能节点，包括功能型湿地、景观型湿地等。

内容要求：在功能型湿地区域的展示牌主要展示项目概况、工艺流程、湿地净化机理、湿地的生态功能等，景观型湿地的展示牌主要展示项目概况、湿地植物品种、栖息的鸟类及爬行动物等。

示例如图 3-65 所示。

图 3-65　科普展示标识系统示例

3.13.2　方向指引标识系统

位置要求：位于湿地公园的各通道路口，方向指示要清晰明确。

内容要求：需写明公园各主要功能区域的名称，指示箭头要清晰。

图 3-66　方向指引标识系统示例

3.13.3　安全警示标识系统

位置要求：位于有一定危险的水边、阶梯、电力设施等位置以及有特殊要求的区域。

内容要求：主要以警示语标识牌的形式，内容如“水深危险”“小心阶梯“触电危险”“保持安静”　“禁止游泳”　“禁止钓鱼”等。

示例如图 3-67 所示。

图 3-67　安全警示标识系统示例

3.14　人工湿地造价匡算

人工湿地项目投资主要包括土地费用、工程直接费用和工程间接费用，其中工程直接费用通常分为几大部分，且均需考虑原材料、运输及人工费用、措施费用等。

①土方开挖、回填、外运、场地清淤及处理处置（如有）；

②池体，如砖混结构隔墙或者混凝土结构；

③防渗，如两布一膜或防水毯；

④人工湿地填料，如回填的卵石、砾石或者土壤；

⑤湿地水工建筑物工程，如提升泵站、溢流堰、涵闸工程等；

⑥管线和阀门，如配水管线、集水管线、通气管线、闸阀等；

⑦水生植物栽种；

⑧湿地景观、建筑及道路工程，如广场、园桥、管理房、配电房、生态厕所、园路等；

⑨湿地监控及自控系统，如水质水位在线监测系统、自动控制系统等；

⑩预处理和强化处理设施。

基于对国内多项工程的统计，表 3-16 给出人工湿地工程造价的大致范围（不含工程建设其他费、预备费、建设期利息等）。

表 3-16　人工湿地参考造价范围

湿地类型	工程造价范围	备注说明
表流人工湿地	60 ~ 600 元 /m^2	受现状地形地质、景观效果要求影响大
潜流人工湿地	500 ~ 2 500 元 /m^2	受气候、地质、填料价格等影响较大

图 3-68 为两个水平潜流湿地项目工程建设的直接费用，未包含征地费用、施工措施费、规划设施费、企业管理费用等。为方便对比，均换算为单平方米造价。

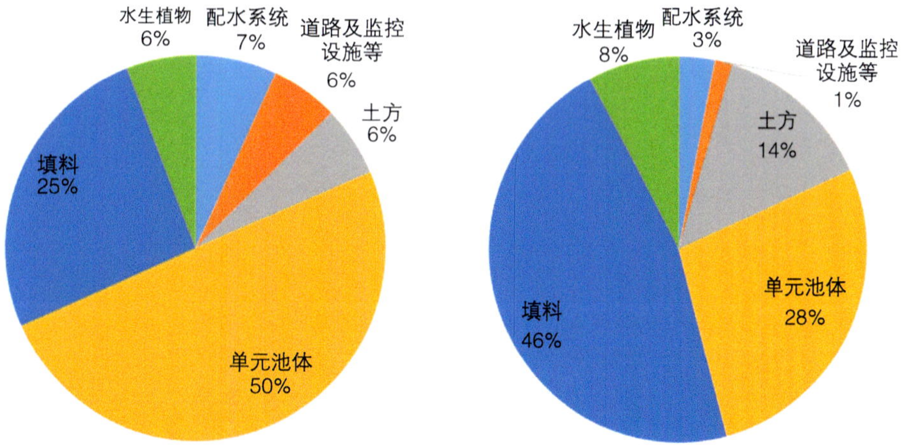

A 项目：西北地区，水平潜流（1 000 元 /m^2）　B 项目：华北地区，水平潜流（1200 元 /m^2）

图 3-68　水平潜流湿地项目工程建设直接费用对比

可以看出，土建部分（土方、填料、池体及防渗）在两个项目造价中都占绝大部分，但各子项的比例有所不同。

A 项目建设于 2018 年，气候条件高寒、地质条件较差，因此采用了全钢筋混凝土的池体结构，池体费用占工程费用的一半。

B 项目建设于 2019 年，气候和地质条件较优，采用了钢筋混凝土隔墙 + 两布一膜防渗，池体造价相对低。但因为 2018 年下半年砂石填料价格大幅度上涨，填料费用占比很大。

此外，上述两个项目的单平方米概算造价均超过了 1 000 元，而 2004 年建成的河北某大型人工湿地，水平潜流湿地概算造价仅为不到 200 元 /m^2。因此，人工湿地项目的投资估算应基于其具体工艺形式及场地条件，并在充分了解最新原材料价格的情况下进行综合考虑。在前期规划设计阶段，可参考近一两年的项目案例进行匡算，不可盲目参考时间较久远的项目投资。

第 4 章　潜流人工湿地施工质量控制指引

人工湿地尤其是潜流人工湿地的施工具有作业面大、隐蔽工程多、成品保护难度大等特点。综观国内已建成运行的潜流人工湿地工程，施工细节重视不足、施工方法使用不当的现象并不少见，导致建成的人工湿地出现运行效果不佳、使用寿命缩短、运维成本增加等问题。其中，防渗系统、集配水系统、填料系统的施工质量管控不到位问题最为突出、最具普遍性。因此，有必要对潜流人工湿地施工过程中的主要质量控制点进行梳理，明确质控方法及标准，保证施工阶段的标准化、精细化、实用化，实现潜流人工湿地工程的高质量交付和长效稳定运行。

此外，潜流人工湿地工程与传统建筑工程、园林绿化工程在功能、特点上有较大区别，照搬质量控制点、检测方法及频率会造成人力、资源浪费，拖慢施工进度，降低可实施性。因此，本章在参照传统建筑工程、园林绿化工程现行规范的基础上，结合实际经验对人工湿地施工过程中特有的、需要格外注意的质控点进行了梳理，对相应的质控方法、频率进行了总结和建议。其中，各项质控参数为笔者根据自身工程经验的总结，可结合具体项目工程设计，酌情参考。

4.1　设计成果复核会审

高质量的工程交付源于周密的施工准备和科学的施工调度，具体体现在施工方对湿地所承担功能的清晰认知、对设计意图的深刻理解、对湿地工程施工过程的准确预判。因此，对施工图纸的会审、施工组织设计的编制要求较高，需设置质控点进行检查、控制。

除图纸会审的一般要求外，应着重对项目总图、湿地工程总平面图进行复核，保证施工人员对湿地工程拥有充分的认识，明白湿地工程“为什么建、建成以后怎么用、水从哪来往哪去”。此外，需要对图纸中提到的湿地填料、植物进行市场调研，保证工程可实施性。施工图会审质控点如表 4-1 所示。

表 4-1　施工图会审质控点

编号	文件名称	质控点	质控方法	质控标准
1-1	施工图	(1)完整性	◇复核	•包含设计说明、项目总图、湿地工程总平面布置图、湿地工艺流程图、结构施工图、防渗系统图、集配水系统图、填料系统图、植物系统图、附属设施图、工程量表 •各专业图纸底图、高程一致
		(2)项目总图	◇复核	•清晰表示工程在整体工程中所处的位置 •清晰表示湿地工程与其他子项工程的位置关系、衔接部分 •体现项目地环境，如交通、自然环境、人居环境等主要特征
		(3)湿地工程总平面图	◇复核	•体现各专业主要设计内容 •体现主要技术经济指标表、主要工程量表、主要控制点坐标表 •体现湿地工程与场地外环境的衔接，如进出水口
		(4)填料规格表	◇调研	•所选填料在项目所在地附近是否容易获得
		(5)植物规格表	◇调研	•所选苗木在项目所在地附近有无相应苗圃 •所选苗木是否适应当地气候与土壤，以保证验收时的存活率

施工组织设计体现了施工方的组织水平和落实能力，除一般要求外，应着重明确各施工分区和施工顺序，以减少成品保护工作量；着重明确填料等重要材料的供货规划，防止大范围的窝料和窝工；着重明确管道、填料等容易出现质量通病部位的施工方法、检测方法，保证在开工前，尽可能消除可预见风险。施工组织设计质控点如表 4-2 所示。

表 4-2　施工组织设计质控点

编号	文件名称	质控点	质控方法	质控标准
1-2	施工组织设计	（1）施工平面布置图	◇内外部审核	• 有明确的施工临时路线，连接进出口、各施工分区、堆场、大型机械停车场 • 有明确的土方外运、填料进场卸货路线
		（2）施工顺序图		• 明确各施工分区的面积和编号 • 明确各施工分区开挖、防渗施工、管道施工、填料回填的始末时点、顺序
		（3）供货规划		• 有明确的填料供货规划 • 有明确的防渗材料供货规划 • 有明确的管材供货规划
		（4）进场检测计划		• 有明确的填料进场检测计划 • 有明确的防渗材料进场检测计划 • 有明确的管材进场检测计划
		（5）试验计划		• 有明确的防渗密闭性试验方案 • 有明确的布水均匀性试验方案
		（6）成品保护计划		• 有明确的冬季、雨季成品保护措施 • 有明确的上层施工下层保护措施
		（7）施工方法		• 有明确的管道开孔、敷设、定位方案 • 有明确的填料回填、找平方案

4.2　基槽施工质量控制

基槽工程的主要功能是承载湿地工程建成、运行后的湿地填料和污水荷载，保证湿地池底在运行后不变形。基槽工程的施工质量对集配水管道、防渗膜铺设有较大影响，池底标高误差若过大将直接影响下层集配水管道的布水、收水性能，同时容易造成防渗膜变形撕裂，池底淤泥进入湿地系统而堵塞管道，影响出水水质。因此，应设定质控点予以控制（如表 4-3 所示）。

表 4-3　基槽施工质控点

编号	工程内容	质控点	质控方法	质控标准
2-1	基槽施工	（1）池底及边坡标高允许偏差	◇水准量测 ◇标尺量测	• 标高允许偏差−5 ~ 0 cm • 池底每 5 000 m^2 见证测量 1 次，每次取样点不少于 10 个 • 边坡为每 20 m 取 1 点，且每边不应少于 1 点 • 不应存在大于 2 cm 的石块、树根等杂物，也不应有积水等情况
2-2		（1）地基承载力	◇压载试验	• 每 500 m^2 检测数量不应少于 1 点 • 每单位工程检测数量不应少于 3 点

4.3　防渗施工质量控制

防渗工程是人工湿地的重要组成部分和隐蔽工程，防渗工程施工质量把控不到位会导致污水流失或地下水涌入，对生态环境、水量计量产生重大影响。为确保防渗工程的安全性和持久性，人工湿地普遍采用复合式防渗方法。复合式防渗施工工序包含黏土层铺设、黏土层压实、黏土层防渗效果检测、土工膜材料进场验收、下承层复检、土工膜铺设、接缝焊接、保护层铺设 8 个环节，各环节质控点如表 4-4 所示。

表 4-4　防渗施工质控点

编号	工程内容	质控点	质控方法	质控标准
3-1	黏土层铺设	（1）铺设面	◇现场检查	• 表面无积水、石块、树根和尖锐杂物
3-2	黏土层压实	（1）压实度	◇取芯检测	• 满足设计要求
		（2）厚度	◇标尺量测	• 满足设计要求
3-3	黏土层防渗效果检测	（1）渗漏情况	◇闭水试验 ◇环式测量	• 渗透系数≤ 5.0×10^{-7} m/s 每 10 000 m^2 见证测量 1 次，每个单位工程不低于 1 次

编号	工程内容	质控点	质控方法	质控标准
3–4	土工膜材料进场验收	（1）编号	◇抽检	•参见《土工合成材料　非织造布复合土工膜》（GB/T 17642—2008） •查看土工膜编号，按编号存管 •相同规格型号抽查率 10% 且不少于 1 个，不合格加倍检查，仍不合格全数检查
		（2）土工膜质量	◇抽检	•土工膜质量 > 560 g/m^2 •相同规格型号抽查率 10% 且不少于 1 个，不合格加倍检查，仍不合格全数检查
		（3）土工膜厚度	◇抽检	•厚度≥ 0.3 mm，极限偏差控制在 ±10% 以内 •相同规格以内型号抽查率 10% 且不少于 1 个，不合格加倍检查，仍不合格全数检查
		（4）破洞点	◇抽检	•≤ 2 cm 的破洞（轻缺陷）每 200 m^2 应不超过 5 个 •>2 cm 的破洞（重缺陷）不允许存在 •相同规格型号抽查率 10% 且不少于 1 个，不合格加倍检查，仍不合格全数检查
3–5	下承层复检	（1）场地情况	◇现场检查	•基础层平整、压实 •表面无积水、石块、树根和尖锐杂物

编号	工程内容	质控点	质控方法	质控标准
3-6	土工膜铺设	（1）铺设质量	◇现场检查	·土工膜自然松弛并与支持层贴实，不折、悬空 ·土工膜与结构物连接处需锚固 ·土工膜在边坡坡顶处需外延 0.8 ~ 1 m，并埋入预挖沟槽内，沟深 0.3 ~ 0.6 m、宽 0.4 m ·土工膜在边坡坡脚处，需埋入锚固沟，沟深 0.3 ~ 0.6 m、宽 0.4 m ·节点为 T 形，不得为十字形 ·≤ 2 cm 的破洞（轻缺陷）每 200 m^2 应不超过 5 个 ·>2 cm 的破洞（重缺陷）不允许存在 ·每 2 500 m^2 见证测量 1 次，每次随机划定 200 m^2 的取样面积 3 处进行检测，每个单位工程不低于 1 次
		（2）成品保护	◇现场检查	·禁止穿带钉的鞋进行作业 ·禁止将尖锐物品放在铺好的防渗膜上 ·下雨天、大风天需停止作业，已经铺设的土工膜及时覆盖以进行保护 ·当天完成铺设的土工膜需及时覆盖以进行保护
3-7	接缝焊接	（1）焊缝密封性	◇充气法 ◇火花试验 ◇超声波探伤 ◇真空检测	·采用火花试验检测，金属刷之间不发生火花即为合格 ·采用超声波探测，以超声波发射仪荧光屏显示结果为判定标准 ·双缝充气长度为 30 ~ 60 m，双焊缝间充气压力达到 0.15 ~ 0.2 MPa，保持 1 ~ 5 min，压力无明显下降即为合格 ·T 形节点及修补点采取 50 cm × 50 cm 方格进行真空检测，真空压力不小于 0.005 MPa，保持 30 s，肥皂液或洗涤灵不起泡为合格

编号	工程内容	质控点	质控方法	质控标准
3-7	接缝焊接	（2）焊缝外观	◇现场检查	•表面整齐、美观 •不得有裂纹、气孔、漏焊和虚焊现象 •横向焊缝间错位尺寸不小于 500 mm •T 字形接头采用母材补疤，补疤尺寸为 300 mm×300 mm，疤的直角修圆
		（3）焊缝形式	◇现场检查 ◇标尺量测	•采用双焊缝搭焊，双缝宽度采用 2 mm×10 mm
		（4）渗漏情况	◇闭水试验 ◇环式测量	•渗透系数不大于 10^{-8} m/s
3-8	保护层铺设	（1）厚度	◇标尺量测	•厚度大于 100 mm
		（2）保护层材料	◇现场检查	•满足设计要求 •不含有损于防水材料的物质

4.4　集配水管道施工质量控制

集配水管道的施工质量直接影响各湿地处理分区、各湿地处理单元、单元内部各区域的配水均匀性和收水效率。集配水管道安装与填料回填施工存在交叉作业，非常容易出现质量问题。集配水管道安装的常见问题主要包括因填料回填造成管道损伤和管道位移，因管道安装坡度不合格造成管道起伏，在湿地单元内进行管道焊接使防渗层受损，管道开孔的孔径、方向、孔距不合理等。加强集配水管道的施工质量控制，有助于提升湿地工程的水力条件，提升湿地净化功能、延长湿地使用寿命。

集配水管道施工工序包含材料进场、管道二次处理、管道安装、集配水检查井、管道调试 5 个环节，各环节质控点如表 4-5 所示。

表 4-5　集配水管道施工质控点

编号	工程内容	质控点	质控方法	质控标准
4-1	材料进场	（1）材料验收	◇抽检	•管材、配件是同一厂家的配套产品 •相同规格型号抽查率 10% 且不少于 1 个，不合格加倍检查，仍不合格全数检查
		（2）质保资料	◇查验	•材料规格满足设计要求 •出厂三证齐备

编号	工程内容	质控点	质控方法	质控标准
4-2	管道二次处理	（1）管道开孔	◇现场检查	• 孔径、孔距、开孔位置等满足设计要求 • 预留下部开孔，方便排干，避免管道存水
		（2）管材保温、防腐、防晒		• 参见《给水排水管道工程施工及验收规范》（GB 50268—2008） • 满足设计要求
		（1）定位	◇现场检查	• 参见《给水排水管道工程施工及验收规范》（GB 50268—2008） • 水平轴线允许偏差每米 1 mm，主管及每段支管全长允许偏差 15 mm • 每 1 000 m 见证测量 1 次，每次取样点不少于 5 个，每个单元不低于 1 次
4-3 4-4	管道安装 集配水检查井	（2）管道铺设及管件连接	◇现场检查	• 参见《给水排水管道工程施工及验收规范》（GB 50268—2008） • 参见《城镇污水处理厂工程质量验收规范》（GB 50334—2017） • 阀门等管件的安装位置准确 • 管道接口完整，无缺损和变形现象 • 管道与管件连接牢固、紧密、无渗漏 • 每 1 000 m 见证测量 1 次，每次取样点不少于 5 个，每个单元不低于 1 次 • 在湿地单元外进行管道焊接，焊接成为整体后吊装至单元内 • 铺设宽 × 高为 0.3 m × 0.3 m 的砾石带，将管道敷设于砾石带中 • 设置走道板，防止下承层破坏 • 填料浸泡、找平后，再进行顶部管道敷设
		（3）标高允许偏差	◇水准量测 ◇标尺量测	• 上层管道：管径大于 DN300 的，偏差不大于 3 cm，向下偏差不大于 5 cm；管径小于 DN300 的，向上偏差不大于 1 cm，向下偏差不大于 3 cm • 下层管道：管径大于 DN300 的，向上偏差不大于 3 cm，向下偏差不大于 5 cm；管径小于 DN300 的，向上偏差不大于 2 cm，向下偏差不大于 3 cm • 每 1 000 m 见证测量 1 次，每次取样点不少于 5 个，每个单元不低于 1 次
		（4）成品保护	◇现场检查	• 管道铺设就位后，严禁机械车辆进入湿地 • 填料回填时不得损坏管道、不得造成管道位移或坡度变化

编号	工程内容	质控点	质控方法	质控标准
4-5	管道调试	（1）洁净情况	◇现场检查	•利用施工期间临水进行冲洗
		（2）布水均匀性	◇布水试验 ◇现场检查	•单元内各配水管以及各单元间出水均匀，无堵塞、无漏水现象
		（3）单元水位控制（如有）	◇现场检查	•操纵调节措施进行提高、降低水位操作 •每根布水管出水孔数占比大于 85%

4.5　填料施工质量控制

填料是人工湿地的重要组成部分，是植物、微生物生长的载体，是有机污染物、营养物质降解转化的枢纽，对湿地进水的净化起着决定性的作用。同时，填料施工也是人工湿地工程最重要的施工质量控制环节之一，直接影响湿地的使用功能。填料回填过程中的常见问题包括野蛮施工破坏下层防渗及集配水管道、一次性回填、填料层平整度不合格、填料层压实、填料颗粒碎裂等，应重点进行质量控制。

填料施工工序包含材料进场、填料堆放、填料空间复检、分层回填、填料层浸泡、填料层补平 6 个环节，各环节质控点如表 4-6 所示。

表 4-6　填料施工质控点

编号	工程内容	质控点	质控方法	质控标准
5-1	材料进场	（1）填料种类	◇现场检查 ◇查验出厂报告单	•满足设计要求
		（2）粒径分布	◇抽检 ◇现场检查 ◇查验出厂报告单	•粒料：达到设计有效粒径的粒料，其质量占比需超过 70% •砂料：Ø0.16 ~ 10 mm 粒径≥ 80%，Ø大于 5 mm 粒径≤ 15%，Ø小于 0.315 mm 粒径≤ 30% •每 10 000 m^3 或 5 000t 见证取样 1 次，每单元检测不少于 1 次
		（3）清洁度	◇现场检查 ◇查验出厂报告单	•不含有机物、块状或团状土块、杂质及其他有害物质 •填料在出厂前完成清洗

编号	工程内容	质控点	质控方法	质控标准
5-2	填料堆放	（1）分堆	◇现场检查	• 按产地、种类、规格分别堆放 • 堆料需覆盖，避免露天存放
		（2）堆放高度	◇标尺量测	• 堆料高度不超过 5 m
5-3	填料空间复检	（1）底部	◇现场检查	• 底部长度、宽度、高程、坡度满足设计要求
		（2）池壁		• 池壁平整
		（3）清洁度		• 底部和池壁无杂物
5-4	分层回填	（1）第一层回填	◇现场检查 ◇水准量测 ◇标尺量测	• 回填厚度 0.5 m • 填料由用钩机缓慢卸料，抓斗与底部距离不超过 20 cm，严禁倾倒 • 人工整平，严禁机械车辆进入湿地，严禁压实 • 砂层：顶面高程单点偏差不大于 ±5 cm，平均偏差不大于 ±3 cm • 碎石层：顶面高程单点偏差不大于 ±6 cm，平均偏差不大于 ±4 cm • 每 10 000 m^2 见证测量 1 次，每次取样点不少于 5 个，每单元检测不少于 1 次 • 避开底部管道位置卸料，标明底部管道敷设位置，避免工人踩踏
		（2）其余各层回填	◇现场检查 ◇水准量测 ◇标尺量测	• 回填厚度满足设计要求 • 填料由用钩机缓慢卸料，抓斗与底部距离不超过 20 cm，严禁倾倒 • 人工整平，严禁机械车辆进入湿地，严禁压实 • 砂层：顶面高程单点偏差不大于 ±5 cm，平均偏差不大于 ±3 cm • 碎石层：顶面高程单点偏差不大于 ±6 cm，平均偏差不大于 ±4 cm • 每 10 000 m^2 见证测量 1 次，每次取样点不少于 5 个，每单元检测不少于 1 次

编号	工程内容	质控点	质控方法	质控标准
5-4	分层回填	（3）现场囤放填料使用前清洁度（如有）	◇现场检查	• 不含有机物、块状或团状土块、杂质及其他有害物质
		（4）填料混填（如有）	◇现场检查	• 混填比例满足设计要求
		（5）顶面高程	◇现场检查 ◇水准量测 ◇标尺量测	• 砂层：顶面高程单点偏差不大于 ±5 cm，平均偏差不大于 ±3 cm • 碎石层：顶面高程单点偏差不大于 ±6 cm，平均偏差不大于 ±4 cm • 每 10 000 m^2 见证测量 1 次，每次取样点不少于 5 个，每单元检测不少于 1 次
5-5	填料层浸泡	（1）浸泡时间	◇现场检查	• 填筑全部完成后，利用施工期间临水进行浸泡，浸泡时长不少于 24 h
5-6	填料层补平	（1）补平后顶面高程	◇现场检查 ◇水准量测 ◇标尺量测	• 人员穿戴垫板进场补平至设计高程 • 砂层：顶面高程单点偏差不大于 ±5 cm，平均偏差不大于 ±3 cm • 碎石层：顶面高程单点偏差不大于 ±6 cm，平均偏差不大于 ±4 cm • 每 10 000 m^2 见证测量 1 次，每次取样点不少于 5 个，每单元检测不少于 1 次

4.6 功能性植物种植质量控制

水生植物、沼生植物、湿生植物在构建人工湿地生态系统、塑造景观、净化水质、稳固堤岸方面都发挥了非常重要的作用。如果说防渗施工、集配水管道施工、填料施工是湿地工程的“里子”，种植施工则体现了湿地工程的“面子”，因此对种植质量的控制格外重要。

功能性植物种植工序包含苗木进场、种植及养护、交付 3 个环节，各环节质控点如表 4-7 所示。

表 4-7　功能性植物种植质控点

编号	工程内容	质控点	质控方法	质控标准
6-1	苗木进场	（1）苗木品种	◇抽检	• 满足设计要求 • 不携带入侵物种 • 按进场批次和每批次苗木总数进行抽检，抽检覆盖全批次，每批次抽检数量不少于 1%
		（2）地下部特征	◇现场检查	• 根系生长良好 • 按设计要求保留匍匐根
		（3）地上部特征	◇现场检查 ◇标尺量测	• 植株茎秆长度、粗壮程度符合设计要求
		（4）苗木规格	◇抽检	• 单丛（墩）的株（芽）数、高度符合设计要求 • 植株长势良好、无病虫害、无缺损 • 按进场批次和每批次苗木总数进行抽检，抽检覆盖全批次，每批次抽检数量不少于 1%
6-2	种植及养护	（1）种植密度	◇标尺量测 ◇现场检查	• 满足设计要求 • 进出水口处合理降低种植密度，根据需求预留 25 ~ 30 cm 宽的检修空间 • 每 2 500 m^2 为一个检验批，每次随机划定 4 m^2 的取样面积 3 处进行检测（单元小于 2 500 m^2 时，以单元为一个检验批）
		（2）种植方式	◇现场检查	• 铺设走道板，进场种植 • 种植时间、方式符合植株生长习性 • 填料覆盖植物根茎，种植深度均匀 • 每 2 500 m^2 为一个检验批，每次随机划定 4 m^2 的取样面积 3 处进行检测（单元小于 2 500 m^2 时，以单元为一个检验批）
		（3）生长初期水位控制	◇现场检查 ◇标尺量测	• 常规控制水位不高于填料顶面 10 ~ 15 cm，不得全株浸泡 • 每 2 500 m^2 为一个检验批，每次随机划定 4 m^2 的取样面积 3 处进行检测（单元小于 2 500 m^2 时，以单元为一个检验批）
		（4）养护	◇查验养护记录	• 满足养护合同要求

编号	工程内容	质控点	质控方法	质控标准
6-3	交付	（1）成活率	◇现场检查	• 满足设计要求 • 每 2 500 m^2 为一个检验批，每次随机划定 4 m^2 的取样面积 3 处进行检测（单元小于 2 500 m^2 时，以单元为一个检验批） • 成活率在 95% 以上
		（2）更换及补栽情况		• 更换或补栽的植物材料与原植株种类一致 • 更换或补栽的植物材料与原植株现状规格一致
		（3）植株长势		• 植株长势良好、无病虫害、无缺损
		（4）收割情况（如有）	◇查验收割记录 ◇现场检查	• 收割后保留 10 cm 左右根茎，秸秆及时清运

4.7　本章小结

人工湿地工程施工“看起来容易，不容易干好”，其最主要原因在于细部节点的施工质量对功能性的影响较大，既要建成，又要能用，还要效果好，对施工方的施工经验、组织调度、技术水平提出了较高的要求。本章通过对人工湿地施工过程中容易出现问题的 6 个方面 69 个质控点的总结梳理，有助于相关人员理清思路、提高重视，为行业提供借鉴和参考。

第 5 章　人工湿地运维阶段技术工作指南

5.1　总体原则

准确定位。人工湿地水质净化工程只按照设计进水类别承担水质改善任务，不宜随意变更进水类别，更不宜用于处理含有较高浓度有毒有害化学物质的污水。

生态优先。人工湿地水质净化工程应当优先利用自然或近自然的生态方式，通过湿地生态系统中物理、化学、生物等协同作用提升水的生态品质，不宜频繁采用投加药剂等强化措施净化水质。应当坚持选择本地物种，避免外来物种入侵。

绩效明确。作为污染治理设施，人工湿地水质净化工程应当加强进出水监管，明确污染物削减要求。若需兼具景观或生态功能，则应建立相对应的管理指标体系。坚持建管并重，健全运行维护机制，保障运行维护经费，实现长效运行。

5.2　整体运行管理

5.2.1　水量水位调控

5.2.1.1　水量调度运行管理

通过调节、切换管路系统阀门开关等水量调控措施，使湿地单元水力负荷满足设计要求，尽量避免超过设计水力负荷运行。在部分单元检修的情况下，可以临时增大水力负荷运行，但不建议超过表 5-1 中的取值上限。

表 5-1　人工湿地单元水力负荷上限建议表

序号	单元类型	建议日常水力负荷 / [$m^3/(m^2 \cdot d)$]	临时水力负荷上限 / [$m^3/(m^2 \cdot d)$]
1	水平潜流湿地	0.1 ~ 1	2
2	垂直潜流湿地	0.1 ~ 1.5	3
3	表流湿地	0.05 ~ 1	3

序号	单元类型	建议日常水力负荷 / [$m^3/(m^2 \cdot d)$]	临时水力负荷上限 / [$m^3/(m^2 \cdot d)$]
4	生态塘	0.05 ~ 1	4

遇突发进水污染事件时，分析其对湿地的影响程度，必要时系统停止进水，采取应急措施进行处置；遇汛期或极端天气时，需采取相应措施进行水量调度，具体参见 5.5 节。

5.2.1.2　日常水位运行管理

日常按需进行连续、间歇或潮汐流等方式进水的调节，保障植物系统的健康生长及生态净化工艺的平稳运行。日常应定期检查配水效果，配水应均匀，避免壅水和断流现象的出现。

当水位发生重大变化，应立即对人工湿地进排水和配水系统进行检查，检查水泵、闸（阀）门有无故障，管路有无堵塞，防渗层有无破损等，并采取有效措施进行处理。

在植物生长季，建议对潜流湿地至少每月排干 1 次，使湿地充分充氧后再恢复正常水位，以预防堵塞、提升微生物活性。

基于植物不同生长阶段的水位注意事项详见 5.3.4 节。

对特殊时期的水位运行管理具体参见 5.5 节。

5.2.2　水质水量监测

设置的监测点位需具有代表性，能反映监测区域的真实水质情况。潜流湿地的监测点位通常设置在配水渠（井）区域，表流湿地和生态塘的监测点位设置在汇流口或堰坝中间点。监测指标及频率原则上根据项目考核要求确定。具体建议如表 5-2 所示。

表 5-2　人工湿地污水处理系统水质水量监测指标建议表

序号	常规监测项目	监测方式	监测点位	监测频率
1	水量	在线监测	总进水、出水	实时监测
2	水位	水位标尺	水渠、湿地各工艺段	每周

序号	常规监测项目	监测方式	监测点位	监测频率
3	水温	便携式检测仪	湿地各工艺段	每周
4	溶解氧			
5	pH			
6	五日生化需氧量（BOD_5）	化验室分析、在线监测、委托监测	人工湿地各工艺段的进水、出水	根据考核要求确定。建议尾水湿地、河水净化湿地不少于每日 1 次，农村污水湿地、生态景观湿地等不少于每月 1 次
7	化学需氧量（COD）			
8	总磷（TP）			
9	总氮（TN）			
10	氨氮（NH_3-N）			
11	悬浮物（SS）			

对有水质考核要求的项目应设置在线监测设备，建议每日定时统计监测数据，若出现数据异常，需及时上报并分析原因。表流湿地或生态塘应设置水位标尺，保证监测池体水量状态。

人工湿地进出水水质波动或恶化时，应对湿地系统各运行工艺段开展水质监测分析。应急监测建议持续 3 ～ 7 天，问题解决或工艺调试完成后，再连续监测 3 天或待水质数据稳定后终止。

5.3 各部分运维管理要点

5.3.1 预处理系统维护

预处理设施通常包括潜流湿地单元前的沉淀池、生态滞留塘、稳定塘等，应每日巡视预处理设施，及时清除表面漂浮杂物及腐败植物等，保持水面整洁。建议每季度检查预处理系统内的沉积物淤积情况，一般淤积深度超过 50 cm 时应及时清淤，淤泥处理与处置应符合国家与行业相关规范。

5.3.2　引配水系统维护

人工湿地引配水系统包括将来水引至湿地单元外的引排水泵站和湿地单元内部的集配水管渠。

5.3.2.1　引水泵站维护

定期开展引水泵站设备设施巡视检查和养护修理，建筑物完好率应达 85% 以上，设备完好率应不低于 90%。

泵站的维护应符合《城镇排水管渠与泵站运行、维护及安全技术规程》（CJJ 68—2016）的规定。

5.3.2.2　引水管渠维护

对引水管渠建议采用周期性分区方式巡视，同时针对关键部位需进行专项检查，具体建议如下：

①检查管道沿线的明漏或地面塌陷情况，对不能满足输水要求和存在安全隐患的管道应有计划地进行修复和更新改造；

②检查渠道沿线的明漏或地面塌陷情况；

③检查井盖、标志装置等管网附件的缺损情况；

④检查各类阀门、设施井等的损坏和堆压情况，出现损坏及时更换与维修，出现堆压及时清理；

⑤检查管道周围环境变化情况和影响管网及其附属设施安全的活动。

5.3.2.3　湿地单元集配水管渠维护

对湿地单元内部的集配水管渠系统，针对不同的功能，需要有不同的巡视频次和重点。当集配水系统维护涉及有限空间作业时，需根据相关规定，在清理前做好充分的人力、物力、照明、通风及安全措施准备，确保安全。日常维护工作建议如下：

①每日巡视湿地单元进水口，检查单元间流量是否均匀，若有不均匀现象，清理主配水管渠内的杂物和积泥，使各出水口流量大致持平；

②每周巡视单元内的集配水管渠，检查末端布水是否均匀，若有不均匀现象，采用

人工或机械方式调整填料表面高度，并清理支管、穿孔位置的绿藻和积泥，使各出水口流量大致持平；

③每周检查集布水系统内的管道、渠道等的破损、腐蚀情况，确保管道通畅，阀门、闸门运行正常，做好管道、阀门除锈、除垢、润滑及防腐工作，避免出现漏水现象，确保渠道盖板、检查井盖等满足密封和安全要求；

④定期检查进出水口基础或构筑物有无出现裂缝、坍塌或损坏，发现问题及时修补或加固。

⑤对寒冷地区湿地，应在入冬前加强进水口、出水口的保温措施，避免结冰而阻碍水流。

5.3.3 湿地池体床体维护

湿地池体床体包括池体、隔墙、防渗层及填料，一般的维护内容为池体墙体维护、湿地防渗层维护、湿地表面保洁、湿地清淤。

（1）池体墙体维护

建议每季度定期对人工湿地主体构筑物进行检查，若出现裂缝、沉降、漏水或腐蚀等，应及时修复；每年定期对人工湿地围护结构和跌水堰等进行检查，若发现坑洞或坍塌情况，及时修整。

（2）湿地防渗层维护

一般湿地的防渗层分为黏土防渗、混凝土防渗及复合材料防渗（防渗膜或防水毯）。黏土防渗、混凝土防渗可能因为不均匀沉降导致防渗层破坏，应定期监测湿地出水流量，若发现显著流量损失，应对各单元进行单独监测，并对应修复漏水单元的防渗层。复合材料防渗层在池底部分通常有粗砂层保护，一般不会出现损坏情况，但应定期检查防渗层上缘与池体固定处，若出现固定接口脱落，应及时加固。在对人工湿地进行排干、填料更换等操作时，检查潜流湿地防渗层的完整情况，有问题及时修复。

（3）湿地表面保洁

湿地表面的保洁范围一般为潜流湿地、表流湿地、生态塘等区域的水面及岸线。一般工作内容包括打捞和清运水面、堤岸的垃圾、漂浮杂物，清除过水通道、闸阀障碍物等。

（4）湿地清淤

湿地清淤主要针对潜流湿地的集配水渠、表流湿地、生态塘等水面区域。针对集配水渠、井，建议每年进行至少 1 次清淤；当表流湿地及生态塘底部淤泥超过 30 cm 时，建议进行清淤。

5.3.4　湿地植物维护

5.3.4.1　养护种类

人工湿地的植物种类主要包括挺水植物、浮叶植物、漂浮植物和沉水植物。常见种类及其生态习性如表 3-11 至表 3-13 所示。

5.3.4.2　湿地植物种植初期养护

人工湿地植物栽种初期的管理主要是促进生根发芽，保证其成活率。湿地植物栽种宜在春季，植物易成活；若在夏秋季，应做好遮阳防晒；尽量避免冬季种植。在潜流湿地中，种植时应保持基质湿润，种植后及时提升并保持合适水位，建议高出填料表面 10 ～ 15 cm，不可淹没整个植株。待植物生长良好后，宜采用间歇将水位降低到填料以下的方式运行，引导植物根系向下生长。浮叶植物、漂浮植物、沉水植物种植区域的水深不应超过水体透明度，种植初期一般不超过 50 cm，植物成活后可逐渐增大水深。

在植物生长初期，生长势相对较弱，容易滋生野杂草，需对已生长的野杂草进行及时清除，避免野杂草侵占种植植物的生态位。当湿地水生植物成活率达 90% 以上并正常生长，单株生物量稳定并出现分蘖，植物初期养护完成，开始进行日常养护。

5.3.4.3　湿地植物日常养护

人工湿地植物日常养护动作主要包括以下三类。

①日常巡查：若湿地面积较大，宜分区域巡查，建议每周不少于两次。巡查内容包括植物病虫害情况、攀爬植物及寄生植物情况、有无黄枝及折断枝、植物长势情况、野杂草入侵情况及有无生活垃圾或其他杂物等。

②水位控制：植物系统建立后，保持适当的水位是养护中重要的一环。潜流湿地正常运行水位在填料表层以下。在表流湿地和生态塘中，挺水植物成活后，水位保持在 20 ～ 50 cm 为宜，不同种类的具体水深要求可参照表 3-11。在运行期，浮叶植物、漂浮植物水位保持在 50 ～ 100 cm 为宜，若为漂浮植物，需圈定生长范围，避免水流造成大面积扩散。沉水植物在生长势稳定、达到一定覆盖度后，水位宜保持在 1.5 ～ 2 m，多数沉水植物不宜超过 3 m，需根据植物的光补偿点确定水位。

③植物修剪：一般在春季、夏季修剪 1 ～ 2 次挺水植物，去除扩张性植物和死亡植株，挖除过密植株。平时及时修剪枯黄、枯死和倒伏植株；在生长期结合清除弱株，合理修剪，

达到通风透光，以维持系统的景观效果。修剪下的植株要及时清除，防止蚊蝇孳生和影响景观效果。

5.3.4.4 湿地植物补种更新

当湿地植物存活率低于 50%，应考虑更换植物种类；当成活率在 50% ~ 80%，应及时补种，补种季节建议选择春季 3—5 月；当成活率大于 80%，若死亡缺株较为分散，可不考虑补种，若缺株较为集中，可考虑从存活量相对集中的区域进行疏苗补种。当在北方地区的湿地植物因越冬不利造成次年发芽率低于 50%，应考虑更换植物种类，选择耐寒性更强的种类。

5.3.4.5 湿地植物病虫害防治

湿地植物病虫害防治要遵循“预防为主，防治结合”的理念。具体方法如下：

①根据水生植物的生长习性和立地环境特点，加强对有害生物的日常监测和控制；

②根据不同水生植物种类、生长状况确定有害生物重点防治对象；

③根据日常巡查，掌握生态湿地病虫害的发生规律，及时做好病虫害的预测、预报，对可能发生的病虫害做好预防，已经发生的病虫害要及时治理，防止蔓延成灾；

④通过在湿地筑巢，吸引麻雀、燕子等虫害的天敌入住；在食叶害虫成虫期用高压纳米诱虫灯诱杀、性信息素诱集；

⑤根据虫害类型和严重程度，选择人工修剪病梢、间伐病株以及使用烟剂进行综合防治；

⑥病虫害发病初期，及时收割地上部分，根部发病时应及时拔除销毁；

⑦病虫害严重，物理和生物方法无效时，在保证水质安全的前提下使用环境影响较小的化学制剂进行治理。

5.3.4.6 浮游藻类控制

湿地生态塘、表流区域在夏秋季、光照充足、水动力不足的情况下，有利于蓝藻、绿藻等藻类生长，同时有暴发水华现象的可能性，特别是蓝藻水华最为常见。针对浮游藻类的控制主要分为物理措施、化学措施及生物措施，具体如表 5-3 所示。

表 5-3　浮游藻类控制措施

分类	名称	操作内容
物理措施	水动力学控制法（注水稀释、注换新水）	在水资源丰富的地区，可用磷和氮浓度低的河湖水注入表流湿地或生态塘，起到稀释湿地进水污染物的作用。由于稀释作用，湿地水体污染物浓度降低，藻类生长受到限制，对控制水华现象、提高水体透明度有一定作用
	机械清除法（藻类收集船）	利用收集船打捞水体表面藻类，适合小型湿地或小范围区域藻类的处理
化学措施	灭藻剂、杀藻剂	在水华大面积暴发时向水体中按比例投放杀藻剂，促使藻类死亡或停止繁殖。可采用毒性相对较小的聚季铵盐作为湿地杀藻剂
生物措施	投加微生物净水剂（应急手段）	采用投加枯草芽孢杆菌菌剂、酵母菌、乳酸菌、放线菌、沼泽红假单胞菌、光合细菌、反硝化细菌、低温有机矿化芽孢杆菌、乳酸芽孢杆菌等复合菌剂，作为应急手段来控制藻类的生长
	投放滤食性鱼类	鲢鱼和鳙鱼均以浮游植物为食，具有很强的生存能力。它们能以有毒的微囊藻为食物，对藻类分泌的毒素有很强的抵抗能力，并且生长速度快，采食量也比较大，可以用来控制藻类水华。每公顷水面宜投放 1 000~1 200 尾鲢、鳙鱼种，鲢鳙投放比控制在 1 ∶ 3~1 ∶ 2

5.3.4.7　丝状藻（水绵）控制

表流湿地、生态塘等水体水深在 50 cm 以内的水域在春季（3—5 月）和秋冬季（9—11 月）易大范围生长水绵等丝状藻，在影响感官的同时，对湿地内的水生动植物均有较大的危害。水绵控制措施如下。

①人工打捞：适合湿地小水体或区域性暴发水绵的处理，不过遇到适宜的条件时水绵又可迅速繁殖，打捞工作量相对较大。

②机械打捞：适合大面积且水深合适的水绵处理，但打捞水绵的同时对水体扰动大，将大量水草捞出，遇到适宜条件时水绵同样会迅速繁殖，治标不治本。

③生物措施：通过加强沉水植物群落构建对水绵生长产生拮抗作用；种植浮叶植物

产生荫蔽作用，抑制水绵生长；投放本地杂食性虾类可起到一定控制作用。

④化学措施（通常不使用）：用于大水面应急灭杀，常用的药剂有“青苔杀手”“新洁尔灭”等低毒性药剂，药剂施用量根据水绵的生物量调整，通常施用量在 50 ～ 100 mL/ 亩[①]，需兑水稀释后均匀泼洒。

5.3.4.8 湿地植物处理处置

若植物残体含水量较大，可在湿地管理范围内的空地晾晒脱水，后集中运出。若植物残体带有病虫害，建议进行焚烧或掩埋处理。若植物残体量小，可与生活垃圾共同处理；植物残体量大时，需统一集中处理，优先选择作为能源利用，其次选择堆肥、工业原料利用。此外，部分植物残体可作为青贮饲料利用。带有工业成分的植物残体需谨慎处理，优先选择焚烧处理，不可作为饲料或堆肥。

5.3.5 湿地动物管养

5.3.5.1 水生动物种类

水生动物的管养种类主要包括鱼类种群和大型底栖动物，其中鱼类种群以滤食性和杂食性为主，以及少量的肉食性种类，大型底栖动物种群以滤食性的双壳类和刮食性的螺贝类为主。水生动物的常见种类如表 3-14 所示。

5.3.5.2 湿地动物放养与捕捞

（1）鱼类放养与捕捞

在湿地的日常运维过程中，通常根据鱼类生物量的监测结果进行鱼类群落的管养。在生态系统构建初期，应以肉食鱼类群落为主，控制杂食性鱼类。当系统稳定后，根据鱼类群落结构的监测结果判断放养捕捞措施。

当野杂鱼（鲤鱼、鲫鱼、鲦鱼等）生物量占总生物量的比例超过 20% 时，建议集中捕捞野杂鱼。鲢、鳙等滤食性鱼类一般三年性成熟，但不能自然繁殖，个体太大会引起经常性水质浑浊，因此建议每三年捕捞一次，再重新投放适量 5 ～ 10 cm 规格的鱼苗。

（2）底栖动物投放与捕捞

根据底栖动物生活习性及其在湿地系统中的生态位，应当对其以保护为主，非必要不捕捞。根据底栖动物群落监控结果，当其密度下降时，或沉水植物叶片附着物显著增

① 1 亩≈ 666.7 m^2。

多时，应适当放养，保证其在湿地系统中发挥应有的作用。

5.3.5.3　湿地蚊蝇控制

蚊蝇生长是人工湿地处理系统面临的一个常见问题。湿地环境有利于蚊蝇孳生，尤其是高大的挺水植物易倒伏在床体上，形成有利于蚊蝇孳生的环境条件。由于蚊蝇会传染疾病，必须加以控制，具体建议措施如下：

①控制水深，尤其是在蚊蝇产卵季节，调控好水位，使之有利于食蚊鱼捕食蚊蝇幼虫。

②加强对湿地植物的管理，尤其是对植株较高的植物，如香蒲、纸莎草等，植株生长到一定高度后易倒伏，形成有利于蚊蝇生长的小环境，因此在水边种植低矮的植株并且定期进行收割，有利于蚊蝇控制。

③喷洒杀虫剂是消灭湿地蚊蝇的有效措施，但在植被密集的地方杀虫剂施用效果有限，且杀虫剂易对水体造成二次污染。可更多地考虑在人员活动频繁的区域使用粘蝇纸、蝇诱捕器等灭杀蚊蝇。

④从生态学原理出发，引入捕食蚊蝇的动物，如食蚊鱼可控制蚊虫的孳生，蝙蝠或其他鸟类也是有效的办法。

5.3.5.4　湿地鸟类观测及保护

人工湿地为鸟类等野生动物创造了良好的栖息条件，通常人工湿地项目运维不对鸟类观测及保护做强制要求，但对于被政府列入重要湿地或重要栖息地的人工湿地，则需要严格执行相应的野生动物保护规定。

5.3.5.5　防止偷捕与放生

游客在人工湿地中进行动物偷捕与放生，会导致动物种群失衡、入侵物种进入湿地，严重时导致水质恶化、病虫害蔓延等。因此，需要采取措施防止偷捕与放生行为。在湿地重点通道设置宣传牌或宣传栏，并不定期开展宣传教育活动。宣传偷捕与放生对湿地生态系统的危害，强化人们保护湿地、保护水环境的意识。

封闭管理湿地项目应做好安防设施，在湿地外围挖掘保护河道，避免路人进入湿地内。同时在湿地外围做好防护围栏，并在主要通道安装监控设施。日常巡防中发现路人进入湿地内时，应及时劝离。

其他人工湿地项目应做到宣传、巡防及制止，安排巡防班组不定期在湿地内巡视、劝阻，防止偷捕与放生。发现放生后，应立即采取措施，尽量捕获放生生物。

5.3.6 潜流湿地防堵塞运行

5.3.6.1 进水水质水量控制

潜流人工湿地堵塞主要是由于进水中悬浮物浓度过高、进水水力负荷过高等因素。一旦长时间超负荷运行，则会导致严重堵塞，将难以恢复。因此，日常运行中对进水水质的控制十分重要。

深度净化湿地进水 TSS 不宜超过 30 mg/L；直接处理生活污水的低负荷潜流湿地 TSS 不宜超过 70 mg/L；深度净化潜流湿地进水水力负荷不宜超过 1.5 $m^3/(m^2 \cdot d)$；直接处理生活污水的潜流湿地进水水力负荷不宜超过 0.2 $m^3/(m^2 \cdot d)$。

5.3.6.2 轻度堵塞期间运行

轻度堵塞表现为湿地出水量持续降低或水位升高，但未出现湿地壅水。此时，可采用分块间歇进水的方式，保持合适的落干期，使堵塞物氧化脱落，使湿地恢复过水能力。落干时间建议通过现场试验确定，在保持植物不脱水的前提下，尽量延长。

5.3.6.3 中度堵塞期间运行

中度堵塞表现为湿地出水量持续降低，部分区域出现壅水且停止进水后迅速出现少量板结，且平均板结厚度不超过 3 cm（不含）。中度堵塞主要发生在垂直潜流湿地填料上层、水平潜流湿地填料进水端。可以通过对湿地表面 10 cm 填料层进行翻松并用铁锹将板结层清理出系统，即可进行恢复，此操作无需停水即可作业。

针对出现中度堵塞的地块或区域，在后期运行管理过程中应重点关注，应在后期进行落干操作时适当延长落干时间。

5.3.6.4 重度堵塞期间运行

重度堵塞表现为湿地出水量严重偏低，壅水区域扩大，占总湿地区域的 30% 且停止进水后的平均板结厚度超过 3 cm（含）。出现重度堵塞时，需分区排空，进行填料原位翻洗或换填等堵塞恢复操作。

5.3.7 辅助配套设施维护

人工湿地辅助工程及配套设施包括电气自控设施、安全防护设施、景观绿化设施、生态管理用房、道路等。

辅助工程及配套设施的维护应符合行业相关规定，建议建立系统的检查巡视行为要求，具体建议如下：

①每日巡检提升泵站，根据设定的巡视路线、巡视项目和巡视周期对泵站设备进行全面巡视，检查工具、保险装置和信号装置等安全设施的可靠性、灵敏性和安全性；

②每日巡视电气自控设备，检查机电设备、自控系统的可靠性、灵敏性和安全性；

③不定期巡视其他附属设施，如大门、围挡、护栏、木栈道、展板和道路照明等。

同时，人工湿地系统场界及水域周边应设置安全防护栏，在深水区应设置安全警示牌，并设置工程运行监督牌、方向指示牌、提示警告牌等，确保人员安全。

5.3.8　废弃物处理处置

人工湿地废弃物处理处置除植物处置外，还包括动物残体处理、淤泥处理、生活垃圾及有毒有害废弃物处理。

动物残体易腐烂发臭，需及时处理，避免人为捡拾误食。动物残体量少时，可消毒填埋处理；动物残体量大时，需转运至特殊场所处理处置。

对表流湿地或生态塘淤泥，有条件时原位处理处置，可堆坡或堆砌生态岛。有机质丰富的淤泥也可作为园林绿化营养土使用。若淤泥量较大，需集中脱水处理处置，并将干泥填埋处理。此外，带有工业成分的淤泥可作为水泥窑的制作原料，或与煤炭等能源物质掺烧处理。

人工湿地厂区内的生活垃圾集中收集转运至垃圾中转站，有毒有害废物需报备后，经特殊渠道处理。

5.4　不同项目运维侧重点

5.4.1　基于单元类型的运维侧重点

5.4.1.1　表流湿地和生态塘运维重点

①水量调度运行，重点保障布水通畅。

②水生植物及动物维护管理。

③水位控制及调节。

5.4.1.2　潜流湿地运维重点

①水量调度运行，重点保障布水通畅，防止填料堵塞。

②水位运行调控，根据季节、水质、植物长势调节水位。

③日常水质监测。

④水质超标时的高频水质监测。

⑤冬季低温时期的运行管理。

⑥进水端填料的日常冲洗、疏通。

5.4.2 基于地域差异的维护侧重点

5.4.2.1 南方地区维护

①南方地区湿地植物生长季节长，多数植物四季常绿，植物收割保持在一年 2 次以上的频率，热带地区植物收割频率可适度增加。

②南方地区湿地是外来物种高发地区，如福寿螺、萝卜螺、钉螺、罗非鱼、巴西龟等易在南方地区泛滥，需加强湿地管理，严防入侵物种泛滥。

5.4.2.2 北方地区维护

①人工湿地在大部分北方地区冬季可正常运行，但在新疆、西藏、黑龙江等严寒地区需酌情暂停运行，放空湿地过冬。

②潜流湿地植物收割一般只有 1 次，可在植物枯萎后收割并原位覆盖，对填料起到保温作用。

③表流湿地可根据需求适当收割，对景观和水质有要求的表流湿地需全部收割。

④需做好湿地配水管线和电气设备的保温措施。

5.4.2.3 内陆干旱地区维护

①内陆干旱地区需重点做好湿地防渗，尽量避免渗漏。

②对表流湿地、生态塘等湿地水面，可通过在水体增种浮叶植物，减少水体蒸发量。

③通过生态补水、市政杂用、绿化灌溉等方式，提升湿地再生水资源的利用程度。

5.4.2.4 盐碱地区维护

①盐碱地区要加强对水生植物的养护，确保植物成活率和生长势，植物养护初期需尽量控制盐分，避免高盐影响植物成活率。

②盐碱地区湿地要重点加强湿地底部防渗，防止地下水反盐碱，影响植物存活。

③盐碱地区表流湿地要避免水体与外河连通，防止浒苔等藻类过度繁殖。

5.5　特殊工况运维要点

5.5.1　汛期及极端天气运维侧重点

人工湿地项目通常距离河道、湖泊较近，易受到洪涝风险冲击，应尤其注意防汛防台工作，保障员工及访客的人身安全，需重点关注以下措施：

①汛期单元水位上升，应采取措施保障湿地单元水体周边、道路沿线的人员安全。

②采取围堰、水泵抽排等方式，避免潜流人工湿地单元被洪涝水淹没。洪涝水淹没会导致填料堵塞，对湿地单元后续运行造成严重影响。

③提前做好加固措施或临时存放措施，避免浮动湿地在洪水过境中发生脱落。

④做好用电设备安全管理。

5.5.2　低温环境运行管理措施

对于低温环境运行，首先做好人工湿地保温措施，湿地内部水温应保证不低于 4℃。可采取植物覆盖、抬高水位形成冰雪覆盖、覆盖植物秸秆、覆盖塑料薄膜或搭建温室大棚等保温措施，具体如下：

①在保证消防安全、水质不恶化的前提下，植物收割后可采用将收割的植物就地覆盖的方式对湿地表面进行保温；

②将潜流湿地水位提升 5 ～ 10 cm，待人工湿地表层结冰后，降低运行水位至常水位，利用表面冰层对湿地进行保温；

③植物收割时可保留 20 ～ 30 cm 直立残茎，以支持冰层；

④适当抬高表流人工湿地水位，延长水力停留时间；极寒天气时，应降低运行水位，在冰层和水面间形成空气隔绝层，达到保温效果；

⑤低温运行时应对进出水管（渠）采取防冻保温措施；

⑥植物收割时应预留表面覆盖空间和设施。

人工湿地低温运行期间可适当降低水力负荷，并维持稳定的进水流量。当人工湿地采取潮汐流方式运行时，两次潮汐时间不宜超过 24 h，避免湿地在低温时段处于落干状态。

5.5.3　水质超标运行管理

（1）进水水质超标应采取的措施

①若湿地进水水质超标不显著，对湿地出水水质无影响，按常规运行即可；

②若湿地进水水质超标显著，对湿地出水水质影响较大，或对湿地稳定运行构成威胁，应停止进水，将尾水暂存于应急事故池，或直接用水泵输送回污水处理厂前端调节池，尽快查明原因，并有效处置。

（2）进水水质不超标、出水水质超标主要原因

①进水水量超过设计水量；

②人工湿地设计参数不合理，预设了过高的净化能力；

③人工湿地运行年限较长，内部发生堵塞、短流等现象，导致水力停留时间降低、处理能力下降；

④极端低温、植物大面积死亡等因素的影响。

（3）出水水质超标的应对措施

应根据原因采取相应的措施，如表 5-4 所示。

表 5-4　人工湿地出水水质超标应对措施

主要原因	管理对策
进水水量超过设计水量	若水量增加为临时情况，可采取加强前端污水处理厂处理强度或在人工湿地内部临时强化处理等手段； 若水量增加为长期情况，则需对人工湿地进行改造，或增加深度处理单元
人工湿地设计参数不合理	需对人工湿地进行改造，或增加深度处理单元
人工湿地运行年限较长	视超标程度，采取在人工湿地内部临时强化处理、人工湿地单元改造、增加深度处理单元等手段
极端低温、植物大面积死亡等因素	对临时性破坏及时复原，同时在人工湿地内部采用临时强化处理措施

针对具体水质指标超标，可采取人工湿地单元改造及临时强化处理措施予以应对，如表 5-5 所示。

表 5-5　人工湿地水质指标超标应对措施

超标指标	表流湿地	水平潜流湿地	垂直潜流湿地
氨氮（NH_3–N）	增加表面曝气，种植根系发达的湿地植物，外加硝化菌和好氧反硝化菌	增加或更换部分对 NH_3–N 吸附性好的基质，外加动力型曝气系统，外加硝化菌和好氧反硝化菌	提高进水频次、增加或部分更换对 NH_3–N 吸附性好的基质，外加动力型曝气系统，外加硝化菌和好氧反硝化菌
总氮（TN）	外加硝化菌和好氧反硝化菌，增加缓释碳源		提高出水口高度，外加硝化菌和好氧反硝化菌，增加缓释碳源
总磷（TP）	增加部分对磷的固定、吸附或吸收性能好的材料或基质（石灰石、沸石、钢渣等），种植根系发达的湿地植物		
化学需氧量（COD）	增加外加动力型曝气系统，外加 COD 高效降解菌		增加外加动力型曝气系统，外加 COD 高效降解菌，提高出水口高度
出水固体悬浮物（SS）	平衡进水量，出水区增加过滤材料	平衡进水量，更换出水区基质材料	平衡进水量，更换部分主体层基质

5.6　园区安全管理

人工湿地园区内的安全管理包括运营人员和访客的人身安全、场区构筑物及设备运行安全、与项目相关的公众环境健康安全等方面的管理。人工湿地项目的安全管理应符合国家现行有关规定及相关管理单位的安全管理制度，同时还需注意以下几个关键要点。

①风险评估和管理：定期对园区进行全面的风险评估，识别潜在的危险因素，如岸坡稳固性、水深、植被、野生动物等。同时，制定针对不同风险的应急预案，确保在紧急情况下可以迅速采取适当的行动，例如，溺水应急预案等。

②安全警示标示：在人工湿地园区内应按照有关规定，布设安全设施和标识标牌，加强开放空间安全和文明引导，警示访客潜在的危险区域或行为。运营管理单位应注意定期进行标识检查，及时更换斑驳标识。

③员工培训与预演：人工湿地运维作业安全涉及交通安全、有限空间作业、水上作业、动土作业、吊装作业、临时用电作业等内容，应参照相关管理单位的安全管理制度执行，

同时需要定期进行应急演练工作，保证能够应对紧急情况。

④访客安全管理：人工湿地项目访客包括政府单位、社会团体、学生、市民等，对访客安全管理要求较高。管理单位应结合实际情况，严格划分公共区、限制开放区及非开放区（如表 5-6 所示），避免访客进入危险区域。

表 5-6　人工湿地项目来访区域划分

类别	开放程度	示例（可结合实际情况调整）
公共区	在湿地项目开放时段内，完全对社会开放，访客可以在该区域自由活动	活动广场、绿地区、表流湿地浅水区、潜流湿地种植区
限制开放区	访客需要在工作人员的带领和指导下进入该区域	配水渠、出水渠、表流湿地及生态塘深水区
非开放区	访客不得进入	泵房、阀门井、配电间、溢流堰等

⑤监控与巡逻：园区内应安排巡逻员工，定期巡视，确保访客遵守安全规定。在必要时使用监控摄像头等技术，增强对园区的实时监控，同时对设备进行定期的巡检，保障视频监控系统的稳定运行。

⑥紧急设备和急救措施：在园区内需配备紧急设备，如急救箱、救生设备和通信设备，并定期检查更换，以便在需要时能够迅速采取行动。同时培训员工使其具备急救技能，以处理突发的医疗情况。

下篇

典型人工湿地案例
——设计与运行

总　述

本篇对15个国内外典型人工湿地案例进行详细介绍。其中，8个项目由北控水务集团负责建设运行，并通过北控水务集团自主立项研发课题资助，进行了长期监测和数据整理；另外7个国内外优秀案例根据同行专家提供的资料或公开资料整理。根据项目主要的设计用途，将案例分为污水处理厂尾水湿地、河湖水净化湿地、农村污水湿地和雨洪生态湿地四大类别。

第 6 章　污水处理厂尾水湿地

6.1　山东东营东城北污水处理厂尾水湿地

6.1.1　项目概况

山东省东营市东濒渤海，西依黄河，是黄河入海口所在地，市内除黄河外共有骨干排水河道 30 条。为对东城北污水处理厂出水进行深度处理，降低排溢洪河污染物浓度，逐步恢复溢洪河的生态环境，东营市于 2015 年启动建设了东城北污水处理厂尾水深度净化湿地（以下简称东城北湿地），并于 2017 年全面投产。

东城北湿地项目采用水平潜流 + 表流湿地的组合工艺，主要用于污水处理厂尾水的深度净化，出水排入溢洪河，建设规模 4 万 m^3/d，总占地面积约 62 200 m^2，其中高负荷潜流湿地占地面积约 27 500 m^2，有效处理面积约 25 300 m^2，表流湿地占地面积约 30 000 m^2，其他构筑物（园路、管理房、墙体、沟渠等）约 4 700 m^2。

东城北湿地概况如表 6-1 所示。

表 6-1　东城北湿地概况

项目信息	项目情况	备注
建设年份	2015—2016 年	
建设地点	山东东营市东北部	
污水类型	污水处理厂尾水	污水处理厂进水主要为生活污水，含少量工业废水
设计水量	4 万 m^3/d	
湿地面积	占地约 62 200 m^2，其中潜流湿地约 27 500 m^2	
设计进水水质	城镇污水一级 A 标准	
设计出水水质	地表水 V 类标准	
负责单位	北控水务（中国）投资有限公司	

6.1.2 设计水量水质

东城北湿地设计进水为东城北污水处理厂尾水，设计处理规模为 4 万 m^3/d。湿地进水水质执行《城镇污水处理厂污染物排放标准》（GB 18918—2002）一级 A 标准，出水主要指标执行《地表水环境质量标准》（GB 3838—2002）V 类标准。相应的进水、出水水质指标具体如表 6-2 所示。

表 6-2　东城北湿地设计进出水水质

单位：mg/L

类型	COD_{Cr}	BOD_5	NH_3-N	TP
进水	50	10	5	0.5
出水	40	10	2	0.4

6.1.3 工艺流程

东城北湿地技术方案为水平潜流湿地 + 表流湿地。

工艺流程如图 6-1 所示。

图 6-1　东城北湿地工艺流程

6.1.4 工程设计与实施

6.1.4.1 平面及高程布置

东营市东城北污水处理厂尾水重力自流至水平潜流湿地，在水平潜流湿地内总体自北向南流动，水平潜流湿地出水由西侧集水渠溢流至表流湿地。表流湿地内的水流自东向西，出水自流排入场地南侧河流。

高程布置上，场地东高西低，分为水平潜流湿地、表流湿地两个场地阶梯。湿地重力流运行，水平潜流湿地与表流湿地设计水位相差 1.4 m，表流湿地内分为两个区域，由溢流堰分开，溢流堰处跌水 0.2 m。

总平面图、水力高程图如图 6-2、图 6-3、图 6-4 所示。

图 6-2　湿地总平面图

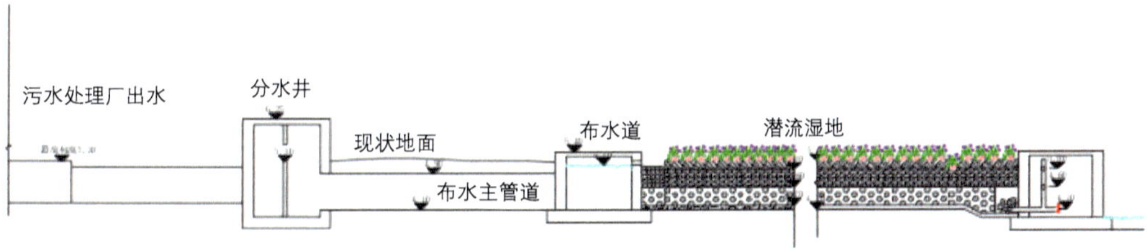

图 6-3　湿地水力高程图（污水处理厂出水至潜流湿地）

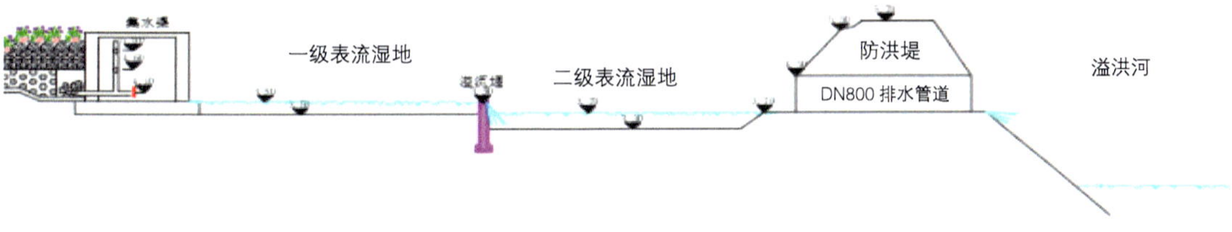

图 6-4　湿地水力高程图（潜流湿地出水至排入河流）

6.1.4.2 水平潜流湿地

（1）主要参数与平面布置

水平潜流湿地占地面积约 27 500 m^2（41.3 亩），有效处理面积约 25 300 m^2。有效水深 0.9 m，设计流量 4 万 m^3/d，设计表面水力负荷 1.58 $m^3/(m^2·d)$，水力停留时间 0.23 d（填料的孔隙率按 0.4 计）。

潜流湿地系统由湿地床体、布水渠和排水渠组成。潜流湿地床体分为 42 格并联湿地单元，布水渠与收水渠在湿地单元两侧交替布置（如图 6-5 所示）。

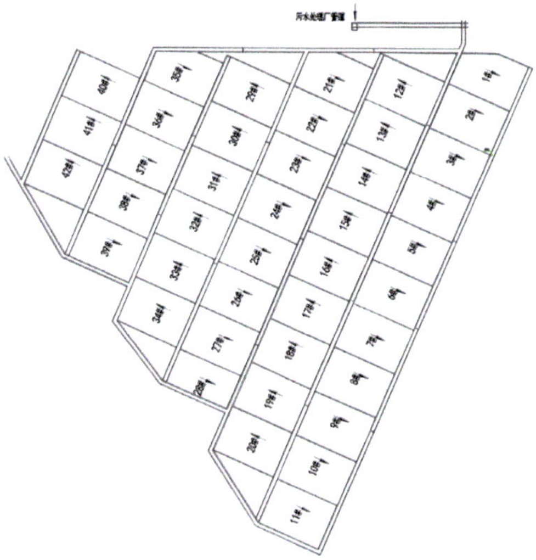

图 6-5　潜流湿地分区平面图

（2）单元设计

每个潜流湿地单元均为矩形，长 × 宽 × 高 =28 m × 20 m × 1.3 m，有效床深为 1.1 m，长宽比为 1.4 ：1，单元占地面积为 560 m^2。单元内水流水平流动，沿水流方向分别为进水区（长 1 m）、主体净化区（长 26 m）、集水区（长 1 m）。

进水区、出水区均采用粒径为 5 ~ 8 cm 的火山岩，分布于整个床宽。进水区、出水区主要起到均匀分布水流的作用，不进行植物种植。

主体净化区表层设置厚度为 20 cm 的种植土，种植土下方铺设土工布以防止土壤渗入填料层①。主体填料层上层采用粒径 3 ~ 5 cm 的火山岩，厚度 40 cm；中层为粒径

① 在潜流湿地上层设置种植土的做法存在争议，因为湿地植物在碎石基质中能够生长，种植土容易进入下层填料而加速潜流湿地堵塞。现行主要人工湿地设计规范中均不在潜流湿地中采用种植土。

5 ～ 8 cm 的鹅卵石，厚度 40 cm；下层为粒径 2 ～ 3 cm 的细沙，厚度 10 cm①；底部为复合土工膜防渗层（如图 6-6 所示）。

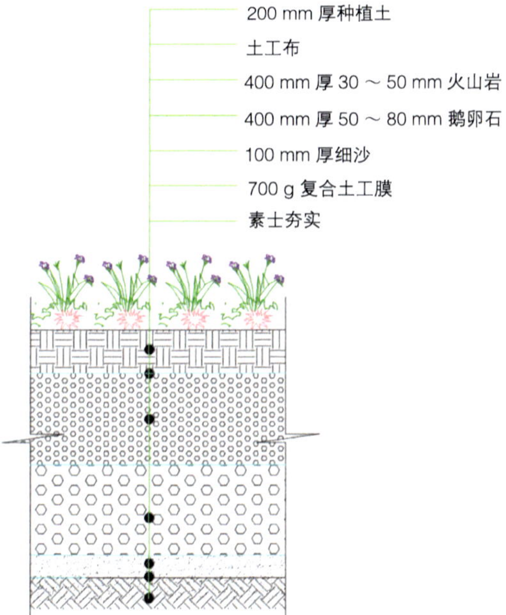

图 6-6　湿地主体净化区填料层剖面图

（3）布水、排水系统

项目采用布水渠及布水口配水、集水管及集水渠排水，同时在床体前端和末端分别设置填料粒径较大的进水区和集水区。

湿地单元配水平面图如图 6-7 所示。

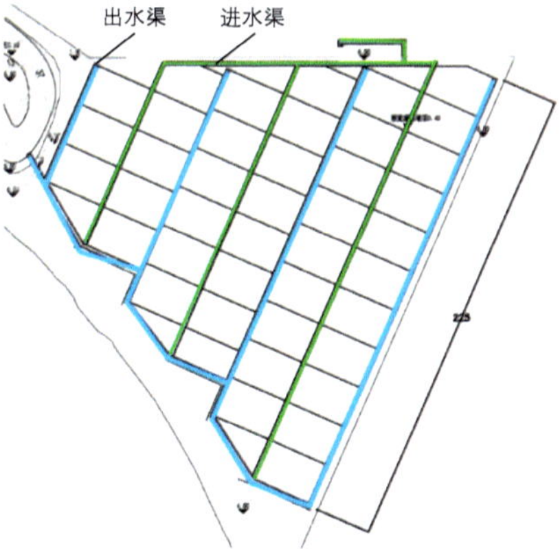

图 6-7　湿地单元配水平面图

① 这种填料分层方式可能存在问题。通常不同填料的分层方向应垂直于水流方向，否则可能会造成布水不均。

布水渠采用砖混结构，宽 1 m，高 1.2 m，布水口距渠底高 1.0 m。相关实景图如图 6-8、图 6-9 所示。

图 6-8　布水渠实景图（左）及潜流湿地进水区实景图（右）

图 6-9　潜流湿地出水实景图

（4）植物

潜流湿地在建设初期曾经种植千屈菜、香蒲、黄菖蒲等湿地植物，但逐渐被芦苇和荻自然替代（如图 6-10 所示），可能是由于进水含盐量较高。

图 6-10　潜流湿地植物实景（荻、芦苇）

6.1.4.3　表流湿地

表流湿地占地面积约 30 000 m^2（44.9 亩），设计水力负荷为 1.36 $m^3/(m^2 \cdot d)$，主要设计功能为水质缓冲与生态景观营造湿地驳岸采用自然式设计，通过高程设计分为一级表流湿地、二级表流湿地，由汀步溢流堰隔开（如图 6-11 所示）。

图 6-11　表流湿地现状图（左）及汀步溢流堰实景图（右）

表流湿地植物设计主要为黄花鸢尾、香蒲、芒草、芦苇、垂柳，但由于水体盐度较高，运营一年后挺水植物中芦苇占据优势。同时，水体中自然生长了水绵和眼子菜等沉水植物。

6.1.5　运行水量水质

东营东城北湿地于 2017 年全面运行，跟踪调研收集的运行水量水质数据来源为 2020 年 4 月—2022 年 6 月笔者专题监测水量水质数据（共计 704 条数据）。

6.1.5.1 运行水量分析

2020 年 4 月 29 日—2022 年 6 月 2 日（共计 704 条数据）的东营东城北湿地水量数据统计如表 6-3 所示。其间湿地平均进水量为 29 626.40 m^3/d，约为设计处理水量的 74.1%，进水量超过设计水量占比为 15.93%。

表 6-3 2020—2022 年东营东城北人工湿地运行水量数据

单位：m^3/d

参数	数值
最大进水量	73 200.00
最小进水量	7 100.00
平均进水量	29 626.40
标准偏差	10 988.30

6.1.5.2 总体水质情况

东营市位于黄河入海口，地下水盐度较高。运行期间，东城北湿地进水盐度（以 Cl^- 计）平均为 5 188 mg/L，约为海水的 27%，该湿地属于典型的半咸水人工湿地。

对 2020 年 4 月 29 日—2022 年 6 月 2 日（共计 704 条数据）的东营东城北湿地总体进出水水质数据进行分析，如表 6-4 所示。

表 6-4 2020—2022 年东营东城北湿地进出水水质统计表

指标	水质标准		进水		出水		平均去除率
	进水	出水	均值	变化范围	均值	变化范围	
COD_{Cr}/(mg/L)	50	40	27.73	5.00 ~ 49.00	24.01	2.00 ~ 39.00	13.42%
NH_3-N/(mg/L)	5	2	1.23	0.08 ~ 4.62	0.51	ND ~ 1.88	58.65%
TN/(mg/L)	15	—	8.33	1.61 ~ 14.70	7.54	0.80 ~ 14.90	9.50%
TP/(mg/L)	0.5	0.4	0.16	0.04 ~ 0.49	0.16	ND ~ 0.40	0.43%

注：平均去除率是通过对该湿地在一定时期内多次测量的去除率进行统计平均而得到的数值。

2020—2022 年监测期间，进水水质未超过设计标准，COD_{Cr}、NH_3-N、TP 出水浓度稳定达标；经人工湿地处理后 COD_{Cr}、NH_3-N 和 TN 浓度均值较进水有所降低，平均去除率分别为 13.42%、58.65% 和 9.50%；TP 指标经处理后没有明显变化。

TP 去除效果不佳的原因可能是进水浓度较低，接近湿地的背景值，导致难以进一步去除。对 2018 年运行数据的分析一定程度上验证了这一推测：在 76 个进出水数据样本中，有 25 个数据点进水 TP 浓度高于 0.25 mg/L，对应的 TP 去除具有统计学显著性，平均去除率为 15.6%；而进水 TP 浓度低于 0.25 mg/L 时，没有显著去除效果。将 76 个数据按进水 TP 浓度由低到高作图，结果如图 6-12 所示。

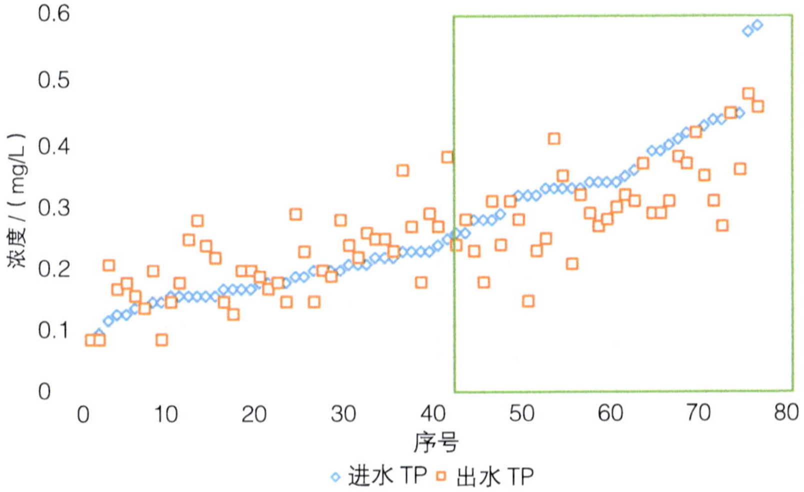

图 6-12　东营东城北湿地 TP 进出水浓度对比

6.1.5.3　各单元水质情况

（1）水平潜流湿地水质情况

根据 2020 年 4 月 1 日—2021 年 11 月 30 日共 608 天逐日数据，分析水平潜流进出水水质情况，如表 6-5 所示。

表 6-5　潜流湿地水质统计表

名称	水质标准		进水浓度均值	出水浓度均值	平均去除率
	进水	出水			
COD_{Cr}/ (mg/L)	50	40	28.19	24.37	13.54%
NH_3-N/ (mg/L)	5	2	1.22	0.49	60.40%
TP/ (mg/L)	0.5	0.4	0.17	0.16	0.98%

名称	水质标准		进水浓度均值	出水浓度均值	平均去除率
	进水	出水			
TN/（mg/L）	15	—	7.97	7.07	11.33%

监测期间，COD_{Cr}、NH_3-N、TP 和 TN 的平均去除率分别为 13.54%、60.40%、0.98%、11.33%。从逐日数据上看，TP、COD 指标存在出水浓度高于进水浓度的现象。

（2）表流湿地水质情况

根据 2020 年 4 月 1 日—2021 年 11 月 30 日共 608 天逐日数据，分析表流湿地进出水水质情况，如表 6-6 所示。

表 6-6　表流湿地水质统计表

名称	水质标准		进水浓度均值	出水浓度均值
	进水	出水		
COD_{Cr}/（mg/L）	50	40	24.37	24.67
NH_3-N/（mg/L）	5	2	0.49	0.49
TP/（mg/L）	0.5	—	0.16	0.17
TN/（mg/L）	15	—	7.07	7.05

对数据进行 t 检验分析，发现监测期内表流湿地对各项指标没有显著影响。说明在过高的水力负荷下，表流湿地的去除能力十分有限。但值得注意的是，东营北项目表流湿地已产生了明显的生态效益，为野生动物提供了富有价值的栖息地，有多种水鸟在此栖息、过冬。

6.1.5.4　季节性水质分析

将东营市东城北湿地年度最冷 3 个月（12 月—次年 2 月）划定为当地冬季，并与其他季节（3—11 月）湿地进出水水质进行比较分析，结果如表 6-7 所示。

表 6-7　2020—2022 年东营东城北湿地季节性水质统计表

指标	水质标准		季节	进水浓度		出水浓度		平均去除率
	进水	出水		均值	变化范围	均值	变化范围	
COD_{Cr}/（mg/L）	50	40	冬季	28.14	6 ~ 47	22.39	4 ~ 39	20.43%
			其他	27.61	5 ~ 49	24.52	2 ~ 38	11.20%
NH_3-N/（mg/L）	5	2	冬季	1.64	0.17 ~ 4.98	0.7	0.09 ~ 1.88	57.27%
			其他	1.1	0.08 ~ 4.42	0.45	ND ~ 1.79	59.30%
TN/（mg/L）	15	—	冬季	9.56	2.83 ~ 14.70	9.2	3.02 ~ 14.90	3.76%
			其他	7.95	1.61 ~ 14.7	7.03	0.8 ~ 14.8	11.65%
TP/（mg/L）	0.5	0.4	冬季	0.14	0.06 ~ 0.31	0.13	0 ~ 0.32	7.36%
			其他	0.17	0.04 ~ 0.49	0.17	0 ~ 0.40	−1.37%

注：ND 为 Not Detected，未检出。

2020—2022 年监测期间，东营东城北湿地冬季与其他季节在各污染物指标的达标率上无差别，均稳定达标。此外，冬季和其他季节的各污染物平均去除率差异较明显，表现为：冬季 COD_{Cr} 平均去除率（20.43%）高于其他季节（11.20%）；NH_3-N 则是冬季平均去除率（57.27%）略低于其他季节（59.30%）；TN 冬季平均去除率（3.76%）几乎是其他季节该指标平均去除率（11.65%）的 1/3；TP 冬季平均去除率（7.36%）较其他季节高，其他季节 TP 去除率为−1.37%。

从上述数据可以看出，对本项目而言，冬季运行效果比其他季节更好，气温的下降和湿地植物的枯萎并不对湿地处理效果造成明显的负面影响。这可能与当地采暖、工业区冷却水排水等因素造成的污水冬季温度较高有关。

6.1.6　案例总结及讨论

（1）高水力负荷、高盐度进水条件下，主要指标深度净化效果显著

项目总占地面积约 62 200 m^2，潜流湿地占地面积约 27 500 m^2（有效处理面积约

25 300 m^2），表流湿地占地面积约 30 000 m^2。

潜流湿地设计水力负荷为 1.58 m^3/（m^2·d），2017—2018 年实际运行平均水力负荷为 1.09 m^3/（m^2·d），2020—2022 年实际运行平均水力负荷为 1.17 m^3/（m^2·d），超过了山东省《人工湿地水质净化工程技术指南》（DB37/T 3394—2018）中建议的上限值；表流湿地设计水力负荷为 1.36 m^3/（m^2·d），实际运营平均水力负荷为 0.92 m^3/（m^2·d），超过了相关规范指南上限值。东城北湿地总体是在较高的表面水力负荷下运行的。

在进水浓度较低、接近甚至优于地表水Ⅳ类的情况下，东城北湿地对 COD_{Cr}、NH_3-N、TN 指标仍达到了显著的去除效果，其中 NH_3-N 去除率在 50% 以上，提升 1～2 个等级。

高盐度也是本项目的一大特点，进水 Cl^- 平均达 5 188 mg/L，属于半咸水范畴。通过 6 年运行，本项目证明了人工湿地能够在较高的表面水力负荷下实现高盐度污水的深度净化。

（2）高盐度水湿地的景观设计考虑

由于项目来水为高盐度水，原设计植物千屈菜、黄菖蒲等逐渐被原生的芦苇、荻等取代，湿地景观缺乏层次感。因此，在土地存在盐碱问题的地区，需要仔细筛选植物品种；考虑到耐盐湿地植物一般花色不鲜艳，可通过植株高低错落搭配，形成良好的景观效果。

例如，在本项目二期扩建的尾水湿地设计中，采取黑三棱、水葱、灯芯草、马蔺等挺水植物与川蔓藻、篦齿眼子菜、狐尾藻等沉水植物进行搭配设计。

（3）影响湿地床体堵塞的因素

东城北湿地曾在洪水中受淹，造成局部单元堵塞，经填料清洗后恢复。因此，在潜流人工湿地设计中应尤其注意防止洪涝灾害。本项目配水系统设计较简单，单元进出水水位无法单独控制，不仅加大了堵塞后维修的难度，也导致部分单元植被长势较弱。另外，水平潜流湿地单元中的分层方向及种植土的布设也在一定程度上加大了湿地填料堵塞的风险。

（4）部分指标和单元存在净化瓶颈

项目对 TP 的去除率不高，预计与表面水力负荷高、进水浓度低有关。据逐日数据分析，在湿地进水 TP 浓度高于 0.25 mg/L 时，本项目对 TP 有显著的净化效果，而当进水 TP 浓度低于 0.25 mg/L 时，本项目净化效果不显著。

此外，表流湿地在本项目的水质净化中未起到显著作用，推测主要是水力负荷过高、水力停留时间过小导致。但表流湿地在生态景观构建、生物多样性保护方面产生了显著的生态效益。

6.2　山东冠县清泉河尾水人工湿地

6.2.1　项目概况

山东省聊城市冠县位于山东省、河北省、河南省三省交界，是山东省西部重要交通枢纽、晋冀鲁豫物流集聚区之一。为贯彻落实国务院“水十条”要求，冠县人民政府于 2017 年 5 月 18 日印发《冠县落实〈水污染防治行动计划〉工作方案》，提出“到 2019 年，马颊河千户营、一干渠任洼桥闸和冠县三干渠入马颊河口 21 项指标稳定达到地表水 V 类标准”，同时提到“推广‘城镇污水处理厂 + 人工湿地’的新型污水集中处理模式”。

为净化冠县污水处理厂出水、保护一干渠水质、促进城市可持续发展，建设清泉河人工湿地项目（以下称冠县湿地）。冠县湿地采用水平潜流 + 表流湿地的组合工艺，主要用于冠县污水处理厂尾水的深度净化处理，出水排入清泉河（即一干渠城区段）。项目占地面积约 150 000 m^2（226 亩），其中水平潜流湿地面积约 80 000 m^2（约 120 亩）、表流湿地面积约 5.3 hm^2（约 79.5 亩）、其他用地及泵站等附属构筑物面积约 26.5 亩。

冠县湿地概况如表 6-8 所示。

表 6-8　冠县湿地概况

项目信息	项目情况	备注
建设年份	2015—2016 年	2015 年 10 月动工建设、2016 年 10 月完工
建设地点	冠县污水处理厂东侧	占地约 226 亩
污水类型	冠县污水处理厂尾水	
设计水量	8 万 m^3/d	
湿地面积	占地约 15 hm^2，其中潜流湿地约 8 万 m^2	
设计进水水质	COD_{Cr} ≤ 50 mg/L，NH_3-N ≤ 5.0 mg/L	污水排放一级 A 标准
设计出水水质	COD_{Cr} ≤ 30 mg/L，NH_3-N ≤ 1.5 mg/L	地表水准Ⅳ类标准
负责单位	北控水务（中国）投资有限公司	

6.2.2 设计水量水质

人工湿地设计处理规模为 8 万 m^3/d，设计进水为冠县污水处理厂尾水，主要水质指标执行《城镇污水处理厂污染物排放标准》（GB 18918—2002）一级 A 标准。其中，冠县污水处理厂服务范围为冠县城区，服务面积 25 km^2，人口约 22 万人，主要接纳县城居民生活污水、公共建筑设施（宾馆、商店、机关等）生活污水、工业废水及厂区内生活污水等。设计进出水水质如表 6-9 所示。

表 6-9　冠县湿地设计进出水水质

类型	COD_{Cr}/（mg/L）	BOD_5/（mg/L）	NH_3-N/（mg/L）	pH 值	TN/（mg/L）	TP/（mg/L）
进水	50.0	8.0	5.0	6 ~ 9	15.0	0.5
出水	30.0	6.0	1.5	6 ~ 9	10.0	0.3

6.2.3 工艺流程

冠县湿地作为污水处理厂尾水的深度净化处理工程，在工艺流程上主要选用水平潜流湿地与表流湿地的组合工艺。工艺流程如图 6-13 所示。

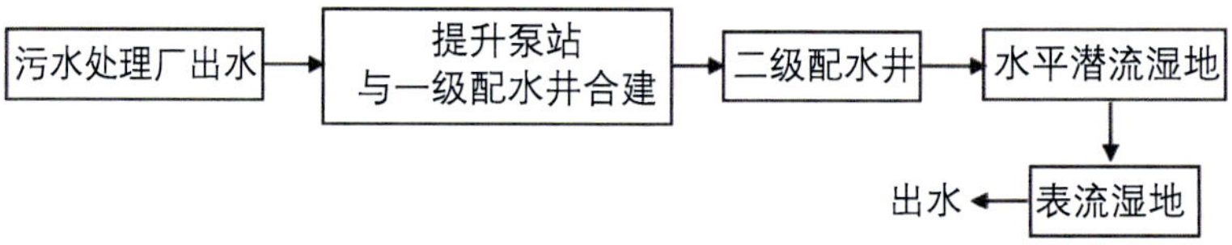

图 6-13　冠县湿地工艺流程

污水处理厂尾水经轴流泵提升后通过两级配水进入水平潜流湿地，水平潜流湿地出水通过出水渠收集后进入表流湿地，表流湿地内有多级跌水设计，出水排入一干渠。

6.2.4 工程设计与实施

6.2.4.1 湿地总平面布置

污水处理厂尾水管道沿一干渠南侧现状道路，自西向东进入湿地提升泵站。提升泵站位于场地中北部。尾水经提升、一级配水和二级配水后，进入主要工艺单元——水平潜流湿地。水平潜流湿地布水渠位于园区主干道南侧，尾水经并联湿地单元处理后汇入出水渠。出水渠位于场地南端，紧邻保留现状河道（农灌渠），出水自西北向东南最后进入表流湿地南端。表流湿地内的水流自南向北、而后由东向西，形成大片开阔水域。表流湿地出水位于场地北侧，通过叠石坝溢流排入一干渠河道。出水处配套设置水质在线监测站。

湿地主入口设置在东侧，紧邻兴业路。园区主干道连接主入口和次入口，沿路设有管理用房、展示牌等。冠县湿地平面布置示意图如图 6-14 所示。

图 6-14　冠县湿地平面布置示意图

6.2.4.2　水力高程设计

冠县湿地水力高程图如图 6-15 所示。

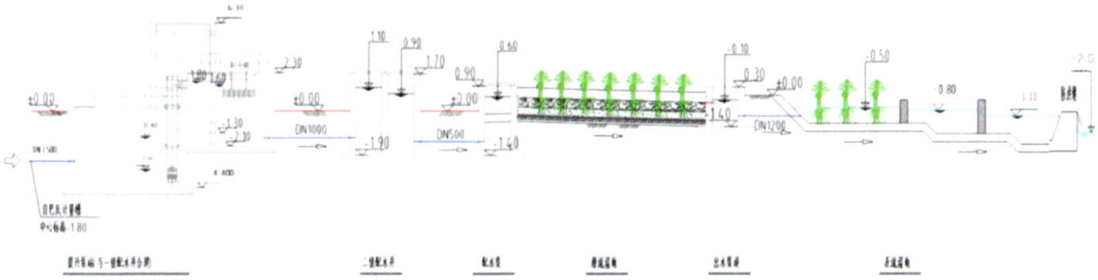

图 6-15　冠县湿地水力高程图

6.2.4.3　水平潜流湿地

（1）进水渠

潜流湿地进水渠位于北端，为钢筋混凝土矩形渠道，外侧上部有防护栏杆（如图 6-16、图 6-17 所示）。内宽 1 m，水深约 2 m。二级配水井来水通过 DN500 管接至进水渠，出水采用不锈钢三角堰，保证均匀进入湿地单元。

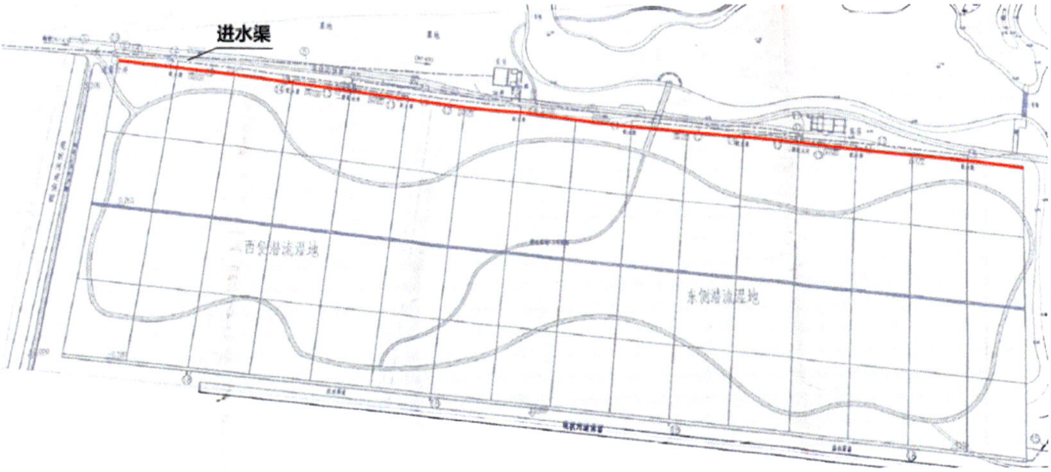

图 6-16　潜流湿地进水渠位置

图 6-17　进水渠实景图（三角堰被淹没）

（2）潜流湿地单元

水平潜流湿地总占地面积约为 8 万 m^2，设计水力负荷为 1.0 $m^3/(m^2 \cdot d)$。由 64 个湿地单元并联组成，分为东侧 32 个和西侧 32 个，对应东西两侧的二级配水井，中部设计有配水渠。潜流湿地单元分区如图 6-18 所示。

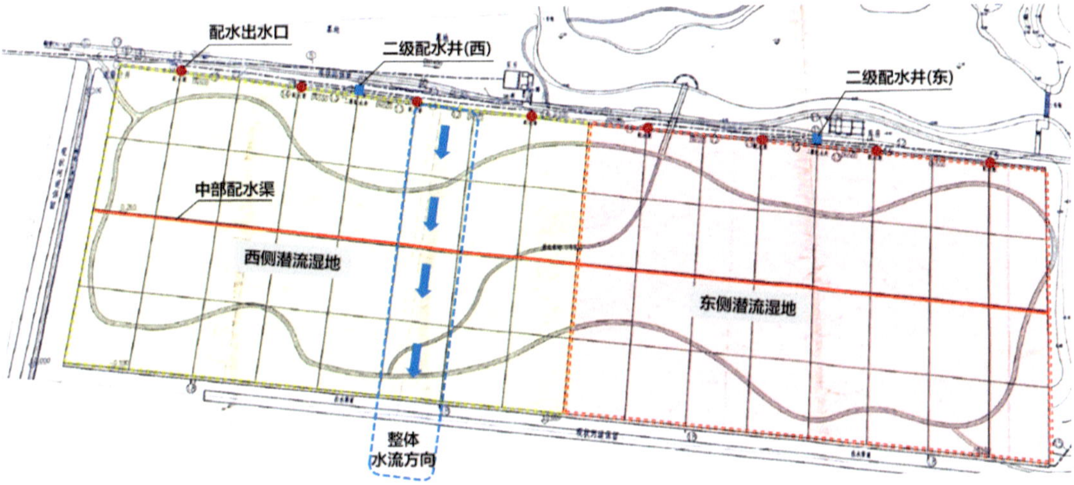

图 6-18　潜流湿地单元分区

湿地单元均为矩形，长 39.5 m、宽 32.0 m，长宽比为 1.23 ：1，单元面积为 1 264 m^2。单元底部采用两布一膜防渗，防渗土工布上翻与墙体包裹。同时，为防止土工布长期暴晒老化，在墙体上设有彩钢板覆盖保护（如图 6-19 所示）。

图 6-19　湿地单元墙体实景图

湿地填料主要有三层，自上而下分别为：上层为粒径 3 ～ 5 cm 的火山岩，厚度 30 cm；中层为粒径 5 ～ 8 cm 的砾石，厚度 30 cm；下层为粗砂保护层，厚度 10 cm。填料总铺设厚度为 70 cm，孔隙率约为 40%。

湿地植物种类主要有香蒲、菖蒲、梭鱼草、水葱、黄花鸢尾、美人蕉、千屈菜等（如图 6-20 所示），设计种植密度为 16 株 /m^2。

图 6-20　潜流湿地种植植物实景图

（3）出水渠

潜流湿地出水渠位于南端，为钢筋混凝土矩形渠道（如图 6-21、图 6-22 所示）。内宽 1.5 m，水深约 2 m。最南侧湿地单元各单元设两根 DN250 穿墙管，出水通过旋转弯头进入出水渠。同时，湿地单元上方设有溢流过水方孔。

图 6-21　潜流湿地出水渠位置

图 6-22　潜流湿地出水渠实景图

6.2.4.4　表流湿地设计

表流湿地总占地面积约 79.5 亩（约 53 000 m^2），设计水力负荷为 1.509 $m^3/(m^2 \cdot d)$。自然草坡护岸，湿地内种植挺水植物（如荷花）、沉水植物（如苦草、金鱼藻、黑藻）等（如图 6-23 所示）。平均水深为 1.0 m，最大水深为 2.8 m。潜流湿地出水通过一根 DN1200 钢管进入表流湿地最南端，通过三级跌水后出水排入一干渠河道（如图 6-24 所示）。

图 6-23　表流湿地水域实景图

图 6-24　湿地出水口

6.2.5　运行水量水质

冠县湿地在 2016 年 10 月建设完工，并自 2016 年 12 月通过环评验收后正式运行。本项目跟踪调研收集的运行水量数据分为两个时期：① 2016 年 12 月—2019 年 7 月（共计 32 个月、973 天），逐日数据；② 2020 年 10 月 12 日—2021 年 9 月 9 日（共计 244 天），逐日数据。

6.2.5.1　运行水量分析

（1）2016—2019 年水量数据分析

从湿地逐日进水量变化来看，湿地平均进水量为 60 426 m^3/d，约为设计处理水量的 75.5%，进水量超负荷占比仅为 0.62%（如表 6-10、图 6-25 所示）。从湿地进水量的季节变化来看，春季、秋季进水量中位数基本持平，变异度均较小；夏季进水量中位数高于春季、秋季，但变异度较大，呈现明显的左偏分布特征；冬季进水量中位数最高（如表 6-10、图 6-26 所示）。

表 6-10　冠县湿地运行水量数据

参数	数值
最大进水量 /（m^3/d）	99 883

参数	数值
最小进水量 / (m^3/d)	22 457
平均进水量 / (m^3/d)	60 426
标准偏差 / (m^3/d)	10 505
相对标准偏差 /%	17.39

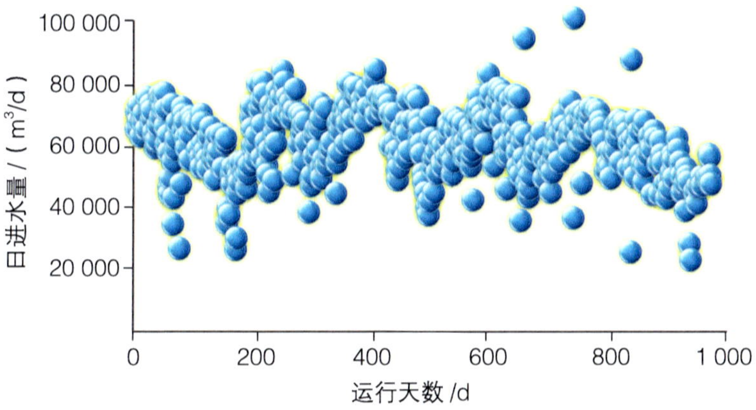

图 6-25　湿地每日进水量变化

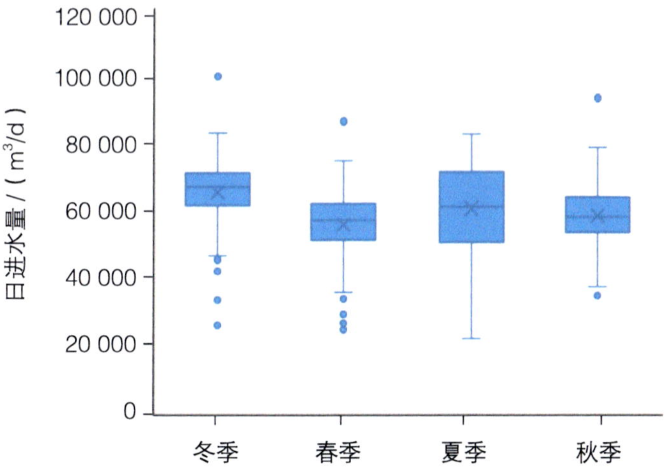

图 6-26　湿地进水量随季节变化

（2）2020—2021 年水量数据分析

从 2020—2021 年湿地逐日进水量变化来看，湿地平均进水量为 71 299 m^3/d，约为设计处理水量的 89.1%，进水量超负荷占比为 25.33%。

相较 2016—2019 年，2020—2021 年湿地进水量明显增大（如表 6-11 所示）。

表 6-11　2020—2021 年冠县湿地运行水量数据

单位：m^3/d

参数	数值
最大进水量	137 700
最小进水量	22 800
平均进水量	71 299
标准偏差	16 166

6.2.5.2　总体水质情况

根据 2016 年 12 月—2019 年 7 月（共计 32 个月、973 天）的逐日湿地进出水 COD、NH_3-N 数据，以及 2020 年 10 月—2021 年 9 月的湿地进出水 COD、NH_3-N、TN 和 TP 数据，分析湿地总体水质情况，结果如表 6-12 所示。

表 6-12　冠县湿地进出水水质数据统计

水质指标	水质标准		进水		出水		
	进水	出水	平均值	范围	平均值	范围	平均去除率
COD_{Cr}/（mg/L）	50	30	24.9	10.10 ~ 46.40	15.46	4.86 ~ 28.40	37.30%
NH_3-N/（mg/L）	5	1.5	0.75	ND ~ 4.59	0.15	ND ~ 1.45	79.23%
TN/（mg/L）	15	10	6.9	2.89 ~ 14.30	5.86	1.63 ~ 9.5	15.11%
TP/（mg/L）	0.5	0.3	0.08	0 ~ 0.31	0.06	ND ~ 0.22	23.22%

注：ND 为 Not Detected，未检出。

监测期间，湿地进出水浓度均稳定达到设计标准，COD、NH_3-N、TN、TP 各指标平均去除率分别为 37.30%、79.23%、15.11% 和 23.22%。从平均值上看，进水浓度达到地表水准Ⅳ类水平，出水浓度达到地表水准Ⅲ类，并接近地表水准Ⅱ类水平。

6.2.5.3　各单元水质情况

（1）水平潜流湿地

根据 2020 年 4 月的水平潜流湿地每日进出水 COD_{Cr}、NH_3-N、TN 和 TP 数据，分析水平潜流湿地总体水质情况，结果如表 6-13 所示。

表 6-13　冠县湿地水平潜流湿地单元进出水水质数据统计

水质指标	进水平均值 /（mg/L）	出水平均值 /（mg/L）	平均去除率
COD_{Cr}	22.46	15.42	31.34%
NH_3-N	1.80	0.41	77.27%
TN	4.66	3.26	30.17%
TP	0.10	0.11	无显著差异

总体来看，水平潜流湿地单元对 NH_3-N 的平均去除率达 75% 以上，而对 TN 和 COD_{Cr} 的平均去除率均在 30% 左右。可见水平潜流湿地单元内的硝化作用明显，对 NH_3-N 去除发挥了主要作用。TP 进出水浓度没有统计学上的显著差异，这可能是由于水平潜流湿地单元进水 TP 平均浓度（0.10 mg/L）已达到较低的水平。

（2）表流湿地

根据 2020 年 4 月的表流湿地每日进出水 COD_{Cr}、NH_3-N、TN 和 TP 数据，分析表流湿地总体水质情况，结果如表 6-14 所示。

表 6-14　冠县湿地表流湿地单元进出水水质数据统计

水质指标	进水平均值 /（mg/L）	出水平均值 /（mg/L）	平均去除率
COD_{Cr}	15.42	12.95	16.02%
NH_3-N	0.41	0.30	27.43%
TN	3.26	3.04	6.70%
TP	0.11	0.10	12.77%

从数据上看，在进水浓度较低的情况下，表流湿地单元对来水 TN 几乎没有去除效果，对其他指标的去除率也较低，但与东营东城北湿地相比，冠县清泉河项目的表流湿地单元还是起到一定的污染物削减作用。出现这一差异可能有两个因素：一是冠县表流湿地虽然水力负荷与东营项目类似，但平均水深较高，水力停留时间较长；二是冠县表流湿地没有受到高盐度的影响，湿地内动植物多样性较高，形成了更加完整的生态系统。

6.2.5.4 季节性水质变化

根据 2020 年 10 月 12 日—2021 年 9 月 9 日湿地水质数据，将冠县年度最冷 3 个月（12 月—次年 2 月）划定为当地冬季，并与其他季节（3 月—11 月）湿地进出水水质进行比较分析，如表 6-15 所示。

表 6-15　2020—2021 年冠县湿地季节性水质统计表

指标	水质标准		季节	进水浓度		出水浓度		平均去除率
	进水	出水		均值	变化范围	均值	变化范围	
COD_{Cr}/(mg/L)	50	30	冬季	27.02	10.70 ~ 46.40	14.91	4.86 ~ 27.20	44.82%
			其他	24.16	10.10 ~ 41.00	15.66	5.74 ~ 28.40	35.19%
NH_3-N/(mg/L)	5	1.5	冬季	0.72	0 ~ 4.05	0.13	0.02 ~ 0.89	81.56%
			其他	0.76	0 ~ 4.59	0.17	0.01 ~ 1.45	77.40%
TN/(mg/L)	15	10	冬季	6.54	4.14 ~ 11.60	5.94	2.98 ~ 9.26	9.18%
			其他	6.97	2.89 ~ 14.30	5.85	1.63 ~ 9.50	16.18%
TP/(mg/L)	0.5	0.3	冬季	0.06	0 ~ 0.28	0.04	0 ~ 0.10	36.54%
			其他	0.08	0 ~ 0.31	0.07	0 ~ 0.22	21.13%

2020—2021 年监测期间，冬季和其他季节的各污染物平均去除率差异明显，具体表现为：冬季 COD_{Cr}、NH_3-N 和 TP 平均去除率均高于其他季节对应指标的平均去除率，TN 的冬季平均去除率（9.18%）低于其他季节的该指标平均去除率（16.18%）。

6.2.6 案例总结与讨论

（1）为大型尾水人工湿地，出水达到准Ⅲ类水平

项目设计处理规模为 8 万 m^3/d，近几年实际平均处理水量为 71 299 m^3/d，约为设计

处理水量的 89.1%，进水量超负荷占比为 25.33%。冠县湿地是一座达到设计负荷的大型尾水人工湿地。

项目水平潜流湿地占地约 8 万 m^2，设计水力负荷为 1.0 $m^3/(m^2 \cdot d)$，取值达到了《人工湿地水质净化工程技术指南》（DB37/T 3394—2018）的建议范围上限值；表流湿地设计水力负荷为 1.509 $m^3/(m^2 \cdot d)$，超过设计指南建议范围。总体上，冠县水平潜流湿地属于高水力负荷、低污染负荷运行，从 2016 年 12 月运行以来潜流湿地出水水质稳定，对 COD_{Cr}、NH_3-N 均有较好的去除率，出水主要水质指标达到地表水Ⅲ类～Ⅳ类标准，平均水质优于地表水准Ⅲ类，NH_3-N 等部分指标达到地表水准Ⅱ类。人工湿地整体运行稳定，水质净化效果较好，但对低浓度 TP 的去除效果较差。

表流湿地单元在超过规范建议数倍的高水力负荷下运行，对污染物存在一定的去除作用，对比东营东城北湿地，去除效果更显著。这可能与表流湿地的水深较大、动植物种类较丰富等因素有关。

（2）生态效益突出，公众参与度高

冠县湿地设计注重水质净化和生态景观的结合，在表流湿地中形成了稳定的水生动植物群落，并设置了潜流湿地景观步道、表流湿地跌水和过水汀步等游览设施。项目对公众开放，现已成为冠县地标之一，是县城居民休闲娱乐等的好去处，同时也发挥着环保教育的作用。

6.3　湖南常德污水净化中心尾水湿地

6.3.1　项目概况

常德市污水净化中心与柳叶湖国家级旅游度假区仅一路之隔，是湖南省“一湖四水”流域综合治理的重点建设项目之一。2015 年，常德市获首批海绵城市建设试点资格；2018 年，常德市被评为全球首批国际湿地城市。在此基础上，常德市污水净化中心选取传统污水处理与人工湿地深度净化结合的方式，旨在进一步推动城市水资源的综合利用，助力实现“水安、水净、水流、水亲、水游、水城”。常德市污水净化中心尾水深度处理工程（以下称常德尾水湿地）位于污水净化中心东南侧，工程总占地面积为 481 447.72 m^2，其中垂直潜流湿地部分占地面积约为 25 万 m^2，表流湿地水面面积约为 4 万 m^2，绿化面积约为 13.3 万 m^2。建设内容主要包括进水总管、垂直潜流人工湿地、表流湿地、出水展示区、植物处理间、紫外消毒渠、出水泵房和变配电间，以及配套公用工程、景观工程等。

湿地出水经紫外消毒后由提升泵排入穿紫河，作为生态补水水源。

常德尾水湿地概况如表 6-16 所示。

表 6-16　常德尾水湿地概况

项目信息	项目情况	备注
建设年份	2020 年	
建设地点	常德市污水净化中心东南侧	
污水类型	常德市污水净化中心尾水	
设计水量	15 万 m^3/d	
湿地面积	占地约 48 hm^2，垂直潜流约 25 万 m^2，表流湿地约 4 万 m^2	
设计进水水质	污水排放一级 B 标准（TP 除外）	TP ≤ 0.5 mg/L
设计出水水质	地表水准Ⅲ类标准（COD_{Cr}、BOD_5、NH_3-N、TP）	TN 去除率达到进水水质标准的 50%，SS 达城镇一级 A 标准
负责单位	北控水务（中国）投资有限公司	

6.3.2　设计水量水质

项目处理原水为常德市污水净化中心尾水，设计处理规模 15 万 m^3/d，进水水质标准为《城镇污水处理厂污染物排放标准》（GB 18918—2002）一级 B 标准（TP 除外，TP ≤ 0.5 mg/L），出水除 TN 外达到《地表水环境质量标准》（GB 3838—2002）Ⅲ类（河流）标准，SS 指标达到《城镇污水处理厂污染物排放标准》（GB 18918—2002）一级 A 标准，具体指标如表 6-17 所示。

表 6-17　设计进出水主要水质指标

单位：mg/L，除 pH 值外

水质指标	pH 值	COD_{Cr}	BOD_5	NH_3-N	TP	TN	SS
进水	6 ~ 9	60	20	8（15）	0.5	20	20
出水	6 ~ 9	20	4	1	0.2	10	10

注：括号外数值为水温 >12℃时的控制指标，括号内数值为水温≤ 12℃时的控制指标。

6.3.3　工艺流程

基于主要目标污染物的去除要求，选用垂直潜流湿地及表流湿地的组合工艺。工艺流程如图 6-27 所示。

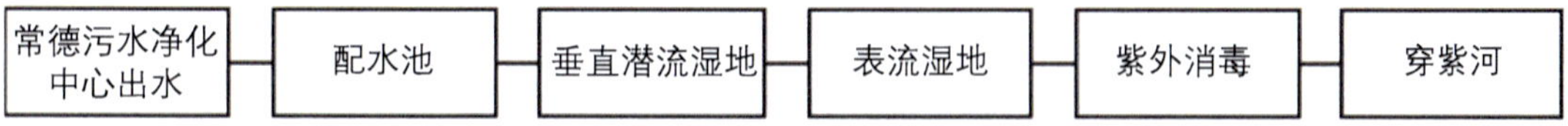

图 6-27　常德尾水湿地工艺流程

6.3.4　工程设计与实施

6.3.4.1　湿地总平面布置

常德尾水湿地建设场地位于污水净化中心东南侧，污水处理厂尾水沿管道重力流至配水井，再向 12 个潜流湿地分区并联布水，潜流湿地出水就近排放至位于场地中心的表流湿地，再通过紫外消毒后提升排放。总平面图及水力高程布置如图 6-28 所示。

图 6-28　总平面布置图

6.3.4.2 垂直潜流湿地

（1）单元分区

垂直潜流湿地设计净面积约 25 万 m^2，设计水力表面负荷为 0.60 $m^3/(m^2 \cdot d)$。结合现状地形和景观布置要求，分为 12 个单元区域（A1 ～ A12），并联运行。垂直潜流湿地但愿如图 6-29 所示。

图 6-29　垂直潜流湿地单元

（2）潜流湿地床体设计

潜流湿地池体按 1 ∶ 1.5 放坡，池底和池壁素土夯实（压实系数≥ 87%）后铺设复合土工膜，在池顶做锚固沟对土工膜进行固定。

湿地填料从上至下结构为 40 cm 厚、直径 0 ～ 5 mm 砂层，50 cm 厚、直径 0 ～ 5 mm 沸石 + 碎石 + 硫铁矿混合层，30 cm 厚、直径 10 ～ 30 mm 碎石层，同时在一级集水管 DN500 管道的管沟中铺设直径 20 ～ 40 mm 碎石。其中，添加硫铁矿填料可为反硝化过程提供多相电子供体，驱动硝酸盐转化成氮气，实现高效且低成本脱氮。

为方便垂直潜流湿地的管理和游览，在湿地内部设计 1.2 m 宽的管理道路。

（3）潜流湿地配水设计

污水净化中心尾水通过配水井配水后自流至垂直潜流湿地，通过 DN700 钢管引至 12 个湿地单元，再通过布置于填料顶端的 DN500、DN400、DN150 和 DN65 UPVC 排水管组合向湿地床体布水，其中 DN500 管道上安装手动蝶阀和电动蝶阀，以控制湿地进水，可实现间歇进水和落干；DN65 为穿孔管，间距 2 m 布置。

在湿地单元底层设置集水管，集水管同样为 UPVC 穿孔管与集水管的组合。经垂直潜流湿地净化的出水最终通过 12 根一级集水管排入表流湿地中，两者连接处设计为混凝土结构的八字式管道出水口（如图 6-30 所示），同时在出水口前端设计一小段渠道以安装阀板，可通过抽取阀板的数量控制湿地水位。

图 6-30　垂直潜流湿地出水口

6.3.4.3　表流湿地

表流湿地贯穿于垂直潜流湿地间（如图 6-31 所示），有效水深为 0.4 ～ 0.7 m。底部和斜坡上均铺设复合土工膜，土工膜上回填 30 cm 种植土。

水生植物的种植结合驳岸设计进行，种植方式大体分为 4 种，分别为沉水植物 + 挺水植物、沉水植物 + 浮叶植物、沉水植物 + 浮叶植物 + 挺水植物、沉水植物。水生植物种植前进行浅水位控制（一般为 5 ～ 10 cm），种植后根据植物生长状况逐渐增加水位至常水位。其中，沉水植物采用先锋物种 - 优势物种 - 伴生种的丰富群落搭配，并通过放养一定比例的肉食性和滤食性鱼类，构建稳定的清水型沉水植物群落生态系统。鱼类投放时间为表流湿地水生植物群落生长稳定后。表流湿地内的部分水生植物如图 6-32 所示。

图 6-31　垂直潜流湿地与表流湿地

图 6-32　表流湿地内的部分水生植物

6.3.4.4　植物资源化利用

人工湿地内种植的植物需要定期收割。以往项目中，植物收割后多以填埋、就地堆放或焚烧等处理方式为主，违背了资源节约、环境友好的理念，污染环境的同时又割断了生态系统的物质循环和能量流动。因而，将湿地植物进行资源化、无害化、减量化处理是本项目的重要建设内容。

综合本项目实际条件，对比好氧堆肥、厌氧消化、饲料利用、造纸利用、生物质能源等利用方式的优缺点，最终采用生物质能源利用方式（如图 6-33 所示）。生物质能源是以生物质为载体的将太阳能储存为化学能的能量形式，具有燃值高、污染低等优点。近年来我国生物质燃料技术进步显著。其中，生物质固体成型燃料技术已相对成熟，生产周期相对较短，产品密度大，易于堆放存储，资源化利用程度更高，减量化效果更加显著。根据经验公式计算，本项目人工湿地植物的平均低位热值在 3 600 kcal/kg 左右，基本符合生物质固体形成燃料的技术经济要求。

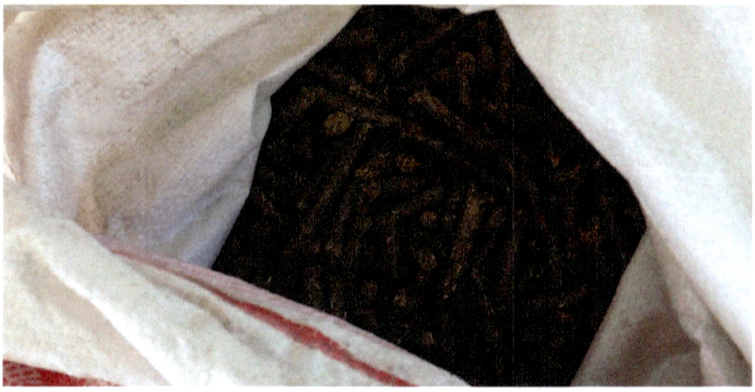

图 6-33　湿地植物资源化利用

6.3.5　试运行期间水量水质

6.3.5.1　水量水质总体情况

项目于 2022 年 6 月通水试运行，本书选取 2022 年 7 月 1 日—2023 年 7 月 12 日在线监测日平均数据进行分析。试运行期间，平均进水量为 13.93 万 m^3/d，进出水水质各项指标具体如表 6-18 所示。

表 6-18　常德尾水湿地进出水水质数据统计

指标	进水平均值 /（mg/L）	出水平均值 /（mg/L）	平均去除率
COD_{Cr}	9.95	8.04	19.1%
TN	7.68	7.24	5.7%
TP	0.30	0.08	53.8%
NH_3–N	0.47	0.24	49.2%

试运行期间，常德尾水湿地进水 COD 浓度平均值为 9.95 mg/L，低于 20 mg/L 的设计出水目标，出水 COD 平均值为 8.04 mg/L，平均去除率为 19.1%。NH_3-N 平均去除率为 49.2%，COD_{Cr}、NH_3-N 出水均值均达到Ⅰ类水标准。湿地进水 TP 浓度平均值为 0.30 mg/L，出水 TP 平均浓度为 0.08 mg/L，达到河道Ⅱ类水标准，平均去除率达到 53.8%。

湿地进水 TN 浓度平均值为 7.68 mg/L，已经低于 10 mg/L 的设计出水目标，湿地出水 TN 浓度平均值为 7.24 mg/L，与进水差别较小。

6.3.5.2 季节性水质变化

根据 2022 年 7 月 1 日—2023 年 6 月 30 日（共计 365 天）试运行期间的逐日湿地进出水 COD_{Cr}、NH_3-N、TN、TP 数据，分析湿地冬季（2022 年 12 月—2023 年 2 月）及其他季节的水质变化情况，如表 6-19 所示。从数据上看，冬季与其他季节的出水各项指标浓度基本持平，去除率的差异与进水浓度相关性更大。

表 6-19　常德尾水湿地进出水主要指标季节性变化

季节	指标	进水平均值 /（mg/L）	出水平均值 /（mg/L）	平均去除率
冬季	COD_{Cr}	9.40	8.01	14.81%
	TN	8.01	7.93	0.94%
	TP	0.10	0.09	9.18%
	NH_3-N	0.53	0.25	52.30%
其他季节	COD_{Cr}	10.13	8.06	20.45%
	TN	7.57	7.01	7.41%
	TP	0.19	0.07	61.55%
	NH_3-N	0.45	0.23	48.01%

6.3.6　案例总结与讨论

（1）大规模“超净”排放人工湿地

常德尾水湿地地处西洞庭湖流域。为保护流域生态环境，助力穿紫河、西洞庭湖水质稳定达到功能区划要求，常德尾水湿地的设计排放标准为少见的准Ⅲ类排放标准，且在湿地出水口严格执行水质监测。本项目不管是处理规模、排放标准还是考核方式，均属行业领先。为达到这一“严苛”的标准，项目团队从规划设计、施工到运营阶段都经过反复科学论证，最终在试运行阶段实现了 100% 达标、主要指标平均出水水质达到地表Ⅱ类标准以上的“超净”净化效果。

（2）运维重难点与改进方向

常德尾水湿地有两大运维重难点。一是厂 - 湿联动的精细化运行。如何既能充分利用人工湿地净化效果，降低前序污水净化设施的运行成本投入，又能保证在实时动态监测下的准Ⅲ类严格达标。这也是当前运营单位在运行调控中的重点改进方向。二是开放式场地的综合管理。项目占地规模较大，出水水质要求严格，且场地采取开放公园式管理，对场地内安全、动植物养护及基础公共设施维护有较大需求（如图 6-34 所示）。例如，开放水域的安全管理、表流湿地泥沙上浮、藻类水绵控制等均对运营团队提出较高的技术要求。

图 6-34　垂直潜流湿地植物维护

（3）生态低碳效益初步显现

当前，表流湿地中已形成稳定的清水型沉水植物群落生态系统，在很大程度上提升了水体感观和透明度，丰富多样的生境也吸引不同动物驻足（如图 6-35 所示），使常德尾水湿地成为常德市郊重要的生态廊道。项目对湿地植物残体采用创新的生物质能源利用方式，使尾水湿地运行理论上可成为“负碳”过程，为实现污水处理碳中和提供了实践探索。

图 6-35　表流湿地一角

6.4　江苏盱眙县第二污水处理厂尾水湿地

6.4.1　项目概况

为保护盱眙维桥河及下游洪泽湖水质，改扩建盱眙县第二污水处理厂，并建设配套人工湿地水质净化工程（以下称盱眙二污尾水湿地）。湿地位于盱眙县经济开发区盱眙县第二污水处理厂东南方、维桥河北岸，工程总占地面积为 279 694.79 m^2，东西跨度 740 m，南北约 420 m，其中潜流湿地占地面积 66 360 m^2。建设内容主要包括生态调节塘、垂直潜流湿地、苇沟湿地、生态塘、雨水调蓄塘、出水泵房，以及配套公用工程、景观工程等。

盱眙二污尾水湿地概况如表 6-20 所示。

表 6-20　盱眙二污尾水湿地概况

项目信息	项目情况	备注
建设年份	2019 年 3—8 月	
建设地点	盱眙县经济开发区盱眙县第二污水处理厂东南方、维桥河北岸	占地约 419.54 亩

项目信息	项目情况	备注
污水类型	盱眙县第二污水处理厂尾水	
设计水量	4 万 m^3/d	一期 2 万 m^3/d，二期 2 万 m^3/d
设计进水水质	污水排放一级 A 标准（除 COD_{Cr} 和 TP 外）	$COD_{Cr} \leqslant 40$ mg/L，TP $\leqslant 0.4$ mg/L
设计出水水质	地表水准Ⅳ类标准	$COD_{Cr} \leqslant 30$ mg/L，TP $\leqslant 0.3$ mg/L
负责单位	北控水务（中国）投资有限公司	

6.4.2　设计水量水质

盱眙县第二污水处理厂进水中工业废水比重大，可生化性差、水量及水质波动变化大，为保障处理稳定性，污水处理厂采用臭氧接触氧化等深度处理工艺。湿地一期设计处理规模 2 万 m^3/d，进水水质标准为《城镇污水处理厂污染物排放标准》（GB 18918—2002）一级 A 标准（除 COD_{Cr} 和 TP 外），设计出水水质主要指标达到《地表水环境质量标准》（GB 3838—2002）Ⅳ类（河流）标准，具体指标如表 6-21 所示。

表 6-21　设计进出水主要水质指标

单位：mg/L

类型	COD_{Cr}	BOD_5	NH_3–N	TP	TN	SS
进水	40	10	5	0.4	15	10
出水	30	6	1.5	0.3	—	—

6.4.3　工艺流程

盱眙二污尾水湿地工艺流程如图 6-36 所示。

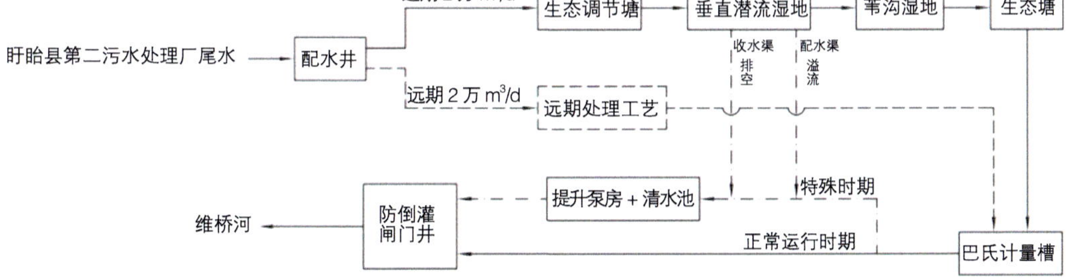

图 6-36　盱眙二污尾水湿地工艺流程图

6.4.4 工程设计与实施

6.4.4.1 湿地总平面及高程布置

人工湿地水质净化工程建设场地位于盱眙县第二污水处理厂东南方，污水处理厂尾水沿管道流至配水井，配水井将污水调配至生态调节塘，经过预处理流向垂直潜流湿地，通过集水管收集流至苇沟湿地及后端生态塘，最后通过巴氏计量槽外排至维桥河。

项目航拍图、水力高程图如图 6-37、图 6-38 所示。

图 6-37 项目航拍图

6.4.4.2 生态调节塘

本项目处理对象为盱眙县第二污水处理厂尾水，污水处理厂原水组成中大部分为工业废水，水质与水量变化较大。因此，在湿地前端设置生态调节塘（如图 6-39 所示），具备缓冲与调质的功能，同时在进水异常时具备应急池的功能。当来水水质 SS 等指标严重超标时，可在生态调节塘前配水井投加调质药剂，通过水力混合后进入生态调节塘，降低对潜流湿地的冲击。

生态调节塘设计水力停留时间为 6.0 h，设计有效面积（水域面积）为 3 570 m^2。采用复合土工膜进行防渗，土工膜上敷设 0.6 m 种植土，便于水生植物的种植。塘体采用自然边坡（如图 6-40 所示），坡比 1 ：3，水深 1.6 m。生态调节塘边坡浅水区种植景观性挺水植物，如鸢尾、美人蕉等植物；深水区种植少量沉水植物和浮叶植物，如金鱼藻、狐尾藻、睡莲、芡实等。

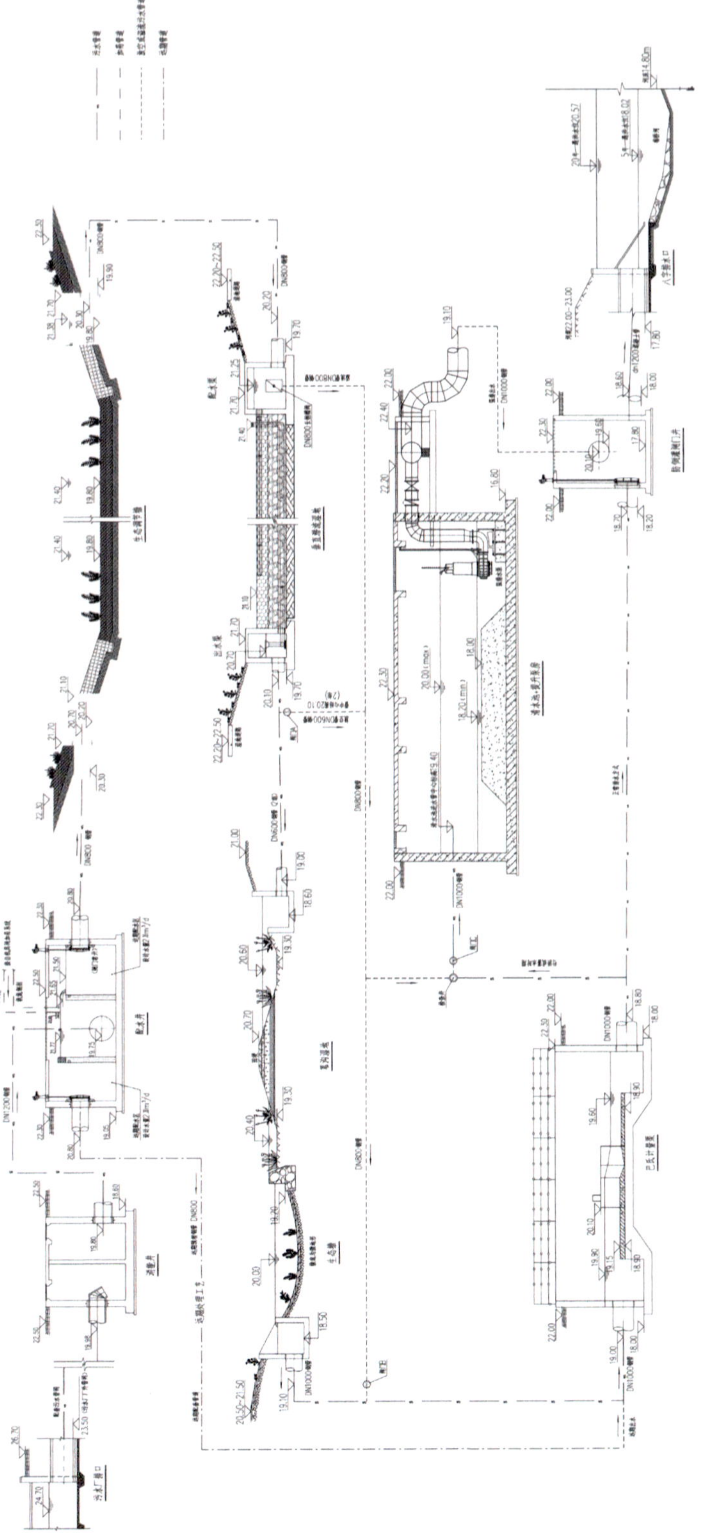

图 6-38　水力高程图

图 6-39　生态调节塘

图 6-40　生态调节塘自然岸坡

6.4.4.3　垂直潜流湿地

潜流湿地是本工程的核心单元，为污染物净化的主要区域，采用复氧能力强、对 NH_3-N 去除效果好的下行式垂直潜流湿地。

潜流湿地总占地面积为 66 360 m^2，有效面积（植物种植面积）为 60 000 m^2，设计水力负荷为 0.33 m^3/（m^2·d）；湿地床层深 1.4 m，填料平均孔隙率约 40%，水力停留时间约 1.56 d。潜流湿地种植的水生植物以净化能力强、根系发达的芦苇、香蒲为主，以景观效果较好的再力花、美人蕉为辅。

潜流湿地共划分为并联运行的 4 个区，每个分区划分为 12 个单元格，单元格面积为 1 250 m^2，单元格间通过主配水渠配水，每个单元格内采用穿孔管道系统进行集配水。考虑到配水管暴露在空气中、需具有一定的耐腐蚀能力，集水管位于填料下、需具有一定的抗压能力，集配水管都采用 PE 管，压力为 1.0 MPa。

潜流湿地的湿地床按 1.4 m 设计，共分为 3 层，由上到下依次为种植层、过渡层和承托层，填料选择因地制宜，上层填料中碎石与沸石按体积比 2 ∶ 1 进行混合，中层填料中碎石与陶粒按体积比 1 ∶ 3 进行混合，承托层选用来源广泛的碎石。

垂直潜流湿地单元鸟瞰如图 6-41 所示。

图 6-41　垂直潜流湿地单元鸟瞰

6.4.4.4　苇沟湿地

苇沟湿地是一种改良型的表流湿地，与传统的表流湿地相比具有较高的污染负荷。通过人工构建多孔的芦苇种植埂带，将湿地区分成众多迂回形的配水沟渠和集水沟渠，并通过调节堰控制配水沟渠内的水位，使配水沟渠与集水沟渠形成一定的水位高差，在压力差的作用下使配水沟渠中的水穿透埂带孔隙，在根际微生物及填料的作用下使污染物降解。

苇沟湿地的有效水域面积约为 18 688 m^2，种植埂带总长度约 1145 m，埂顶宽 3.0 m，埂边坡坡度为 1 ∶ 2.5；埂底部为 600 mm 湿地台梗层，上部采用土壤、陶粒和方解石交替布置的方式。苇沟湿地配水沟渠设计水深 1.3 m，集水沟渠设计水深 1.1 m，液位差 0.2 m。苇沟湿地边坡区域种植芦苇，沟渠内种植沉水植物并放养底栖动物。

苇沟湿地实景航拍图如图 6-42 所示。

图 6-42　苇沟湿地实景航拍图

6.4.4.5　生态塘

本项目通过在表流湿地（苇沟湿地）和生态塘内建筑稳定的水生态系统，进一步净化和稳定潜流湿地出水水质，同时对维桥河水生态系统的恢复起到种质库构建的作用。生态塘水域面积约为 11 838 m^2，通过水下构建微地形以适应不同类型水生动植物的生长需求，生态塘最深处水深小于 2.0 m，平均水深按 1.5 m 计，水力停留时间约 0.88 d。生态塘采用自然边坡，水下坡比为 1 ∶ 3，水上坡比为 1 ∶ 3 ～ 1 ∶ 5，边坡区域种植景观性挺水植物，水面区域种植沉水植物并放养少量的鱼类和底栖动物，构建稳定的水生态系统。

生态塘实景图如图 6-43 所示。

图 6-43　生态塘实景图

6.4.5　运行水量水质

6.4.5.1　运行水量

对 2022 年 1 月—2023 年 10 月期间共 212 天的逐日湿地进水水量数据进行分析，平均进水量为 17 257.73 m^3/d，约为一期设计处理水量的 86.29%；进水量超过设计值的天数占比约为 24.22%；春季、夏季处理水量波动性较大。具体分析数据如表 6-22 所示。

表 6-22　2022—2023 年盱眙二污尾水湿地运行水量数据

参数	数值
最大进水量 / (m^3/d)	26 962
最小进水量 / (m^3/d)	2 287
平均进水量 / (m^3/d)	17 257.73
标准偏差 / (m^3/d)	3 983.11
相对标准偏差 /%	23

6.4.5.2　水质总体分析

对 2020 年 6 月—2023 年 10 月共 1 248 天的逐日湿地进出水水质数据进行分析，结果如表 6-23 所示。

表 6-23　2020—2023 年盱眙二污尾水湿地运行水质数据

指标	水质标准		进水		出水		平均去除率
	进水	出水	均值	变化范围	均值	变化范围	
COD/ (mg/L)	40	30	21.06	9.00 ~ 36.00	17.76	7.00 ~ 29.00	15.66%
NH_3-N/(mg/L)	5	1.5	0.42	0.05 ~ 4.60	0.22	0.01 ~ 1.41	47.80%
TN/ (mg/L)	15	—	8.51	1.45 ~ 14.20	6.1	1.83 ~ 12.60	28.41%
TP/ (mg/L)	0.4	0.3	0.13	0.02 ~ 0.35	0.05	0.01 ~ 0.20	61.48%

整体上，进水达到设计目标，出水水质提升 1 ～ 2 个等级，稳定达到准Ⅳ类设计目标，且均值达到准Ⅲ类水平。各项指标平均去除率如表 6-23 所示，其中 NH_3-N、TP 指标的平

均去除率较高。

6.4.5.3 季节性水质分析

将盱眙年度最冷三个月（12 月—次年 2 月）划定为当地冬季，并与其他季节（3—11 月）湿地进出水水质进行比较分析，结果如表 6-24 所示。

表 6-24 盱眙二污尾水湿地季节性水质统计表

指标	水质标准		季节	进水浓度		出水浓度		平均去除率
	进水	出水		均值	变化范围	均值	变化范围	
COD_{Cr}/（mg/L）	40	30	冬季	20.83	11.0 ~ 29.0	17.16	9.0 ~ 28.0	17.60%
			其他	21.20	9.00 ~ 40.00	18.03	7.00 ~ 29.0	14.99%
BOD_5/（mg/L）	10	6	冬季	3.08	1.20 ~ 7.20	2.56	1.10 ~ 5.10	17.04%
			其他	2.99	1.20 ~ 7.80	2.57	1.00 ~ 6.00	14.10%
NH_3-N/（mg/L）	5	1.5	冬季	0.49	0.07 ~ 4.45	0.23	0.03 ~ 0.62	53.26%
			其他	0.40	0.05 ~ 16.00	0.22	0.01 ~ 1.41	45.46%
TN/（mg/L）	15	—	冬季	8.84	4.20 ~ 14.60	7.70	3.49 ~ 12.60	12.90%
			其他	8.46	1.45 ~ 30.40	5.68	1.83 ~ 24.20	32.93%
TP/（mg/L）	0.4	0.3	冬季	0.11	0.02 ~ 0.31	0.05	0.01 ~ 0.20	50.34%
			其他	0.14	0.02 ~ 0.60	0.05	0.01 ~ 0.18	63.17%
SS/（mg/L）	10	—	冬季	5.13	2.00 ~ 8.00	4.28	2.00 ~ 6.00	16.47%
			其他	5.06	2.00 ~ 8.00	4.36	2.00 ~ 6.00	13.90%

根据分析，盱眙二污尾水湿地的 COD_{Cr}、BOD_5、NH_3-N、TP 和 SS 指标在冬季和其他季节的出水浓度没有显著差异，其中 COD_{Cr}、BOD_5、NH_3-N 和 SS 指标的平均去除率在冬季均略高于其他季节。TN 出水浓度在冬季显著高于其他季节，冬季平均去除率（12.90%）低于其他季节（32.93%）。

从上述数据可以看出，盱眙二污尾水湿地在冬季仍能维持稳定运行，温度的下降对

TN 处理效果有明显影响，其他污染物的去除效果受季节影响不大。

6.4.6　案例特点总结与讨论

（1）典型工业废水深度净化湿地

盱眙县第二污水处理厂进水中工业废水比重大，可生化性差、水量及水质波动变化大，时有超出设计进水水质指标的情况。因此，尾水湿地工程充分预留了水质调节池、湿地超越管等运行保障设施。

在实际运行中，湿地前端污水处理厂曾发生进水冲击（六价铬含量过高），运维单位紧急采取湿地分流策略，同时对湿地前端单元采取投加硫酸亚铁的处理措施，避免了对人工湿地生态系统造成不可逆的破坏。

湿地正常运行时，湿地进水总体水质较好，但存在一定的波动性。经湿地处理后，出水水质可提高 1~2 个等级，出水可稳定达到准 IV 类目标，波动性大幅降低，平均值达到准 III 类。从季节变化上看，冬季湿地出水仍可稳定达标，除 TN 指标外，各项污染物的去除效果不受气温下降的影响。

盱眙湿地整体工艺段较多，多种形式的湿地单元串联运行，有利于稳定湿地的水质净化效果，同时更好应对水力负荷冲击，减缓潜流湿地填料的堵塞。

（2）动植物管理带来的挑战

湿地整体进水水质较好，湿地水力负荷低，潜流湿地堵塞周期应延长，可后期持续跟踪湿地堵塞情况。目前湿地运行面临的主要挑战是动植物的精细化管理。

①生态调节塘周围挺水植物茎叶上附着大量福寿螺卵，呈现轻度泛滥状态。建议加强对福寿螺的重视程度，加大湿地巡查力度，尽量控制、灭杀福寿螺成螺与螺卵。

②湿地芦苇与香蒲竞争优势过于突出：在潜流湿地，由于芦苇与香蒲的长势突出，将原设计品种的再力花、美人蕉、鸢尾的生长区域大部分侵占，按照目前生长趋势将会全部被香蒲或芦苇演替。此外，香蒲与芦苇植株高大，易出现倒伏，生物量大，收割量大，不利于日常养护管理。因此建议通过提前收割等方式，控制潜流湿地香蒲与芦苇的生长区域，并避免芦苇与香蒲之间互相串生。

第 7 章　河湖水净化湿地

7.1　北京大兴新凤河安南湿地

7.1.1　项目概况

新凤河属北运河流域，是北京市城市副中心通州的重要水源之一。为破解新凤河流域面源污染来源广泛、污染水体规模大、区域水资源匮乏导致河道生态需水量不足、水动力条件较差等难题，当地政府于 2017 年启动了大兴区新凤河流域水环境综合治理工程，针对面源污染较为突出的入河口，建设了新西凤渠湿地和安南支流湿地两处人工湿地以进行旁路净化，通过生态的净化方式，保障区域再生水循环利用及下游烧饼庄闸断面达标。本章以安南湿地为例进行介绍和分析。

安南湿地是新凤河入烧饼庄闸前的最后一个水质净化设施，位于安南支流入新凤河河口处，主要用于安南支流 6.5 km^2 流域面源污染的旁路净化处理，其中旱季主要为污水处理厂尾水（准Ⅳ类），雨季受雨水和溢流污染影响。出水排入新凤河干流。

新凤河安南湿地概况如表 7-1 所示。

表 7-1　新凤河安南湿地概况

项目信息	项目情况	备注
建设年份	2017—2020 年	
建设地点	北京市大兴区	
污水类型	微污染水体	
设计水量	2.23 万 m^3/d	
湿地面积	总占地面积约 37 万 m^2	潜流湿地面积约 9.35 万 m^2
设计进水水质	地表水准 V 类标准	
设计出水水质	非雨季地表水准Ⅳ类标准	
负责单位	北控水务（中国）投资有限公司、北京北控工业环境科技有限公司	

7.1.2　设计水量水质

安南湿地设计水量 2.23 万 m^3/d，设计进水水质标准执行《地表水环境质量标准》（GB 3838—2002）Ⅴ类标准，出水目标为非雨季湿地出水地表水准Ⅳ类、雨季湿地出水达到地表水Ⅴ类。设计进出水水质如表 7-2 所示。

表 7-2　安南湿地设计进出水水质表

单位：mg/L

类型	TP	NH_3-N	COD_{Cr}
进水	0.4	2	40
出水	0.3	1.5	30

7.1.3　工艺流程

安南湿地采用“前置塘 + 复合潜流湿地 + 表流湿地”的组合工艺。其中潜流湿地占地面积约 9.35 万 m^2，分为 43 个并联子单元，每个单元分为一级水平潜流、二级水平潜流、垂直潜流三级。工艺流程如图 7-1 所示。

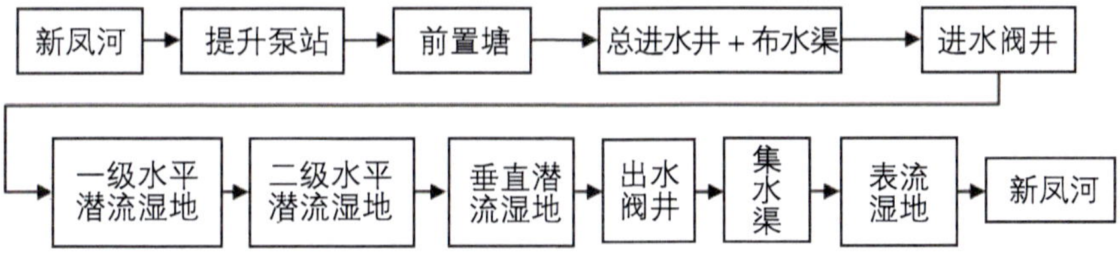

图 7-1　安南湿地工艺流程图

7.1.4　工程设计

7.1.4.1　平面布置

安南湿地位于新凤河右岸，临近新西凤渠入新凤河入口，总用地面积约为 37 万 m^2。湿地从新凤河河道取水，水经提升泵站流至前置塘，再经由总进水井、布水渠及进水阀井配水，分配至潜流湿地单元。表流湿地内的水流自北向南，出水排放至湿地南侧新凤河河道。

高程布置上，整体场地北高南低，潜流湿地单元内部由中间配水分别向南北阶梯收水。

潜流湿地单元与表流湿地设计水位相差 0.6 m。

安南湿地总体平面布置图、水力高程图如图 7-2、图 7-3 所示。

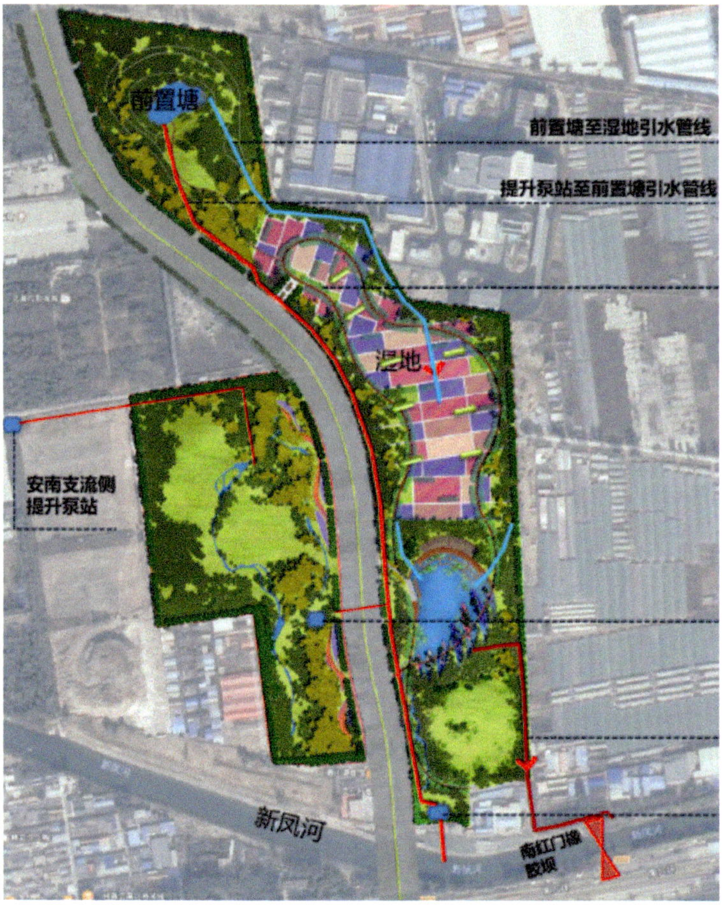

图 7-2　安南湿地总体平面布置图

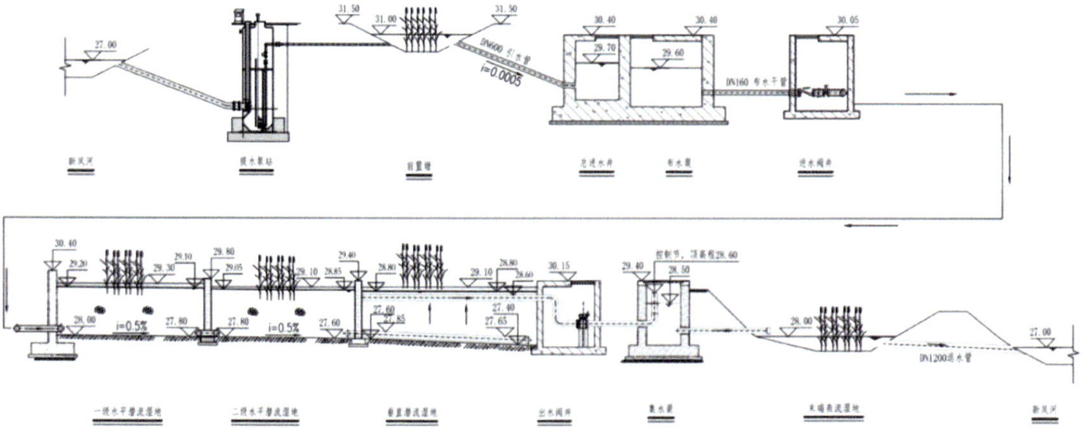

图 7-3　安南湿地水力高程图

7.1.4.2　前置塘设计

安南湿地在进水处布设前置塘。通过泵站抽取河水，河水进入前置塘。前置塘中种植沉水植物，并设置由铅丝石笼搭建的渗滤坝。

7.1.4.3　潜流湿地单元

（1）主要参数

安南湿地潜流湿地分为 5 个区、43 个子单元，并利用湿地内部道路、分水渠将各分区进行隔离。潜流湿地总用地面积约 9.35 万 m^2，有效湿地面积 8.32 万 m^2。湿地床体具体设计参数如表 7-3 所示。

表 7-3　安南湿地潜流湿地设计参数

项目	参数
填料孔隙率	0.34 ~ 0.40
水平潜流湿地平均水深 /m	1.3
垂直潜流湿地平均水深 /m	1.5
水力停留时间 /d	1.8
水力负荷 /[m^3/（m^2 · d）]	0.24

（2）单元设计

潜流湿地单元结合现场地形和景观布置要求进行布置，每个子单元分成 3 个串联的部分，即一级水平潜流单元、二级水平潜流单元及垂直潜流单元。单元墙体采用钢筋混凝土结构。

水平潜流湿地单元内填料分为进水区、粗过滤区、精过滤区、出水区 4 个区域。其中进水区宽 3 m，湿地填料以粒径 16 ～ 32 mm 的石灰石为主，保证湿地配水均匀的同时提升除磷效果。粗过滤区填料以 8 ～ 16 mm 级配碎石和火山岩为主。粗过滤区之后为精过滤区，精过滤区填料选用 4 ～ 8 mm 级配碎石与沸石的混合填料。精过滤区后为湿地出水区，出水区宽 3 m，湿地填料以粒径 16 ～ 32 mm 级配碎石为主，保证湿地的出水均匀。同时，为促进湿地植物的生长和冬季保暖，在水平潜流湿地表层上覆盖 10 cm 厚的碳草层。

垂直潜流湿地采用上行流设计，填料基质自上而下分为 6 层，第一层填料为 10 cm

厚的碳草覆盖层，第二层填料为粒径 4 ～ 8 mm 级配碎石，第三层填料为粒径 8 ～ 16 mm 沸石，第四层填料为粒径 8 ～ 16 mm 火山岩，第五层填料为粒径 8 ～ 16 mm 石灰石，第六层填料为粒径 16 ～ 32 mm 级配碎石。

潜流湿地单元内的植物以本地物种为主，选择净化能力强、适应范围广、可快速成活成片生长、根系发达的物种，主要选择的物种为芦苇、水葱、灯芯草、香蒲、鸢尾、花菖蒲、黄菖蒲、茭草、泽泻、千屈菜等。植物种植时不同物种间隔种植，满足景观效果要求，共种植挺水植物 78 011 m^2。

湿地防渗系统包含三层，临近填料底部为粗砂保护层，保护层平均厚度为 0.5 m，有效防止防水毯被填料刺穿。在防水毯与粗砂保护层之间设置无纺布层，无纺布规格为 300 g/m^2。无纺布底部设置防渗层，防渗层选用钠基膨润土防水毯，规格为 4 500 g/m^2。

（3）布水、排水系统

安南湿地采用布水渠及进水阀井配水、出水阀井及集水渠排水。布水渠净宽 1m，加盖板，采取暗渠的方式进行布水，利用阀门井控制进入各湿地单元的水量，共建设进水阀门井 46 个；湿地末端设置集水渠，并利用阀门井控制湿地出水，共设置出水阀门井 45 个。

潜流湿地单元实景图如图 7-4 所示。

图 7-4　潜流湿地单元实景图

7.1.4.4　表流湿地单元

潜流湿地后端设计表流湿地单元，面积约为 1.4 万 m^2。表流湿地单元以景观生态功能为主，通过生态岛等的地形设计，同时搭配丰富的水生植物（如荷花、睡莲、荇菜等），形成自然蜿蜒的湿地景观。在大尺度上，利用植物与水系形成山水环境，把生态功能湿地、文化景观元素、田园郊野风貌、湿地水系景观进行有机融合，形成由北向南山林环绕、水系流动的空间格局。表流湿地单元实景图如图 7-5 所示，表流湿地实景鸟瞰图如图 7-6 所示。

图 7-5　表流湿地单元实景图

图 7-6　表流湿地实景鸟瞰图

7.1.4.5　建筑垃圾循环利用

项目原址为瀛海镇南宫村工业大院。在拆除腾退和棕地改造建设中，以资源循环和文化记忆为导向，园区透水健步道基层、垫层及面层全部以破碎和筛分后的建筑垃圾为材料，另有建筑垃圾再生的路缘石 4 400 m，共计消纳建筑垃圾 3 690 m^3。园区广场铺设以拆除腾退产生的旧红砖为主要材料，共回用旧红砖 39.6 万块。

7.1.5 运行水质情况

7.1.5.1 总体进出水水质

对 2021 年 1 月 5 日—2022 年 3 月 30 日（共计 96 条数据）安南湿地总体进出水水质数据进行分析，结果如表 7-4 所示。

表 7-4 安南湿地总体进出水水质统计表

指标	水质标准		进水浓度		出水浓度		平均去除率
	进水	出水	均值	变化范围	均值	变化范围	
COD_{Cr}/（mg/L）	40	30	22.31	4.52 ~ 46.65	15.90	ND ~ 29.13	28.71%
NH_3-N/（mg/L）	2	1.5	1.33	ND ~ 4.44	0.52	0.06 ~ 2.24	61.12%
TP/（mg/L）	0.4	0.3	0.25	0.08 ~ 0.61	0.17	0.04 ~ 0.33	30.79%

监测数据表明，进水 COD_{Cr}、NH_3-N、TP 在Ⅳ类至劣Ⅴ类之间；经人工湿地处理后，上述指标出水浓度基本达到准Ⅳ类标准；COD_{Cr}、NH_3-N、TP 经人工湿地处理后，平均去除率分别为 28.71%、61.12% 和 30.79%。

安南湿地主要指标（COD_{Cr}、NH_3-N、TP）的浓度可由进水的地表水准Ⅳ类净化至出水的地表水准Ⅲ类～准Ⅱ类，大致提升了 1 ～ 2 个地表水等级。湿地总体实现了控制削减面源污染、保障新凤河干流水质稳定等目标。

7.1.5.2 季节性水质分析

将北京市年度最冷 3 个月（12 月—次年 2 月）划定为当地冬季，并与其他季节（3—11 月）湿地进出水水质进行比较分析，结果如表 7-5 所示。

表 7-5 安南湿地季节性进出水水质统计表

指标	水质标准		季节	进水浓度		出水浓度		平均去除率
	进水	出水		均值	变化范围	均值	变化范围	
COD_{Cr}/（mg/L）	40	30	冬季	18.71	10.53 ~ 28.59	14.01	9.03 ~ 25.58	25.13%
			其他	23.81	4.52 ~ 46.65	16.7	ND ~ 29.13	29.89%
NH_3-N/（mg/L）	2	1.5	冬季	1.34	0.12 ~ 3.12	0.47	0.06 ~ 1.80	65.01%
			其他	1.33	0 ~ 4.44	0.54	0.06 ~ 2.24	59.47%

指标	水质标准		季节	进水浓度		出水浓度		平均去除率
	进水	出水		均值	变化范围	均值	变化范围	
TP/（mg/L）	0.4	0.3	冬季	0.22	0.08 ~ 0.40	0.16	0.07 ~ 0.29	25.20%
			其他	0.27	0.08 ~ 0.61	0.18	0.04 ~ 0.33	32.72%

从表 7-5 中可以看出，安南湿地 COD_{Cr} 和 TP 在冬季的平均去除率略低于其他季节，但 NH_3-N 在冬季的平均去除率则略高于其他季节，总体上不同季节去除率差异不大。

7.1.6　案例特点总结与讨论

（1）冬季低温上冻条件下，湿地依然稳定运行

北京地区冬季寒冷干燥，月平均气温在 0℃以下。在北京最冷的 1 月，平均气温仅−3℃，最低达到−8℃，进入潜流湿地单元的水温也降至 2℃，湿地单元表面水体结冰。在这样的挑战下，各项考核指标在冬季依然稳定达标，且去除率差异不大。运营单位对人工湿地集配水管道、潜流湿地单元等开展了多种保温方式和运行参数的试验研究，并最终保障冰冻期湿地的平稳运行。

（2）景观生态并重，湿地科普寓教于乐

项目在保障水质净化功能的同时，十分重视人工湿地实施后总体的景观效果。通过前期规划与设计，规避了死板的潜流湿地造型，而是通过曲线形设计和植物种植形成大地艺术。结合表流湿地构建，形成了山林环绕、水系蜿蜒的自然景观。当前，安南湿地大型底栖动物恢复良好，鸟类种类和数量逐渐增多，水生态系统生物多样性明显提高。

在湿地中，设置了多种形式的环保科普宣传栏和互动设施，为来访游客规划了参观苗圃、体验自然、举办活动、栽培植物和交换旧物的特定场所。占地 5 000 m^2 的湿地趣味体验区以及新风河智慧水务管理平台展示系统，使游客直观地学习和了解新风河治理和生态学相关知识。

2023 年 5 月，安南湿地环保科普教育基地正式挂牌“大兴区科普基地”。

7.2　河北张家口黑土洼湿地

7.2.1　项目概况

黑土洼湿地工程是由北京市水利局与德国勃兰登堡州政府合作，建设的“官厅水库

流域水生态综合治理示范工程”的一个主要单项工程。工程位于河北省张家口市怀来县官厅水库旁，充分利用黑土洼沟的有利地形，运用人工湿地技术来最大限度地处理永定河直接进入官厅水库的受污染水体、削减入库污染物总量。其处理目标为控制和净化永定河入官厅水库污染水体中 11% ～ 14% 的污染物，使入库水质提高 1 ～ 2 个等级，为恢复官厅水库饮用水水源地创造条件。

黑土洼湿地工程（以下简称黑土洼湿地）主要包括永定河引水工程、黑土洼稳定塘、人工湿地引水工程、泵站、人工湿地、管理设施等。工程于 2003 年 9 月开工建设，2004 年 6 月底水工建筑物完成，人工湿地系统工程一期于 2004 年 7 月完成主体投入试运行。二期表流湿地于 2007 年 6 月投入运行。

黑土洼湿地概况如 7-6 所示。

表 7-6 黑土洼湿地概况

项目信息	项目情况
建设年份	2003 年 9 月
建设地点	河北省张家口市怀来县
污水类型	微污染水体
设计水量	稳定塘 24 万 m^3/d，人工湿地 2.9 万 m^3/d
设计进水水质	Ⅴ类
设计出水水质	Ⅲ类或Ⅳ类
负责单位	北京市水务规划研究院、 北京市水科学技术研究院

7.2.2 设计水量水质

黑土洼湿地的进水标准为地表水Ⅴ类［《地表水环境质量标准》（GB 3838—2002）］，处理目标为使入库水质提高 1 ～ 2 个等级，所以出水标准至少为Ⅳ类［《地表水环境质量标准》（GB 3838—2002）］。设计进出水水质如表 7-7 所示。

表 7-7 黑土洼湿地设计进出水水质表

类型	TP/（mg/L）	NH_3-N/（mg/L）	高锰酸盐指数 /（mg/L）
进水	0.4	2	15
出水	0.3	1.5	10

7.2.3　工艺流程

黑土洼湿地工艺流程如下（如图 7-7 所示）：永定河来水（4.0 m^3/s）通过溢流坝壅高后通过引水渠进入稳定塘，经稳定塘处理后，一部分水（0.2 ～ 0.6 m^3/s，平均 0.34 m^3/s）经泵站提升进入人工湿地，剩余水直接溢流进入官厅水库。人工湿地分为潜流湿地及表流湿地，并联运行。潜流湿地分为 4 个并联运行分区，每个分区的具体工艺略有不同，最典型的是挺水植物塘—一级植物碎石床—水生生物塘—二级植物碎石床的串联工艺。

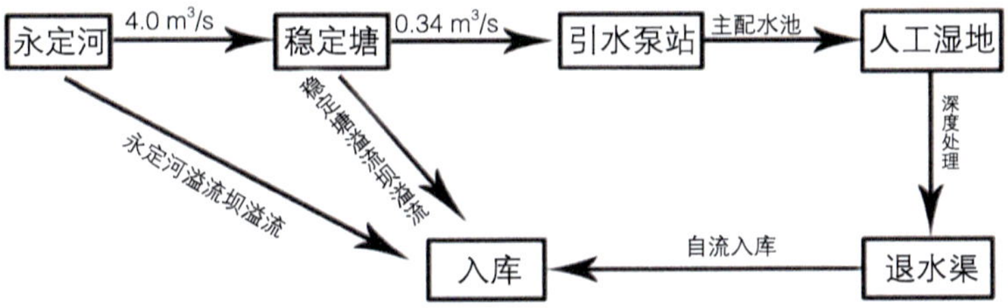

图 7-7　黑土洼湿地水处理流程图

黑土洼湿地设计参数如表 7-8 所示。

表 7-8　黑土洼湿地设计参数表

项目		稳定塘	人工湿地
设计参数	处理水量 /（万 m^3/d）	24	2.94
	水力负荷 /[m^3/（m^2·d）]	0.28	0.17
	有机物负荷 /[kgBOD_5/（万 m^2·d）]	16.8	11.9
	水力停留时间 /d	7.6	5.3
尺寸参数	面积 /10 万 m^2	84	16.6
	容积 /10 万 m^3	264	—
	平均水深 /m	3.1	0.9

7.2.4 工程设计

7.2.4.1 平面布置

黑土洼湿地主要包括永定河引水工程、黑土洼稳定塘、人工湿地引水工程、泵站、人工湿地管理设施等。黑土洼湿地平面布置图如图 7-8 所示。

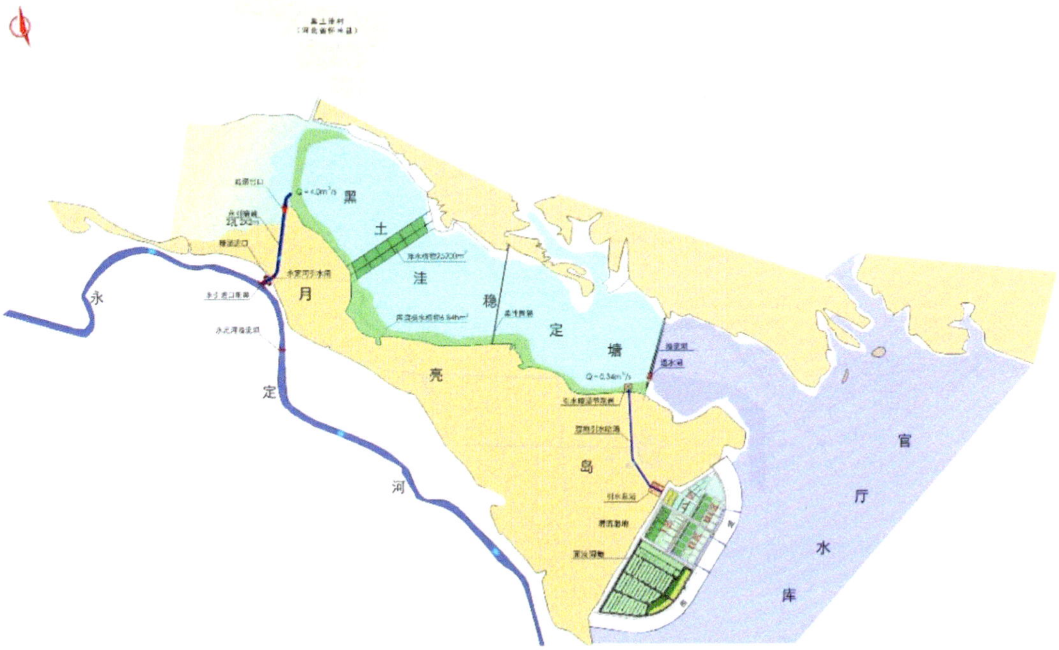

图 7-8 黑土洼湿地平面布置图

7.2.4.2 稳定塘设计

利用溢流坝围成稳定塘，沉淀和初步净化永定河来水。当蓄水达到 476 m 高程时，水面面积为 84 万 m^2，库容为 264 万 m^3，塘内最大水深约 6.2 m。

该系统包括库滨带、沉砂区、浮水植物带等。示范工程建设 2.52 hm^2 水面的浮水植物带和 6.84 hm^2 的库滨挺水植物带，其余部分由自然繁殖发展，另由柔性隔膜把稳定塘分为两区以利于均匀布水。

7.2.4.3 人工湿地设计

（1）总体布置

人工湿地分为两期，共 16.6 万 m^2，设计处理水量为 2.94 万 m^3/d。

一期工程为复合潜流湿地，占地面积约 7.3 万 m^2，分为 Ⅰ 区 ~ Ⅳ 区 4 个区（如图 7-9

所示）。各湿地单元并联（Ⅳ区单元也可串联）运行，由管道（Ⅳ区）或两排布水暗渠（其他区域）统一布水。湿地单元处理后的尾水由退水明渠集水并经埋于围堤底部的暗管外排进入堤外水塘，再由一纵向明渠排水入库。

二期工程为表流湿地（亦称面流湿地），占地面积约 9 300m^2，分为 5 个并联分区，采用不同的流态和植物种类设计，5 个并联分区出水汇入浮水植物塘，再经植物砾石床过滤后，排入官厅水库。

图 7-9　人工湿地布置图

（2）中方试验区（Ⅰ区）人工湿地

Ⅰ区、Ⅱ区、Ⅲ区为中方试验区，工艺流程相近，现以Ⅰ区为例说明复合潜流人工湿地设计内容。

1）工艺流程

Ⅰ区共设 6 个并联子分区，各分区的工艺流程基本相同。水流由布水暗渠依次进入挺水植物塘、一级植物碎石床、水生生物塘、二级植物碎石床、砂滤池，最后排入退水管（如图 7-10 所示）。

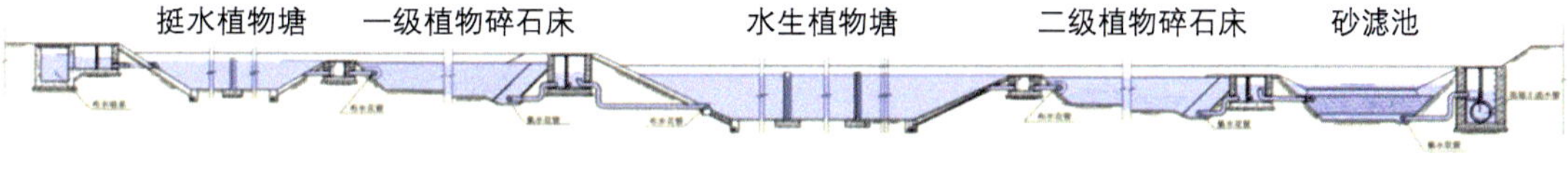

图 7-10　中方试验区（Ⅰ区）人工湿地典型单元纵剖面图

2）单元布置

分区内湿地单元的典型工艺尺寸（长 × 宽 × 深）如下。

挺水植物塘：30 m × 15 m × 1.3 m。

一级植物碎石床：30 m × 30 m ×（1.2 ～ 1.5 m），底坡 1%。

水生生物塘：30 m × 30 m × 2.0 m。

二级植物碎石床：30 m × 30 m ×（1.2 ～ 1.5 m），底坡 1%。

砂滤池：30 m × 8 m × 1.2 m。

试验区 6 个单元中的 2 个单元为上述尺寸，另 4 个单元宽度为 15 m，其他尺寸同上。

中方试验区人工湿地鸟瞰图如图 7-11 所示。

图 7-11　中方试验区人工湿地鸟瞰图

3）单元设计

湿地床隔堤为土堤，堤坡以碎石护坡，下部铺设无纺布。挺水植物塘和水生生物塘底部不设无纺布，碎石床周边及底部用无纺布铺衬。第一单元、第二单元底部及边壁铺衬土工膜，起防渗作用。碎石床填料为 20 ～ 40 mm 为主的碎石料，砂滤池填料为 1.2 ～ 5 mm 的石屑，湿地单元退水进入 DN800 的混凝土退水管。湿地单元布水管道和集水管道均为 DN200 的 PVC 管。

挺水植物塘栽种芦苇等挺水高等植物；一级植物碎石床以芦苇、香蒲为主；水生生物塘种植水葫芦、大薸、水芹菜等浮水植物；二级植物碎石床以香蒲、芦苇等水生植物为主；砂滤池种植芦苇或香蒲。

4）布水系统

人工湿地布水暗渠净宽 1.2 m、高 1.5 m，为钢筋混凝土结构，上加盖预制盖板，地面高程 477.6 m，布水暗渠与主配水井相连。布水暗渠与各湿地进水主管相连，进水主管通过穿孔布水至单元起始端；单元末端设收水穿孔花管，与下一单元的进水主管相连。

（3）德方试验区（Ⅳ区）人工湿地设计

德方人工湿地设计为两个模块，即砂滤模块、湿地模块。

人工湿地主配水井分水进入德方试验区砂滤池。砂滤池采取中心分流式，由装有不同粒径砾石的石笼组合而成。砂滤池底部铺设无纺布，排水通过砂滤池两边埋设的排水管（DN300）排出。

湿地系统可串联或并联运行。水流经砂滤池过滤后并联进入湿地单元配水井，再直接进入湿地单元或经曝气井曝气进入湿地单元。典型湿地单元长 44 m、宽 24 m、深 1.7 m、有效深度 1.2 m，边坡 1 ∶ 1.5，湿地底部坡度为 0.2%。湿地床布水花管和集水花管采用 DN300 的 PVC 管，分别埋于湿地床首末端。湿地填料采用 20 ～ 40 mm 的砾料，底部铺 250 g/cm^2 土工布。湿地单元植物为芦苇和香蒲。

湿地运行中通过曝气井安装曝气设备进行间歇曝气。曝气井长 2 m、宽 2 m、深 5 m。

（4）二期表流湿地设计

二期工程建设表流湿地，与一期复合潜流湿地并联运行。表流湿地占地 9.3 万 m^2，分为 5 个并行处理区。其中Ⅰ～Ⅳ区采用类型为氧化沟的 S 形导流形式，Ⅴ区采用矩形串联单元格。各区内部均交替布置挺水植物、浮水植物等。来水经 5 个分区净化后，汇入南端的浮水植物塘，再经植物砾石床过滤，出水进入官厅水库。表流湿地平面布置如图 7-12 所示。

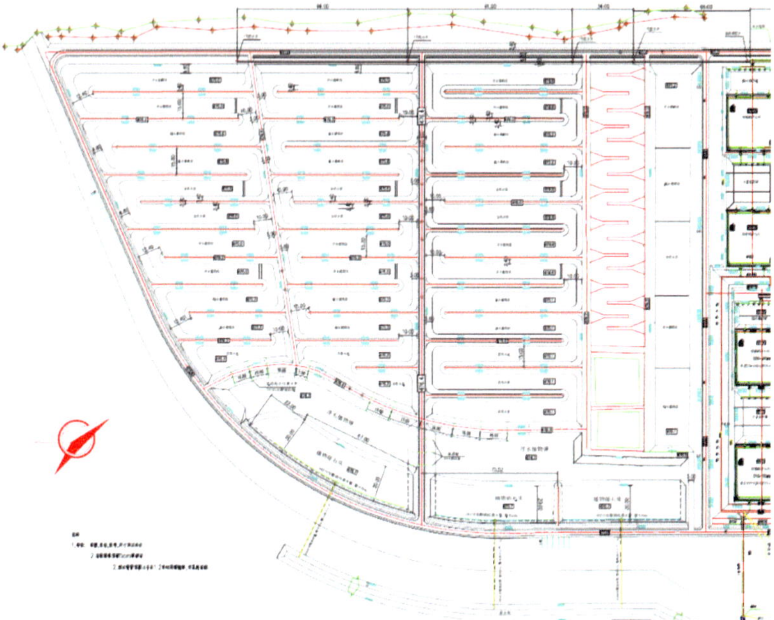

图 7-12　二期表流湿地平面图

7.2.5 运行水量水质

7.2.5.1 运行水量分析

根据永定河来水流量估计，实际进水约 8 800 万 m^3/a，平均进水量 24.11 万 m^3/d。

7.2.5.2 系统进出水水质

对 2008—2015 年及 2017 年的逐月数据进行分析，湿地总进水监测点为稳定塘进水口（永引口），出水监测点为人工湿地出水口（退水塘）。

由表 7-9 可知，经黑土洼湿地处理后，TP 由进水的地表水Ⅴ类提升至地表水Ⅲ类，提升了 2 个地表水等级；NH_3-N 实际进水为地表水Ⅳ类，经湿地处理后，出水 NH_3-N 达到地表水Ⅲ类标准，提升了 1 个地表水等级；高锰酸盐指数实际进出水均达地表水Ⅲ类标准。综合上述分析，黑土洼湿地实现了使入库水质提高 1 ～ 2 个等级的设计目标。

表 7-9 湿地系统进出水水质统计

水质指标	水质标准		进水		出水		平均去除率
	进水	出水	平均	范围	平均	范围	
TN/（mg/L）	2	1.5	8.19	0.25 ~ 23.40	3.97	0.11 ~ 14.20	48%
TP/（mg/L）	0.4	0.3	0.32	0.07 ~ 1.39	0.18	0.04 ~ 0.56	47%
NH_3-N/(mg/L）	2	1.5	1.5	0.01 ~ 17.35	0.6	0.00 ~ 11.4	58%
高锰酸盐指数 /（mg/L）	15	10	5.27	2.1 ~ 12.1	4.06	1.75 ~ 7.76	24%

TN 的平均去除率为 48%，TP 的平均去除率为 47%，NH_3-N 的平均去除率为 58%，高锰酸盐指数的平均去除率为 24%。对一个低污染水净化系统而言，系统的净化效率是较高的。

7.2.5.3 各单元水质分析

（1）稳定塘

稳定塘出水的 TN、TP 和 NH_3-N 浓度平均值低于进水浓度平均值，出水浓度降低率较高，可认为达到了去除效果；出水的高锰酸盐指数平均值高于进水，仅有 41.58% 的概率检测到水质出水低于进水（即出水浓度降低率为 41.58%），稳定塘对高锰酸盐指数的去除效果不佳，平均去除率为−4.94%（如表 7-10 所示）。

表 7-10　稳定塘系统进出水水质数据统计

水质指标	进水	出水	出水浓度降低率	平均去除率
	平均值	平均值		
TN/（mg/L）	8.19	5.94	79.21%	27.47%
TP/（mg/L）	0.32	0.19	93.07%	41.26%
NH_3–N/（mg/L）	1.5	0.99	61.39%	34.16%
高锰酸盐指数 /（mg/L）	5.27	5.53	41.58%	−4.94%

（2）人工湿地

人工湿地出水的 TN、NH_3-N 和高锰酸盐指数浓度平均值有明显降低，且出水浓度降低率较高；平均去除率分别为 29.86%、32.93%、24.28%。TP 的进水和出水浓度平均值接近，有 56.76% 的概率检测到水质出水低于进水，平均去除率仅为 1.98%，因此判断该人工湿地对低浓度 TP 的去除效果不佳（如表 7-11 所示）。

表 7-11　人工湿地进出水水质数据统计

水质指标	进水	出水	出水浓度降低率	平均去除率
	平均值	平均值		
TN/（mg/L）	5.67	3.97	96.40%	29.86%
TP/（mg/L）	0.18	0.18	56.76%	1.98%
NH_3–N/（mg/L）	0.89	0.60	76.58%	32.93%
高锰酸盐指数 /（mg/L）	5.36	4.06	88.29%	24.28%

7.2.5.4　季节性水质变化

将河北省张家口市怀来县年度最冷 3 个月（12 月—次年 2 月）划定为冷季，6—8 月划定为暖季。黑土洼湿地冷暖季各水质指标浓度去除率的中位数如表 7-12 所示。

表 7-12　冷暖季浓度去除率中位数的对比

单元	季节	TN	TP	NH_3-N	高锰酸盐指数
人工湿地	冷季	15%	38%	36%	25%
	暖季	56%	−7%	51%	20%
稳定塘	冷季	17%	40%	42%	−16%
	暖季	19%	33%	0.5%	−0.7%

由表 7-12 可知，人工湿地 TN 浓度去除率季节性明显，冷季低、暖季高，稳定塘总氮浓度去除率季节性不明显；人工湿地和稳定塘的 NH_3-N 浓度去除率的季节性变化呈相反趋势，人工湿地冷季较暖季去除率低，而稳定塘相反；人工湿地和稳定塘的总磷浓度去除率季节性明显，均呈冷季较高、暖季较低的规律；人工湿地高锰酸盐指数浓度去除率季节性变化不明显。

7.2.5.5　长时间序列水质变化

图 7-13 和图 7-14 表现了稳定塘和人工湿地的进水浓度、出水浓度和浓度去除率的年际变化。从图中可见，NH_3-N、高锰酸盐指数的进水浓度呈逐年递减趋势，说明永定河上游的水污染治理起到明显效果。同时，在运行十年间，稳定塘和人工湿地单元的去除率虽然存在年内波动，但总体维持在稳定水平，没有出现明显的去除效率降低的现象。

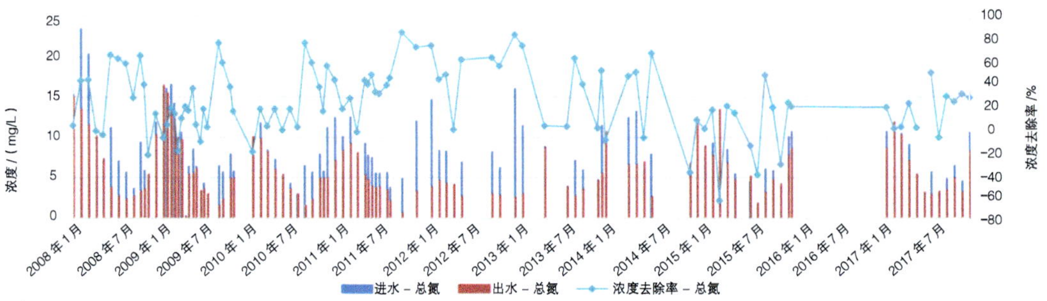

（a）TN

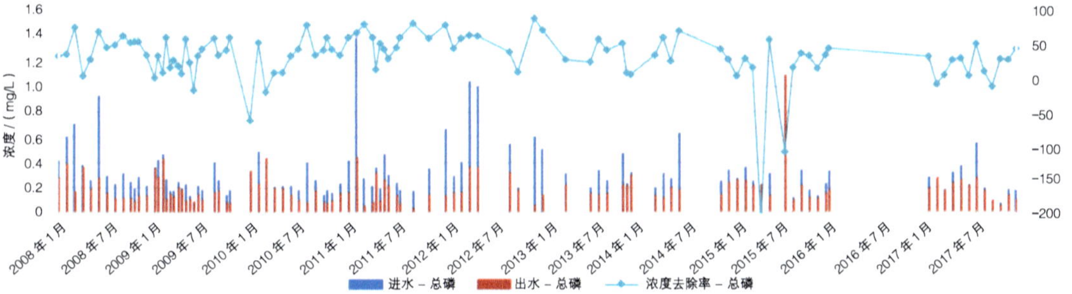

（b）TP

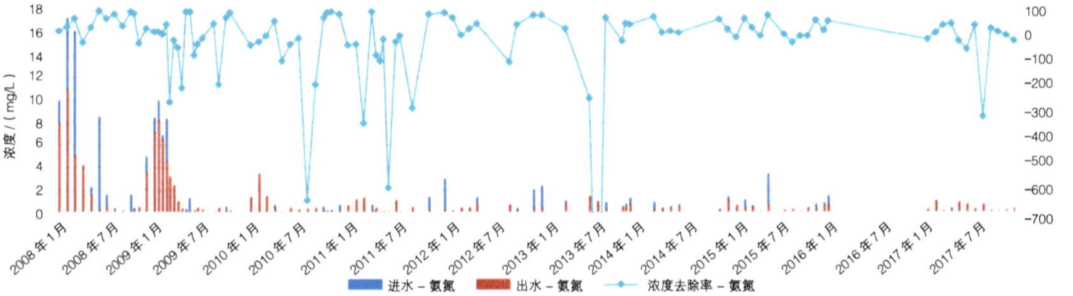

（c）NH_3-N

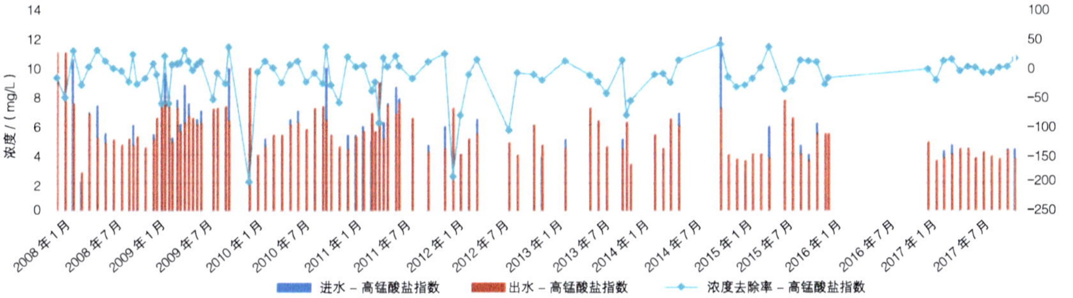

（d）高锰酸盐指数

图 7-13　稳定塘进水、出水浓度及浓度去除率

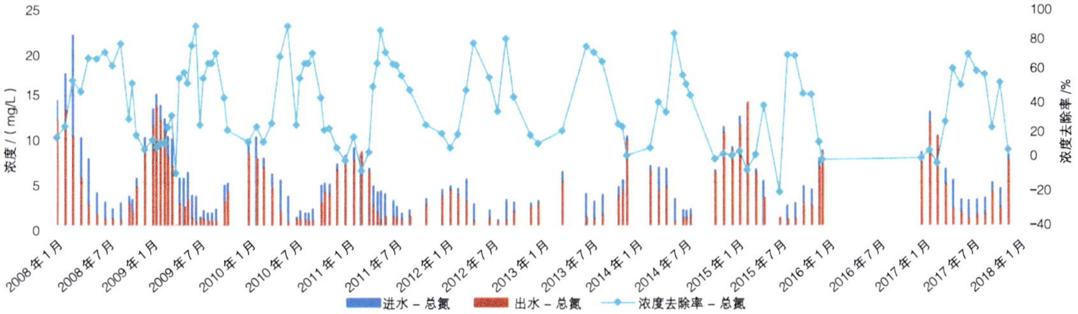

（a）TN

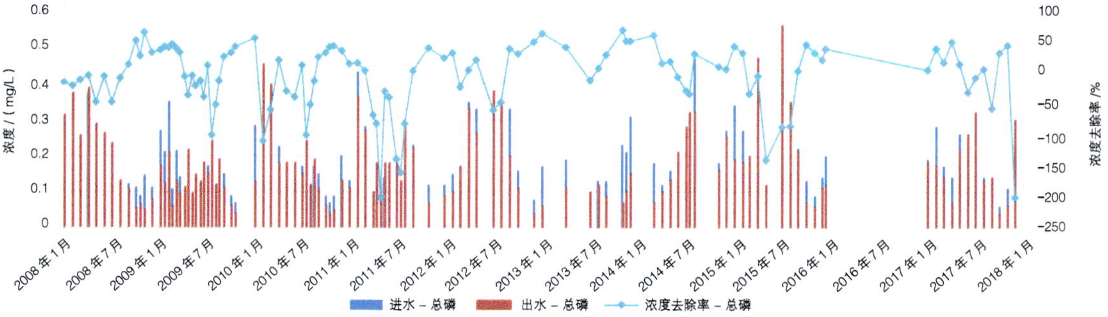

（b）TP

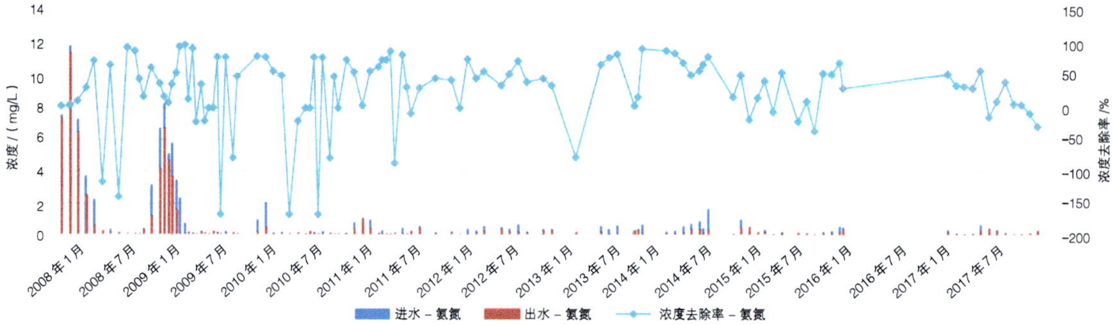

（c）NH_3-N

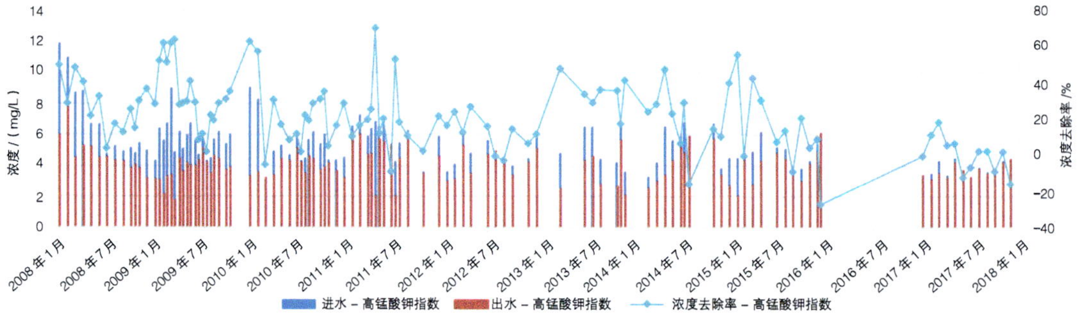

（d）高锰酸盐指数

图 7-14　人工湿地进水、出水浓度及浓度去除率

7.2.6　养护运行情况

黑土洼湿地由北京市官厅水库管理处[①]负责运行管理。

工程维护养护工作包含：水工建筑物维修养护，水环境保洁，林草、绿地、乔灌木、水生植物养护，机电设备维修养护，湿地水质监测，日常巡视检查。

① 指 2017 年时的管理权属。

7.2.7 案例特点分析

（1）该项目对北方地区河湖水人工湿地设计具参考借鉴价值

黑土洼湿地作为国内首批建设的大型人工湿地之一，在规划设计、建设工法、长效运维各方面的科学性均很强，成功验证了人工湿地在中国北方作为水环境治理措施的功效和可行性。项目采用中德合作方式，建设了多种不同的湿地工艺组合以进行平行验证，对河湖水人工湿地设计具有很高的参考借鉴价值。

（2）寒冷地区地表水净化，负荷选取较保守

黑土洼湿地的稳定塘设计处理规模 24 万 m^3/d，占地面积为 84 万 m^2。黑土洼湿地的稳定塘设计的水力负荷为 0.28 $m^3/(m^2·d)$，水力停留时间为 7.6 d，与《污水自然处理工程技术规程》（CJJ/T 54—2017）的建议值相比，水力停留时间较长 [黑土洼湿地地处严寒地区（Ⅰ区），人工湿地主要设计参数基于Ⅰ区进行参考]。

黑土洼湿地的人工湿地设计处理规模 2.9 万 m^3/d，占地面积 16.6 万 m^2，设计水力负荷为 0.17 $m^3/(m^2·d)$，低于《人工湿地水质净化技术指南》（环办水体函〔2021〕173 号）中的建议范围 [水平潜流湿地的表面水力负荷 0.2~0.5 $m^3/(m^2·d)$，垂直潜流湿地的表面水力负荷 0.3 ～ 0.8 $m^3/(m^2·d)$]。

总体上，作为国内首批大型的人工湿地项目之一，该项目采用了偏保守的处理负荷，并实现了十余年的稳定运行。

（3）水质改善效果显著，具较高生态效益

在 2008—2015 年及 2017 年，永定河来水存在劣Ⅴ类情况，经黑土洼湿地稳定塘初级处理后，污染物 TP 去除率为 41.26%、TN 去除率为 27.47%、NH_3-N 去除率为 34.16%；再经人工湿地深度处理后，潜流湿地出水可达到准Ⅲ类非湖库地表水标准（除 TN 外，如表 7-13 所示）。

表 7-13 黑土洼湿地水质处理效果

类型	COD_{Mn}		TP		TN		氨氮	
	浓度 /（mg/L）	去除率 /%	浓度 /（mg/L）	去除率 /%	浓度 /（mg/L）	去除率 /%	浓度 /（mg/L）	去除率
永定河引水水质	5.27		0.32		8.19		1.5	
黑土洼稳定塘出水	5.53	−4.94	0.19	41.26	5.94	27.47	0.99	34.16

类型	COD_{Mn}		TP		TN		氨氮	
	浓度 /（mg/L）	去除率 /%	浓度 /（mg/L）	去除率 /%	浓度 /（mg/L）	去除率 /%	浓度 /（mg/L）	去除率
潜流湿地出水	4.06	24.28	0.18	1.98	3.97	29.86	0.60	32.93
水质标准	Ⅲ		Ⅲ		—		Ⅲ	

黑土洼湿地系统示范工程的实施显著改善了官厅水库水质，缓解了北京市水资源紧缺状况，在中国乃至全世界范围内起到示范作用。

7.3 山西晋城丹河湿地

7.3.1 项目概况

丹河是山西省晋城市较大的河流之一。其干流、支流沿岸分布大量工矿企业，且以化工企业居多。由于污水处理设施建设标准相对滞后，河流污染严重，尤其是 NH_3-N 严重超标。2005 年 7 个省控监测断面中 5 个断面为劣Ⅴ类水质，中下游鱼虾减少，龙门旅游景区游人锐减。同时，丹河出境水质不达标影响了下游河南省饮用水水源地青天河水库水质。基于丹河水环境质量的紧迫要求，当地政府于 2008—2012 年在北石店河、丹河两河交汇处建设人工湿地处理工程（以下称晋城丹河湿地），将河水净化至地表水准Ⅳ类水平。

晋城丹河湿地项目概况如表 7-14 所示，区位如图 7-15 所示。

表 7-14　晋城丹河湿地项目概况

项目信息	项目情况	备注
建设年份	2008—2012 年	分三期建成
建设地点	北石店河、丹河交汇处	
污水类型	河水	受到生活污水、化工废水污染
设计水量	8 万 m^3/d	实际处理 6.5 万 ~ 8 万 m^3/d
设计进水水质	劣Ⅴ类	NH_3-N 最高 30 mg/L
设计出水水质	准Ⅳ类	TP 不高于 0.1 mg/L
负责单位	武汉中科水生生态环境股份有限公司	

图 7-15　晋城丹河湿地区位

7.3.2　设计水量水质

工程设计处理水量 8 万 m^3/d，设计进出水水质如表 7-15 所示。

表 7-15　晋城丹河湿地设计出水水质表

单位：mg/L

类型	COD_{Cr}	BOD_5	NH_3-N	TP	SS
进水	90	40	30	1.5	100
旁路处理出水	50	19	10	0.8	40
原位处理出水	30	6	1.5	0.1	10

7.3.3　工艺流程

人工湿地工程采用旁路处理的方式，主要处理流程为表流湿地—垂直潜流湿地。同时在丹河河道内实施原位净化工程，采取三级渗滤坝 - 水体人工强化自净工艺，本节重点介绍旁路处理部分。工程分三期完成，工艺参数如表 7-16 所示。

表 7-16　晋城丹河湿地工艺参数表

项目	垂直潜流湿地（一期）	垂直潜流湿地（二期）	表流湿地
占地面积 /hm^2	7	14	13.7
处理水量 /（万 m^3/d）	2.5 ~ 3.0	4.0 ~ 5.0	3.0 ~ 5.0
处理对象	丹河来水	北石店河来水	北石店河来水
预处理单元	丹河沉淀池	表流湿地	北石店河沉淀池
水力负荷 /[m^3/(m^2·d)]	0.36 ~ 0.43	0.29 ~ 0.36	0.22 ~ 0.36
水力停留时间 /d	2 ~ 2.5	2 ~ 2.5	5.5 ~ 6.9

完整工艺流程图如图 7-16 所示。

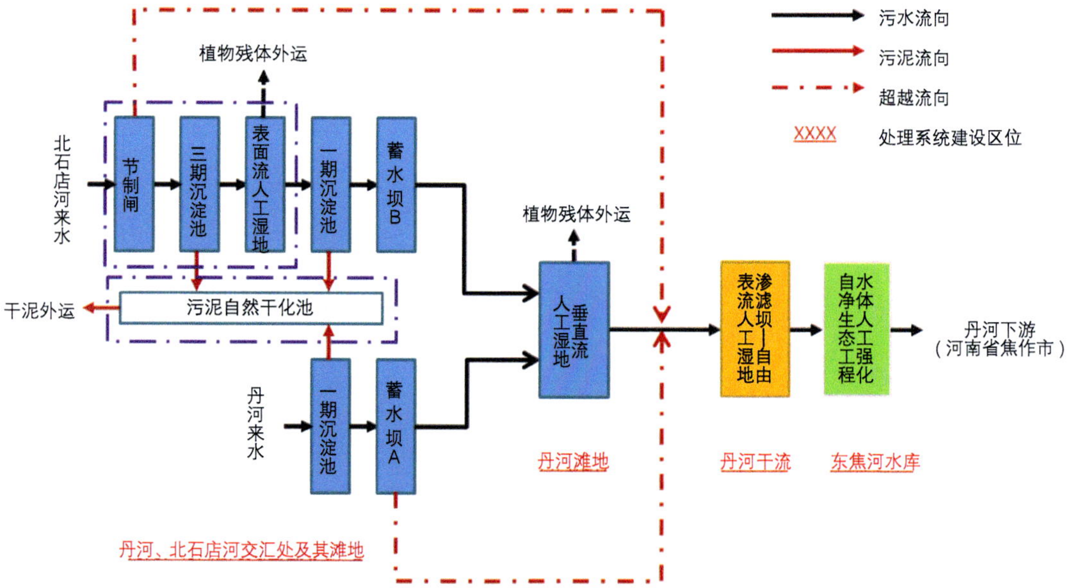

图 7-16　晋城丹河湿地工艺流程图

7.3.4　工程设计

7.3.4.1　平面布置

晋城丹河湿地平面布置图如图 7-17 所示。

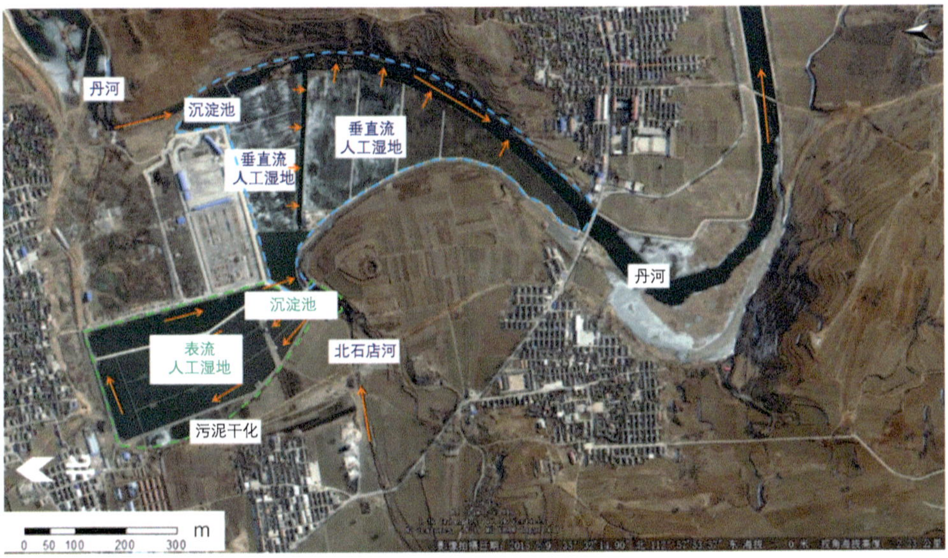

图 7-17　晋城丹河湿地平面布置图

7.3.4.2　预处理工艺

针对河水悬浮物较多的特点，设置预处理沉淀池（如图 7-18 所示）。其中，丹河沉淀池为原位建设，在丹河河道中建设蓄水坝，坝长 42.0 m，形成坝前沉淀区，并设翻板闸（$B \times H$=8 m × 3.3 m）4 座。北石店河沉淀池为旁路沉淀池，河水经蓄水坝（12.0 m）壅高后，通过引水渠自流进入沉淀池。进水流量通过闸门控制。项目还设置了污泥干化设施，用于干化处置沉淀池积泥。

图 7-18　丹河沉淀池（左）及北石店河沉淀池（右）

7.3.4.3 表流湿地

北石店河来水经沉淀池预处理后进入表流湿地（如图 7-19 所示），面积 13.7 万 m^2，设计水深 3 m，设计水力停留时间为 5.6 ~ 6.9 d。表流湿地共分为 5 格，前 3 格并联，与后 2 格串联。表流人工湿地内部种植黑藻、狐尾藻、马来眼子菜及黄丝草等沉水植物，并少量布置浮动湿地。本单元水深较大，严格来说应属于稳定塘工艺范畴。

图 7-19　晋城丹河湿地表流湿地

7.3.4.4 垂直潜流湿地

晋城湿地垂直潜流湿地（如图 7-20 所示）面积约 21 万 m^2，采用下行垂直流工艺，设计表面水力负荷为 0.38 $m^3/(m^2 \cdot d)$。仅设单级处理，分成多个并联单元，单元面积超过 1 000 m^2，设计水深 1.5 m。

填料采用普通碎石，自上而下分为 5 层，每层 0.3 m，填料粒径逐渐增大。湿地植物以芦苇为主，兼有香蒲、鸢尾、花叶芦竹、水葱等。

图 7-20　晋城丹河湿地垂直潜流湿地

（上图为冬季植物收割后；下图为植物生长期）

7.3.4.5　下游河道原位净化

在垂直潜流湿地出水汇入丹河的下游设置自净生态工程，包括渗滤坝 3 座、东焦河水库人工强化自净生态工程（水生植物、人工水草、水生动物放养等）。下游河道总长约 21 km。下游河道渗滤坝及河道表流湿地如图 7-21 所示。

图 7-21　下游河道渗滤坝及河道表流湿地

7.3.4.6　附属设施

晋城丹河湿地厂区西北侧入口处设三层管理用房，内设化验室、会议室、多媒体室。管理用房屋顶兼做瞭望台。

管理用房前构建微型人工湿地（如图 7-22 所示），用于展示人工湿地净化原理、美化管理区域景观。

图 7-22　管理用房前微型人工湿地

7.3.5 运行水量水质

7.3.5.1 进水水量

晋城丹河湿地运行期间实际处理水量为 6.5 万 ~ 8 万 m^3/d。

7.3.5.2 总体进出水水质

2014 年 6 月—2015 年 6 月，乔晓荣等[43]对晋城丹河湿地旁路处理部分的水质进行了 6 次抽查监测，水质数据整理如表 7-17 所示（一期垂直潜流湿地、二期垂直潜流湿地出水水质相近，表中仅列出一期垂直潜流湿地出水水质）。

表 7-17 晋城丹河湿地运行实测水质表[43]

单位：mg/L

指标	水质标准		进水－丹河		进水－北石店河		出水（一期）	
	进水	出水	平均值	范围	平均值	范围	平均值	范围
COD_{Cr}	90	50	49.8	26 ~ 132	46	13 ~ 121	39.5	19.7 ~ 113.8
NH_3-N	30	10	8.1	0.9 ~ 17.8	5.8	1.9 ~ 9.5	6.1	0.8 ~ 15.4
TN	—	—	14.9	10.1 ~ 24.1	9.9	7.6 ~ 14.7	9.5	2.9 ~ 22.4
TP	1.5	0.8	0.15	0.03 ~ 0.21	0.57	0.21 ~ 1.31	0.13	0.07 ~ 0.22
BOD_5	40	19	9.7	6.6 ~ 14	5.8	5.6 ~ 9.8	3.5	1.94 ~ 5.18
SS	100	40	33.2	9 ~ 60	39.5	19 ~ 57	7.2	2 ~ 17

从表 7-17 中可以看到，监测期内，进入晋城丹河湿地的河水水质各项指标在进水水质较好时相当于地表水准Ⅲ类水平，较差时污染严重，达到黑臭水体的污染程度，进水水质平均值处于劣Ⅴ类水平。经晋城丹河湿地旁路处理后，各项指标实现显著下降，平均值达到设计目标。

7.3.5.3 各单元水质

（1）预处理沉淀池

表 7-18 列出上述 6 次监测中丹河沉淀池、北石店河沉淀池的进水水质及去除率范围。两个沉淀池的去除率均存在波动，从平均去除率来看，除 NH_3-N、TN 以外，北石店河沉淀池（旁路沉淀）的去除效果显著高于丹河沉淀池（河道内部沉淀）。从指标上分

析，预处理沉淀池对 SS、TP 的去除能力较强，对 BOD、COD 也有一定去除效果，但对 NH_3-N 和 TN 的净化效果不佳，甚至有反作用。

表 7-18　晋城丹河湿地沉淀池水质表

单位：mg/L

指标	沉淀池进水水质范围		沉淀池去除率范围		平均去除率	
	丹河	北石店河	丹河	北石店河	丹河	北石店河
COD_{Cr}	26 ~ 132	13 ~ 121	−30% ~ 26%	−70% ~ 57%	6%	9%
NH_3–N	0.9 ~ 17.8	1.9 ~ 9.5	−57% ~ −1%	−55% ~ 36%	−6%	−10%
TN	10.1 ~ 24.1	7.6 ~ 14.7	−7% ~ 6%	−34% ~ 9%	−2%	−11%
TP	0.03 ~ 0.21	0.21 ~ 1.31	−36% ~ 55%	−12% ~ 56%	25%	27%
BOD_5	6.6 ~ 14	5.6 ~ 9.8	−25% ~ 0%	14% ~ 42%	−3%	31%
SS	9 ~ 60	19 ~ 57	−65% ~ 50%	−21% ~ 91%	22%	43%

经沉淀池处理后，出水 SS 基本保持在 40 mg/L 以下，降低了垂直潜流湿地堵塞的风险。

（2）表流湿地

工程中表流湿地作为北石店河来水的一级处理，出水进入二期垂直潜流湿地。在 2014 年 6 月—2015 年 6 月的抽样监测中，表流湿地对 SS、NH_3-N、TN、TP 表现为净去除，对 COD_{Cr} 和 BOD_5 则表现为净输出（如图 7-23 所示）。

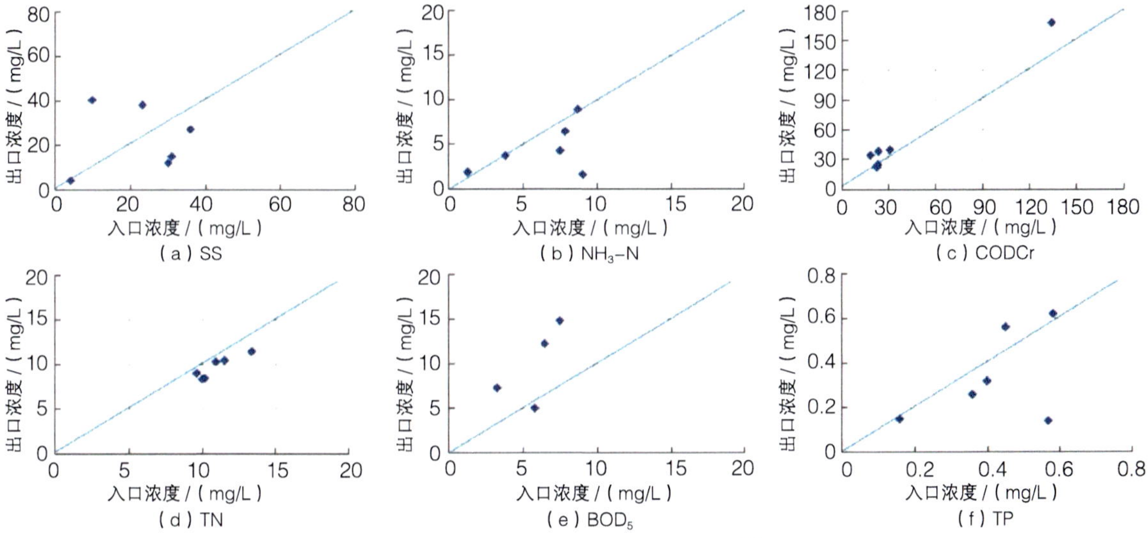

图 7-23　表流湿地进出水水质[43]

对2015年1—6月表流湿地NH_3-N去除率进行分析，发现去除率与水温呈正相关关系。进水水温为5℃时，表流湿地仅能去除10%的NH_3-N，而进水水温超过20℃时，去除率达到60%以上（如图7-24所示）。

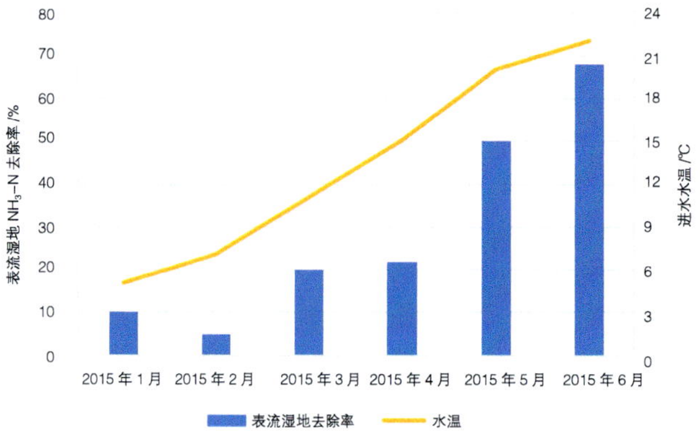

图7-24　表流湿地NH_3-N去除率变化

（3）垂直潜流湿地

根据2014年6月—2015年6月监测数据，一级垂直潜流湿地对SS、COD_{Cr}、BOD_5、NH_3-N、TN的去除效果相对稳定，平均去除率分别为72%、16%、64%、29%和38%，而TP的去除率在部分月份出现负值，平均去除率为−20%。

2015年对二期垂直潜流湿地的监测发现，该湿地对NH_3-N的单元去除率高于一期垂直潜流湿地，尤其是水温低于15℃时，去除率仍达到45%～70%（如图7-25所示），而一期垂直潜流湿地在同一时段的去除率为25%～45%。推测这种区别的原因可能是二期垂直潜流湿地处理的是表流湿地出水，虽然表流湿地冬季去除率不高，但达到了增加溶解氧的效果，有助于后续垂直潜流湿地内的硝化作用。

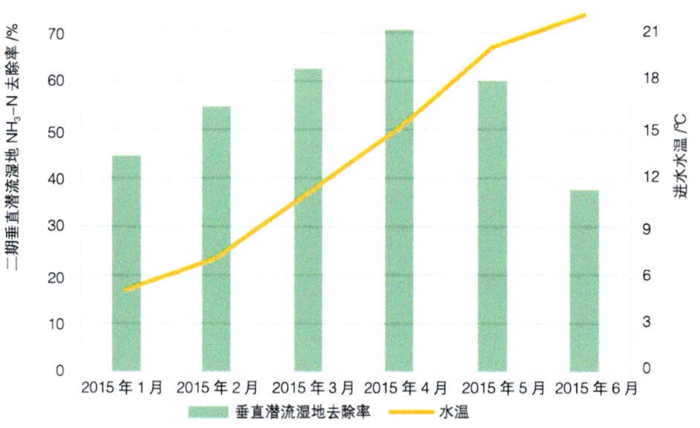

图7-25　二期垂直潜流湿地NH_3-N去除率变化

2015 年 5 月、6 月，进水温度升高后，二期垂直潜流湿地去除率反而下降（如图 7-26 所示），这可能是由于表流湿地出水浓度已经在较低水平，接近垂直潜流湿地背景值，因此去除率下降。

分析表流湿地、二期垂直潜流湿地的组合工艺的 NH_3-N 去除率，并与水温变化趋势进行对比，发现随着水温升高，总去除率逐渐增加，并达到一个稳定值（约 80%）。

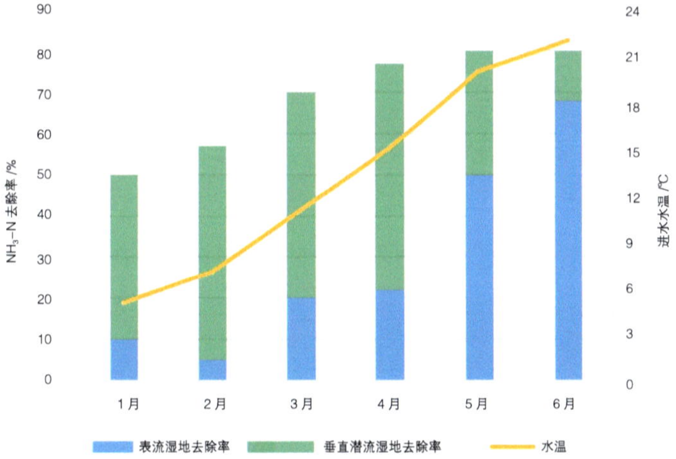

图 7-26　表流湿地及二期垂直潜流湿地 NH_3-N 去除率变化

（4）下游河道原位净化

垂直潜流湿地出水汇入丹河后，通过河道及下游水库的原位净化功能，进一步削减污染负荷。根据 2013 年 8 月监测结果，下游约 21 km 长的河道及河道型水库对 COD_{Cr}、BOD_5、NH_3-N、TP、TN 的去除率分别为 46%、51%、94%、42% 和 44%。经过河道原位净化后，丹河水质达到了最终断面考核目标（地表水准Ⅳ类）（表 7-19）。

表 7-19　晋城丹河水质表

单位：mg/L，除 pH 值外

监测点序号	控制类别	pH 值	SS	COD_{Cr}	BOD_5	NH_3-N	TP	TN
1	北石店河进湿地入水口	7.96 ~ 8.23	—	12.3	3.3	5.8	0.52	12.6
2	丹河进湿地入水口	7.79 ~ 8.13	—	36.3	12.0	13.0	0.16	17.7
3	渗滤坝 A 上游	7.88 ~ 8.23	—	24.1	7.6	3.2	0.19	10.3
4	东焦河水库库尾进水	8.06 ~ 8.48	—	16.4	4.9	0.2	0.12	8.3

单位：mg/L，除 pH 值外

监测点序号	控制类别	pH 值	SS	COD_{Cr}	BOD_5	NH_3-N	TP	TN
5	东焦河水库大坝出水	8.07 ~ 8.57	—	13.0	3.7	0.2	0.11	5.8
标准值	地表水准Ⅳ类	6 ~ 9	—	30	6	1.5	0.3	1.5

7.3.6　案例特点总结

（1）主要指标净化效果显著

从去除率和出水水质上看，本项目在 2014—2015 年的采样监测中基本实现了设计净化目标，对河流水环境保护起到了重要作用。其中，TP 主要在预处理沉淀池中被去除，NH_3-N、TN、BOD_5 主要在垂直潜流湿地中被去除，SS 在各单元中均有显著去除。表流湿地对 NH_3-N 的去除率不稳定，但从数据推断，前置表流湿地有助于后续垂直潜流湿地内的硝化作用。经晋城丹河湿地处理并经下游河道自净后，河流水质达到了水功能区划要求，其中 NH_3-N 的总去除率达 90% 以上。

（2）如何应对高悬浮物是项目成功的重难点

晋城丹河湿地是本书介绍的湿地项目中唯一以常规水处理沉淀池作为预处理工程的，这是由于其处理来水悬浮物浓度较高，污染程度较重。沉淀池的正常运转良好地保障了人工湿地的长效运行。

根据晋城市生态环境局 2019 年公开预算，丹河人工湿地管理处 2019 年预算总计 1 951 万元，包括丹河湿地和巴公河湿地管理、大型修缮等，其中用于丹河湿地的费用预算为 1 069 万元，包括管理人员工资、植物收割、沉淀池清理、污泥处理、垂直流碎石换填等。从费用构成看，沉淀池清理及污泥清理外运（360 万元，占比为 33.7%）是最大的支出项目。

（3）代表性和示范效应较强

晋城丹河湿地在建成时是国内北方最大的潜流湿地，且其处理的河水污染严重、悬浮物高浓度，下游河水要求达到准Ⅳ类，因此该项目是一个难点较突出的项目。运行十余年来，该湿地起到了显著的净化作用，从感官指标到化学指标均基本达到了预期目标。结合总体流域污染防治，对丹河出境断面达标保障起到了重要的作用。建成以来，晋城丹河湿地获得多个国家级、省级示范工程奖项，同时也成为当地居民的休闲踏青去处。

由于晋城丹河湿地运行效果较好，2015 年，晋城市环保局在丹河上游支流巴公河新建了巴公河人工湿地，工艺路线与丹河湿地相似。

（4）运维创新手段的应用

在运行中，湿地管理处自主设计、增设了专用维护装置，如用于表流湿地清淤的清淤平台、用于湿地植物收割的移动轨道等。每年秋季收割芦苇后，将秸秆在现场捆扎存放，再由附近造纸厂拉走作为造纸原料，实现了生物质资源化的目的（如图 7-27 所示）。

图 7-27　清淤平台（左）和芦苇秸秆堆垛（右）

7.4　浙江嘉兴石臼漾湿地

7.4.1　项目概况

浙江省嘉兴市地处我国南方平原河网地区，受上游客水输入和本地污染影响，呈现典型的江南水乡水质型缺水特征。为解决饮用水水源水质问题，嘉兴市率先建造了国内大型的城市饮用水水源生态型水质净化湿地系统之一——石臼漾生态湿地（以下称嘉兴石臼漾湿地），其地理坐标为北纬 30° 46′ 11.98″ ~ 30° 47′ 02.56″、东经 120° 41′ 50.64″ ~ 120° 42′ 41.20″。

湿地工程于 2007 年 4 月 1 日开工建设，历时 1 年多建成并于 2008 年 7 月 2 日投入试运行，工程部分直接投资约为 6 700 万元。该工程以新塍塘或北郊河或二者混合作为供水水源，充分运用水生态修复系统的思路，集水厂原水预处理和水景绿化于一体，示范工程还发挥着生态环保教育、改善区域环境、保护生物多样性等多重生态服务功能，其目的是将新塍塘或北郊河水源水经湿地净化处理后的水质改善 1 个等级以上，满足石臼漾水厂 25 万 m^3/d 的供水规模，保障水厂的供水安全。一期工程占地规模约 110 hm^2，每日提供净化原水 25 万 m^3，并贮存超过 60 万 m^3 的水厂备用水，应急缓冲时间为 3 ~ 4 d。

嘉兴石臼漾湿地已成为我国微污染水源水质改善及近自然修复的成功范例，于 2009 年 7 月 23 日被浙江省林业厅批准建设为嘉兴市石臼漾省级湿地公园，2011 年 12 月 14 日被住房和城乡建设部评为“中国人居环境范例奖”，2013 年 1 月 15 日获 2012 年联合国人居署“迪拜国际改善居住环境最佳范例奖”全球百佳范例称号。

嘉兴石臼漾湿地概况如表 7-20 所示。

表 7-20　嘉兴石臼漾湿地概况

项目信息	项目情况	备注
建设年份	2007—2008 年	
建设地点	嘉兴	
来水类型	新塍塘或北郊河为供水水源	水源保护湿地
设计水量	25 万 m^3/d	
设计水力停留时间	3 ~ 4 d	
设计进水水质	—	
设计出水水质	改善 1 个等级以上	
负责单位	中国科学院生态环境研究中心、嘉兴市水利水电勘察设计研究院	

7.4.2　设计水量水质

嘉兴石臼漾湿地设计处理总规模为 25 万 m^3/d。设计水质目标为水源经湿地净化处理后的水质改善 1 个等级以上。

7.4.3　工艺流程

嘉兴石臼漾湿地工艺流程如图 7-28 所示。

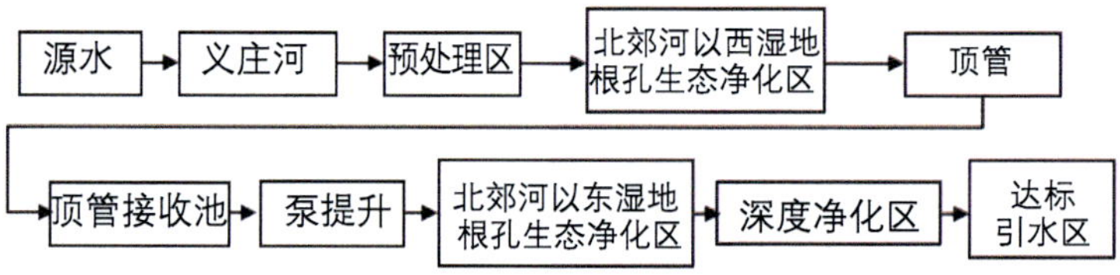

图 7-28　嘉兴石臼漾湿地工艺流程图

7.4.4　工程设计与实施

湿地功能区分为预处理区、水位提升和曝气充氧区、湿地根孔生态净化区（多区）、深度净化区以及达标引水区。嘉兴石臼漾湿地的预处理区位于湿地系统的最前端，主要去除水源水中密度较大的颗粒物，以降低水源水的浊度和色度，提高水体透明度，防止或减缓后续根孔生态净化区内植物床的堵塞。水位提升和曝气充氧区位于湿地系统的前 1/3 段过后，旨在通过梯级跌水增加水源水中的溶解氧（DO），为根孔区植物、微生物转化降解污染物提供有氧条件。湿地根孔生态净化区为整个湿地中最核心的部分，充当湿地水质净化的主力军，由多级单元和多区复合组成。当水以潜流形式通过根孔植物床时，部分污染物被拦截、吸附和过滤，微生物进行转化降解，植物吸收同化，固体颗粒被吸收、降解，其中植物床 - 沟壕系统边缘地带是氮素和有机物转化，重金属、多环芳烃药品和个人护理品等去除的热反应区。深度净化区位于湿地系统的最后端，发挥水质稳定和储水功能，并进一步降低水体的浊度，稳定水质，供自来水厂取水。

嘉兴石臼漾湿地平面布置和分区示意图如图 7-29 所示，实景图如图 7-30 所示。

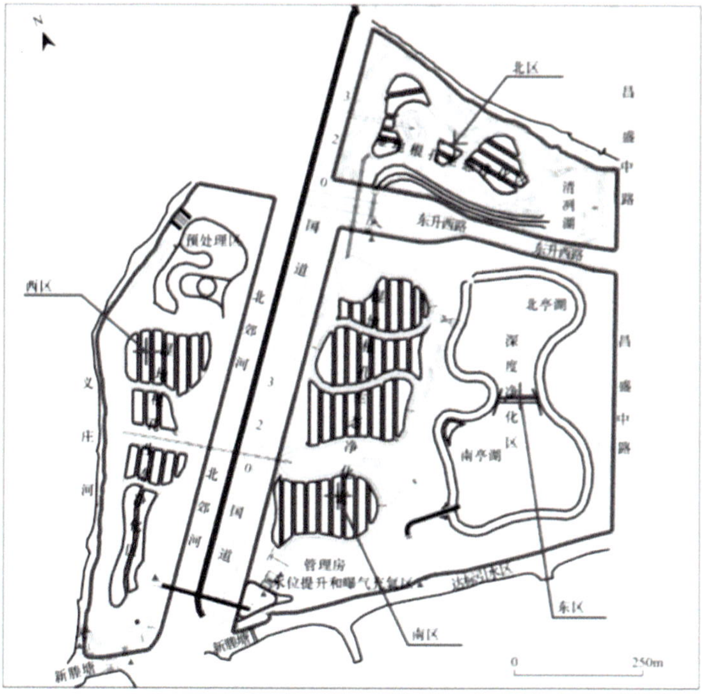

图 7-29　嘉兴石臼漾湿地平面布置和分区示意图[44]

图 7-30　嘉兴石臼漾湿地实景图

7.4.5　运行水量水质

7.4.5.1　运行水量分析

根据设计，嘉兴石臼漾湿地需每日提供净化原水 25 万 m^3，并贮存超过 60 万 m^3 的水厂备用水；2009 年、2010 年和 2011 年的制水量分别为 6 091 万 m^3、6 600 万 m^3、7 100 万 m^3，基本满足石臼漾水厂的生产需求，因此湿地的实际处理水量大约按照设计水量，即为 25 万 m^3/d。

7.4.5.2　总体水质情况

浙江省城市供水水质监测网嘉兴监测站和石臼漾水厂化验室在湿地运行的 3 100 d 内对湿地进口水、出口水质开展了周期性监测。数据结果显示：经过湿地净化，水源水的 DO、TP、NH_3-N、粪大肠菌群等主要指标改善了 1 个等级，夏、秋暖季净化效果优于冬、春冷季。从表 7-21 可以看出，主要污染物指标均有较显著的去除，DO 提升 40% 以上，浊度、NH_3-N 和总铁去除效果较好，去除率在 35% 以上。在河网原水水质波动性较大的情况下，嘉兴石臼漾湿地显示了长期稳定的可持续净化效果 [45]。

表 7-21 嘉兴石臼漾湿地水质净化效果表[45]

指标	第一阶段（2008 年 8 月 7 日—2009 年 9 月 20 日）			第二阶段（2009 年 9 月 21 日—2016 年 12 月 31 日）		
	进水均值	出水均值	提升率或去除率	进水均值	出水均值	提升率或去除率
浊度 /NTU	43.02	27.32	36.49%	31.04	19.90	35.88%
DO/（mg/L）	3.29	4.72	43.51%	3.64	5.95	63.46%
NH_3-N/（mg/L）	1.18	0.74	37.26%	1.29	0.82	36.35%
亚硝酸盐氮 /（mg/L）	0.15	0.14	6.67%	0.15	0.13	13.33%
COD_{Mn}/（mg/L）	5.95	5.53	7.06%	5.75	5.40	6.09%
总铁 /（mg/L）	1.35	0.82	39.26%	1.10	0.69	37.27%
总锰 /（mg/L）	0.28	0.21	24.20%	0.27	0.24	11.11%

7.4.5.3 各单元水质情况

根据陈庆华等[46]对 2009—2011 年水质数据的分析（如表 7-22 所示），发现各单元水质有以下特点：

（1）对 NH_3-N、TP 的去除以及 DO 浓度的增加主要在湿地根孔生态净化区完成。

（2）浊度、Fe 和 Mn 则主要在深度净化区（即北亭湖、南亭湖）被去除。

（3）COD_{Mn} 在沿程各工艺段的去除率均较低，推测是在进水浓度低的情况下，湿地藻类繁殖的增量与其他有机物的降解互为平衡。

由此可见，湿地根孔生态净化区和深度净化区发挥相辅相成的净化作用。湿地根孔生态净化区对营养盐有较好的去除作用，同时具有水体复氧功能；深度净化区则对浊度和金属氧化物的沉淀截留效果较好。

表 7-22 嘉兴石臼漾湿地各工艺段水质净化效果（3 年均值）[46]

项目	湿地进水	根孔区出水		湿地出水		水厂取水口	
	浓度	浓度	提升率或去除率	浓度	提升率或去除率	浓度	提升率或去除率
DO/（mg/L）	3.31 ± 1.81	5.13 ± 1.91	54.98%	5.88 ± 2.03	77.64%	5.44 ± 1.83	64.35%
NH_3–N/（mg/L）	1.38 ± 0.74	1.00 ± 0.76	27.54%	0.86 ± 0.75	37.68%	0.94 ± 0.77	31.88%
TN/（mg/L）	4.42 ± 1.42	4.16 ± 1.14	5.88%	3.70 ± 1.42	16.23%	3.91 ± 1.33	11.54%
TP/（mg/L）	0.44 ± 0.23	0.34 ± 0.20	22.73%	0.34 ± 0.25	22.73%	0.31 ± 0.23	29.55%
COD_{Mn}/（mg/L）	5.82 ± 1.06	5.64 ± 1.05	3.09%	5.46 ± 1.04	6.19%	5.56 ± 0.98	4.47%
Fe/（mg/L）	1.06 ± 0.48	0.99 ± 0.46	6.60%	0.70 ± 0.30	33.96%	0.89 ± 0.40	16.04%
Mn/（mg/L）	0.29 ± 0.12	0.27 ± 0.12	6.90%	0.25 ± 0.11	13.79%	0.26 ± 0.10	10.34%
浊度 / NTU	37.5 ± 16.0	34.3 ± 13.2	8.53%	25.3 ± 9.07	32.53%	32.3 ± 11.3	13.87%

7.4.5.4 季节性水质变化

在湿地改善效果较明显的指标中，湿地对 NH_3-N、TP 和 TN 的去除效果随季节变化明显，夏、秋两季的去除效果最好，春季次之，冬季最差；湿地对 DO 浓度的提升效果亦随季节而明显变化，冬、春两季的提升效果最好，夏、秋两季次之；湿地对浊度、Fe 和 Mn 的去除效果在四季没有明显变化[46]（如图 7-31 所示）。

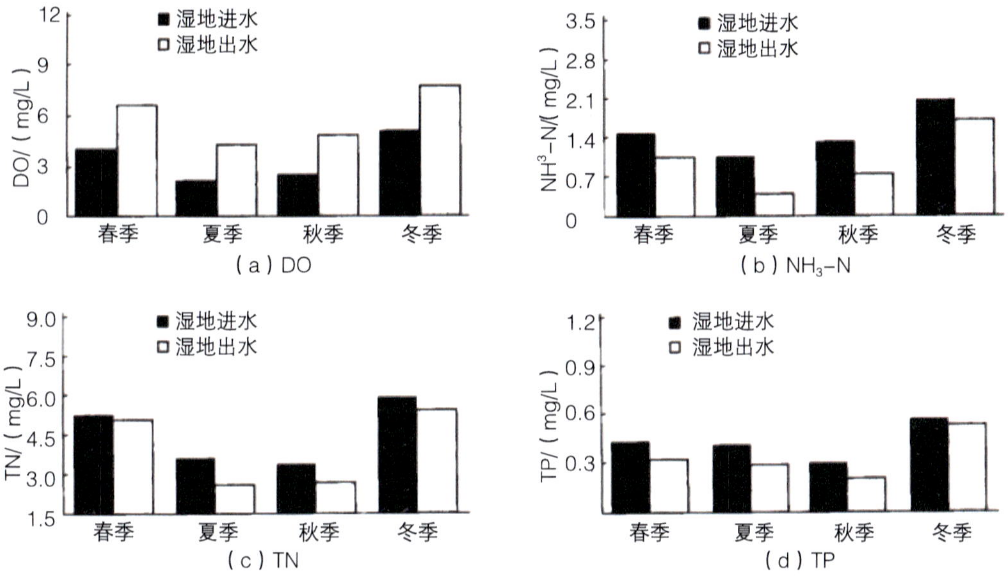

图 7-31　嘉兴石臼漾湿地净化效果的季节性变化（3 年平均值）[46]

7.4.6　案例特点总结

（1）石臼漾湿地在国内外同类项目中的创新性和典型性

石臼漾湿地作为国内大型的城市饮用水水源生态型水质净化湿地系统，具有规模优势，为近自然水源净化项目提供了大规模应用的成功范例。该项目集成了原水预处理、水质净化和景观生态功能，实现了水源保护与生态景观的有机结合。项目不仅为我国南方平原河网地区的饮用水水源保护提供了典型案例，也为国际上类似气候条件下的水源地生态修复提供了重要参考。

（2）项目有效解决平原河网水系水质问题

石臼漾水源水处理人工湿地有效解决了平原河网水系水质普遍较差、地面水厂取水水源单一、水质不稳定等问题。湿地运行期间，DO、TP、NH_3-N、粪大肠菌群等主要指标改善了 1 个等级，对 Fe、Mn 和浊度的去除效果明显。湿地运行后，后端自来水厂水处理安全性大幅提升，供水品质得到显著提升。

（3）湿地对 TN 的去除能力不足，冬季水质净化效果不佳

湿地出水 TN 主要以硝酸盐氮形式存在，系统反硝化能力较弱，湿地对 TN 的去除能力相对不足。加之冬季湿地植物生长停滞，微生物活性弱，水质净化能力下降，湿地在冬季（冷季）的水质净化效果相对较差。

未来，可通过以下几个方面着手，进一步提升湿地净化能力：研究开发适应冬季低

温冷气候的植物品种和本土安全微生物菌剂，改善湿地在冬季的净化效果；通过优化工艺参数和引入新型强化填料，提高湿地的反硝化能力，改善 TN 去除效果。

（4）根孔区水力特性优化

湿地对 NH_3-N 和 TP 的去除以及 DO 浓度的增加主要在根孔区实现。然而，嘉兴地区土壤为黏质，虽然人造根孔改变了土壤亚表层结构，但由于黏土比例较高，根孔区过水通量较小，净化效果下降。在后续当地建设的海宁长水塘、桐乡西部水源湿地等项目中，中国科学院生态环境研究中心对根孔湿地的结构进行了改进，如通过增加砾石层、调整植物种类等方式提高根孔区的水力通量，以应对这一问题。

（5）湿地生态功能与公众参与的平衡管理

2018 年 8 月前，嘉兴石臼漾湿地按照开放性公园的要求进行管理，人员可随意进出，加之受管理范围大、管理费用制约的影响，仍难以杜绝外来人员钓鱼甚至游泳的情况。

因考虑石臼漾水源湿地作为一级水源保护区，是石臼漾水厂用水、蓄水、储水、净化的重要保障地，最主要的功能是净化水质、改善水环境，并非城市公园；随着国家对饮用水水源保护和管理方面的力度加大，根据《浙江省饮用水水源保护条例》第二十条和嘉兴市环保部门的要求，自 2018 年 8 月 5 日 22：00 时起进行封闭管理，之后仅面向有预约的专业团体开放参观。

（6）湿地长期运行维护策略

如何保持湿地的持续净化效果和生态功能是水源生态湿地发挥多重效应的关键。石臼漾湿地的长期运行维护策略主要包括以下几个方面：建立了完善的水质监测系统，定期对进出水水质进行检测，及时评估湿地的净化效果，为管理决策提供依据；定期对湿地植物进行刈割，防止植物残体腐烂而造成二次污染；每年秋冬季收割芦苇，将秸秆用于制作板材、造纸、生产牲畜饲料等，实现生物质资源化利用；根据季节变化和水质情况，适时调节湿地的水力负荷和水力停留时间，优化湿地的净化效果；定期对预处理区和深度净化区进行清淤，防止底泥累积影响湿地的水力性能和净化效果；通过跌水曝气、微孔曝气等调节溶解氧，布设石灰质覆层调控 pH 值等环境因子，维持有利于污染物降解的微生物群落结构。湿地管理部门正逐步引入智能化监控系统和生态修复新技术等创新手段，进一步提高湿地管理的效率和精准度。

在上述长期运行维护策略的基础上，进一步结合菌剂填料研发、生态教育、智慧管理等未来发展方向，石臼漾湿地有望继续发挥其在水源保护、生态修复和环境教育等方面的示范作用，为我国水源地生态修复事业做出更大贡献。

第 8 章　农村污水湿地

8.1　大兴安定镇农村污水湿地

8.1.1　项目概况

安定镇属北京市大兴区下辖镇，地处大兴区东南，区域面积 77.8 km^2。安定镇下辖 33 个行政村，常住人口约 3.27 万人。

大兴区安定镇农村污水湿地处理项目覆盖了 20 个行政村，总处理规模为 1 590 m^3/d。安定镇农村住户院内均建有化粪池，已实现黑灰分流，采用“预处理 + 垂直潜流人工湿地”工艺处理，出水水质满足《农村生活污水处理设施水污染物排放标准》（DB11/1612—2019）二级标准。

自 2019 年起，项目分两个阶段实施，由点及面逐渐铺开。

2019 年 6 月，以前安定村为试点，实施了“人工功能生态湿地农村污水处理示范工程”。该项目总占地 3 400 m^2，服务人口 500 余人，污水处理能力 40 m^3/d。污水处理达标后被送入循环利用设备，用于绿化灌溉、道路降尘、消防应急等工作，实现了水资源循环利用。

2020 年，为了继续扩大“小微生态湿地”治理效应，攻坚突破农村治污难点，持续改善水环境质量，大兴区总结推广前安定村的成功经验，对 19 个行政村实施了小微生态湿地污水治理。项目覆盖了东芦各庄、西芦各庄、东白塔、西白塔、马各庄、佟家务、周园子、佟营、大渠、前辛房、后辛房、杜庄屯、洪士庄、皋营、潘家马房、堡林庄、沙河村、于家务、徐柏等 19 个行政村。

项目建成以来，取得的成效显著，不仅解决了安定镇辖区内行政村生活污水处理难题，也助力实现国考大龙河三小营断面消劣，改善了城乡水环境。

大兴安定镇农村污水湿地概况如表 8-1 所示。

表 8-1　大兴安定镇农村污水湿地概况

项目信息	项目情况	备注
建设年份	2019—2020 年	2019 年选取前安定村作试点，2020 年大范围推广

项目信息	项目情况	备注
建设地点	安定镇下辖 20 个行政村	
污水类型	农村生活污水	住户院内建有化粪池，已实现黑灰分流
设计水量	30 ~ 160 m^3/d	
设计进水水质	生活污水	
设计出水水质	《农村生活污水处理设施水污染物排放标准》(DB11/ 1612—2019)规定的二级(B)至二级（A）标准	处理能力大于 50 m^3/d 的执行二级(A)标准
负责单位	北控水务（中国）投资有限公司、北京北控工业环境科技有限公司	

8.1.2　设计水量水质

进水水质按照安定镇污水处理厂实测水质和《村庄生活污水收集与处理技术规程》（DB11/T 1495—2017）推荐的进水指标确定，50 m^3/d 以下站点进出水设计水质如表 8-2 所示。

表 8-2　大兴安定镇农村污水湿地设计进出水水质

单位：mg/L

类型	COD	NH_3-N	TP
进水	200	40	5
出水	60	8	1

8.1.3　工艺流程

大兴安定镇农村污水湿地采用统一的工艺流程，即“预处理段—垂直潜流人工湿地—表流湿地或清水池”。预处理段包含调节池和一体化装置，调节池是利用现状收集池，在进水端设有提篮格栅；一体化装置为碳钢材质，包含竖流沉淀池、中间水池和污泥池；人工湿地采用半地下式土建池体。

8.1.4　工程设计与实施

本节以前安定村农村污水站点人工湿地为例进行说明。

（1）平面及高程布置

前安定村人工湿地占地面积 650 m^2，服务人口 500 余人，设计流量为 40 m^3/d，主体采用单级垂直潜流工艺，总体平面为矩形，划分为 4 个并联子单元格。垂直潜流湿地后端结合现状坑塘构建表流湿地及下凹绿地（如图 8-1）。

图 8-1　前安定村人工湿地平面布置示意图

（2）单元设计

潜流湿地单元采用下行式垂直潜流工艺，湿地床深为 1.2 m，湿地内铺设多层基质填料，由上至下依次为保温填料 200 mm、低渗透混合填料 800 mm、高渗透固磷填料 200 mm。保温填料由黏土页岩等材料烧制而成，低渗透混合填料包含天然砂石、功能性填料和微生物菌剂，高渗透固磷填料是由天然矿物经高温煅烧、破碎筛分后改性而成的，富含钙、铁、镁盐。湿地植物主要采用芦苇，种植密度 12 株 /m^2。

前安定村垂直潜流湿地断面示意图及实景照片如图 8-2、图 8-3 所示。

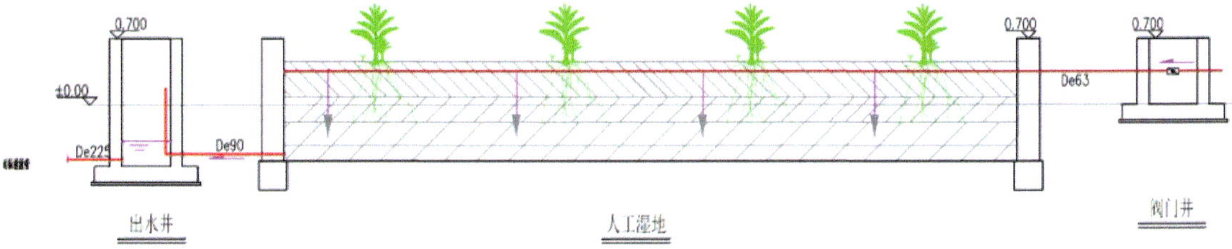

图 8-2　前安定村垂直潜流湿地断面示意图

图 8-3　前安定村垂直潜流湿地实景照片

（3）运行方式

前安定村人工湿地采用连续进水方式。冬季为了保证湿地的运行效率，采取植物保温隔离加地膜保温隔离双重措施，保证水温不低于 5℃、溶解氧不低于 1mg/L。项目采用无人值守方式，由运维单位周期性巡查养护。养护工作内容主要为水位调节、水泵维修、调节池栅渣清理、污泥池排泥、植物收割等。

8.1.5　运行水量水质

以下以前安定村人工湿地为例，根据 2021 年 3 月—2023 年 2 月两年间的实测数据，介绍项目实际运行水量水质情况。

8.1.5.1　运行水量

前安定村人工湿地设计流量为 40 m^3/d，实际进水量在 7.4 ～ 136.8 m^3/d，平均值为 34.9 m^3/d。水量波动明显，存在高水量冲击现象。前安定村人工湿地运行水量情况如表 8-3 所示。

表 8-3　前安定村人工湿地运行水量情况

单位：m^3/d

设计流量	实测流量			
	平均值	中位数	最大值	最小值
40	34.9	23.9	136.8	7.4

8.1.5.2　运行水质

前安定村人工湿地运行水质情况如表 8-4 所示。

表 8-4　前安定村人工湿地运行水质情况

水质指标	水质标准		进水		出水		平均去除率
	进水	出水	平均值	范围	平均值	范围	
COD/（mg/L）	200	60	61	44 ~ 79	18	4.5 ~ 41	70.5%
NH_3-N/(mg/L）	40	8	19	8.2 ~ 32	2.5	0.1 ~ 8.3	86.8%
TP/（mg/L）	5	1	2.2	1.6 ~ 2.8	0.9	0.1 ~ 1.9	59.1%

综合来看，前安定村人工湿地在监测期间基本达到设计净化目标。对 COD、NH_3-N 和 TP 的平均去除率分别为 70.5%、86.8% 和 59.1%。

8.1.6　案例特点总结与讨论

（1）生活污水净化的“纯绿低碳”模式

本项目采用人工湿地作为污水净化主工艺，原污水经简单预处理后进入垂直潜流湿地，站点无需曝气与加药，日常运行仅有提升泵站一项用电设备。此外，站点无人值守，仅需低频率巡查维护。这一“纯绿”处理模式在节约成本的同时，也使该站点成为名副其实的低碳污水处理站点；湿地内郁郁葱葱的植物和野花与周边的果园风光相映成趣。前安定村表流湿地实景照片如图 8-4 所示。

图 8-4 前安定村表流湿地实景照片

（2）用地条件对工艺选择的影响

前安定村湿地设计COD、NH_3-N和TP表面负荷分别为18.7 g/(m²·d)、5.6 g/(m²·d)和0.48 g/(m²·d)，远超相关规范建议范围；而设计水力负荷较低，低于相关规范的建议值，由此可见，该项目人工湿地的设计是以污染负荷作为控制指标的，而水力负荷取值偏保守，吨水占地面积较大。

对于有适宜坑塘用地的村庄，可以采用这种低水力负荷的策略，实现污水的低运营成本、低碳排放净化模式。而对于进水水质类似、用地较紧张的村庄，可以根据实际指标情况在人工湿地单元前增加物化处理或生化处理工艺段，以降低污染物负荷，避免由于个别指标较高而大幅增加湿地的面积和造价。

8.2 广东鹤山农村污水湿地

8.2.1 项目概况

广东省鹤山市新一轮生活污水处理设施整市捆绑PPP项目镇区污水处理设施建设范围包括双合镇新建污水处理厂（站）及配套管网，农村污水处理设施建设范围覆盖鹤山全市9个乡镇及1个街道，共计155个自然村（或村小组），涉及98个站点，规模3 040 m^3/d，共服务常住人口4.8万人。

鹤山农村污水湿地概况如表8-5所示。

表 8-5　鹤山农村污水湿地概况

项目信息	项目情况
建设年份	2017—2018 年
建设地点	鹤山全市 9 个乡镇及 1 个街道
污水类型	农村污水
设计水量	10 ~ 600 m^3/d
湿地面积	25 ~ 150 m^2
设计进水水质	—
设计出水水质	《农村生活污水处理排放标准》（DB 44/2208—2019）一级标准
达标情况	100% 达标
负责单位	北控水务（中国）投资有限公司

本节对鹤山市 3 个典型中小农村污水湿地进行分析，包括大江湿地、大元湿地、凤巢湿地。

8.2.2　设计水量水质

根据对鹤山市农村污水处理设施进水水质的分析，以及对进水综合水质的预测，确定本工程执行广东省《农村生活污水处理排放标准》（DB 44/2208—2019）一级标准，设计出水水质指标如表 8-6 所示。

表 8-6　鹤山农村污水处理站点设计出水水质标准

处理水量 /（m^3/d）	有机物 /（mg/L）	NH_3-N/（mg/L）
＜20	COD ≤ 100	25
≥ 20	COD ≤ 70	15

本研究对鹤山市3个典型农村污水处理站点进行分析，各站点设计规模如表8-7所示。

表8-7 鹤山农村污水处理站点设计规模情况表

序号	处理站点名称	设计流量/(m^3/d)	服务人口/人	占地面积/m^2	潜流湿地面积/m^2
1	大江	25	348	50	16.16
2	大元	25	350	50	16.16
3	凤巢	25	300	75	26.79

8.2.3 工艺流程

3个污水处理站点均采用“调节水解＋接触氧化＋人工湿地”工艺，流程图如图8-5所示。

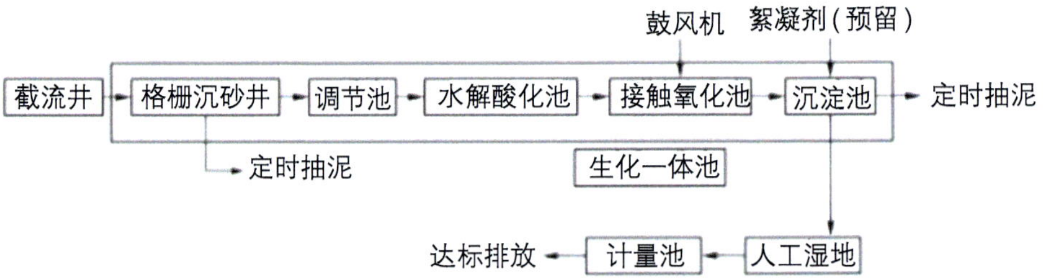

图8-5 农村污水处理站点工艺流程图

各单元典型设计参数如表8-8所示。从表中可以看出，项目采用的预处理段、生化处理段设计参数在常规参数取值范围内，但人工湿地水力负荷参数超过规范建议取值。因此，本项目对人工湿地的定位为深度净化单元，不起主要净化作用。

表8-8 鹤山农村污水湿地各单元设计参数

单元名称·	设计参数
沉砂－调节池	水力停留时间4～6 h
水解酸化池	水力停留时间2～3 h
接触氧化池	水力停留时间5～7 h
水平潜流湿地	表面水力负荷0.8～1.5 $m^3/(m^2·d)$

8.2.4　工程设计与实施

以下以凤巢湿地为例，对湿地详细设计进行说明。

8.2.4.1　平面及高程布置

人工湿地占地面积为 7.05 m × 3.8 m，采用水平潜流人工湿地工艺，总体平面为矩形，划分为 2 个并行的单元格。污水处理站点面积较小，地形平坦，生化单元和人工湿地处理单元顶高程保持一致。生化单元进水水位为−0.35 m，人工湿地进水水位为−0.50 m、出水水位为−0.60 m。

凤巢湿地平面布置示意图如图 8-6 所示。

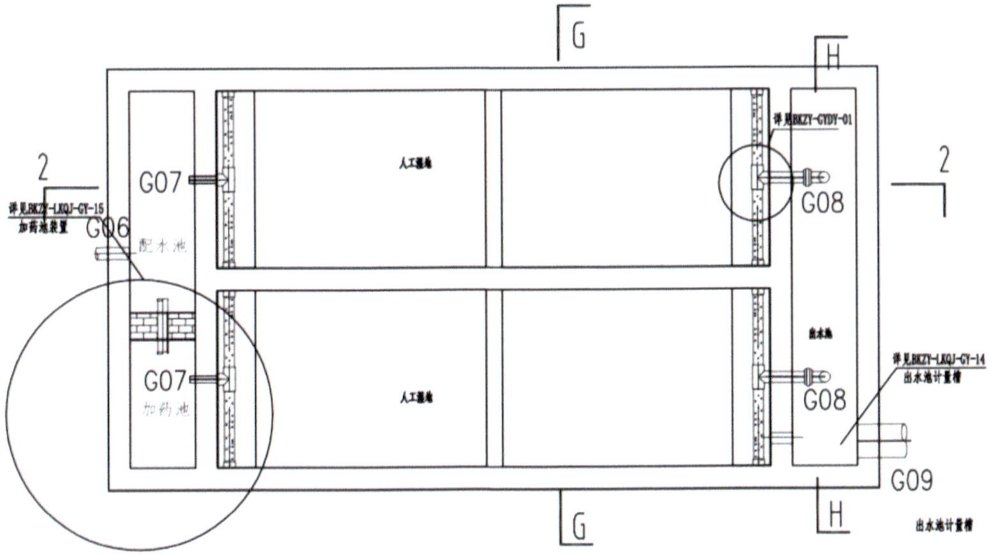

图 8-6　凤巢湿地平面布置示意图

凤巢污水处理站点高程布置示意图如图 8-7 所示。

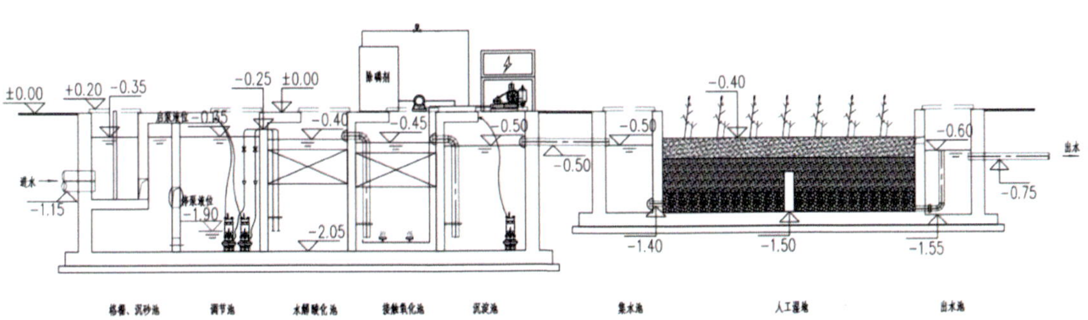

图 8-7　凤巢污水处理站点高程布置示意图

8.2.4.2 单元设计

人工湿地单元采用水平潜流工艺。湿地池体与生化池采用总体浇筑钢筋混凝土形式，底部和侧壁进行水泥砂浆和防水涂料防水。人工湿地床深为 1.1 m，填料分为三层，由上到下分别为：5 ～ 10 mm 碎石，厚度 40 cm；10 ～ 20 mm 陶粒，厚度 35 cm；20 ～ 40 mm 碎石，厚度 35 cm。人工湿地采用穿孔管进行布水和集水，在沉淀池设置提升泵，提升的沉淀池出水进入人工湿地配水池。在人工湿地单元正中设置隔墙，实现二次重新布水，形成介于水平潜流和复合垂直潜流之间的流态。湿地植物主要采用美人蕉、翠芦莉等（如图 8-8、图 8-9 所示），其中翠芦莉是一种广泛用于华南地区的园林绿化草本植物，具有非常强的抗逆性，耐旱、耐湿且耐轻盐碱，在广东四季常绿开花。

图 8-8　人工湿地植物翠芦莉

图 8-9　人工湿地植物美人蕉

8.2.5　运行水量水质

对 2019 年 10 月—2020 年 7 月的 3 个典型项目进水量进行统计，分析结果如下。

8.2.5.1　进水量分析

本案例中的 3 个站点除在个别暴雨期间外，进水量普遍低于设计值，且大部分站点进水量波动较大。进水量统计如表 8-9 所示。

表 8-9　进水量统计

序号	湿地名称	设计水量 / (m^3/d)	平均进水量 / (m^3/d)	进水量范围 / (m^3/d)	标准差 / (m^3/d)	平均实际水力负荷 /[$m^3/(m^2 \cdot d)$]
1	大江湿地	25	9.9	7.1 ~ 12.7	2.4	0.61
2	大元湿地	25	17.7	8.0 ~ 25.3	7.8	1.10
3	凤巢湿地	25	15.4	7.3 ~ 30.5	8.8	0.57

8.2.5.2　进水水质分析

3 个污水处理站点湿地进水水质情况统计如表 8-10 所示。其中大江站点进水 TP、TN 指标超标，凤巢站点 NH_3-N 浓度偏低。

表 8-10　进水水质统计

序号	湿地名称	进水水质标准 / (mg/L)				平均进水水质 / (mg/L)			
		COD	NH_3-N	TP	TN	COD	NH_3-N	TP	TN
1	大江湿地	150	20	3	25	125.1	21.3	4.1	44.4
2	大元湿地					100.9	18.5	2.1	21.0
3	凤巢湿地					94.1	9.8	1.5	17.2

8.2.5.3　出水水质分析

3 个污水处理站点湿地出水水质情况统计如表 8-11 所示，出水水质达标率 100%，且对照《城镇污水处理厂污染物排放标准》（GB 18918—2002）相当于一级 B 或二级标准。

表 8-11　出水水质统计

序号	湿地名称	出水水质标准 / (mg/L)				平均出水水质 / (mg/L)			
		COD	NH_3-N	TP	TN	COD	NH_3-N	TP	TN
1	大江湿地	70	15	—	—	21.33	7.54	1.75	22.41
2	大元湿地					20.39	2.44	1.33	10.82
3	凤巢湿地					20.80	0.99	0.62	8.87

3 个污水处理站点各工艺段平均去除率如表 8-12 所示。

表 8-12　各工艺段平均去除率统计

单位：%

序号	站点名称	生化段平均去除率				人工湿地平均去除率				总平均去除率			
		COD	NH_3-N	TP	TN	COD	NH_3-N	TP	TN	COD	NH_3-N	TP	TN
1	大江	74	60	26	34	35	11	43	23	83	65	58	49
2	大元	71	73	28	34	30	50	13	22	80	87	38	48
3	凤巢	57	80	42	27	42	68	42	40	75	94	67	57
	均值	67	71	32	32	36	43	33	28	79	82	54	51

8.2.6　案例特点总结

（1）公众认可度较高，处理效果稳定

项目采用“调节水解 + 接触氧化 + 人工湿地”的工艺，人工湿地设计水力负荷较高，主要承担深度净化功能。站点出水稳定达标。人工湿地种植翠芦莉、美人蕉等开花湿地植物，呈现较好的自然景观，受到周边居民欢迎。

从单元去除负荷的贡献上看，人工湿地和接触氧化单元对水质净化的贡献相当，人工湿地对 COD、NH_3-N、TP、TN 的去除率分别为 36%、43%、33% 和 28%，显著提高了系统的运行效果。

（2）运维工作量情况

人工湿地作为农村生活污水深度净化工艺在技术上是可行的，与好氧生化处理能够在净化效果上形成互补。但需要注意的是，在温暖地区，人工湿地的绿化维护频次需求相对较大，如果采用“好氧生化 + 人工湿地”的工艺路线，则既需要专业污水处理运营，又要进行湿地绿化维护，造成运营工作量加倍。因此，建议对于温暖地区的分散型农村生活污水处理，在生物处理和人工湿地中取其一，能更好地发挥两种方法各自的优点。

8.3　捷克 Chmelná 农村污水湿地

8.3.1　项目概况

1991 年至今，捷克有 200 多座人工湿地用于处理生活污水，这些生活污水湿地大多采用水平潜流的设计工艺。本节基于 J. Vymazal 的综述文章 [47] 介绍 Chmelná 人工湿地，该湿地于 1992 年 11 月投入使用，用于处理波希米亚一个村庄的生活污水，服务居民数量达 150 人。

Chmelná 湿地概况如表 8-13 所示。

表 8-13　Chmelná 人工湿地概况

项目信息	项目情况	备注
建设年份	1992 年 11 月	
建设地点	波希米亚	村庄附近
服务人口数	150 人	
污水类型	农村污水	接收雨水径流和周围农田排水
设计水量	77 m^3/d	
湿地面积	706 m^2	

8.3.2　设计水量水质

Chmelná 人工湿地占地面积为 706 m^2，设计水量为 77 m^3/d。当地管理部门设定的污染物出水浓度限值如表 8-14 所示。

表 8-14　Chmelná 人工湿地出水污染物浓度限值 [47]　　单位：mg/L

指标	限值
BOD_5 / (mg/L)	19
TSS / (mg/L)	19
COD / (mg/L)	80

8.3.3 工艺流程

Chmelná 人工湿地由预处理单元（筛网、水平沙坑、双层沉淀池）和两个水平潜流湿地组成（如图 8-10 所示）。其中，两个水平潜流湿地并联运行。

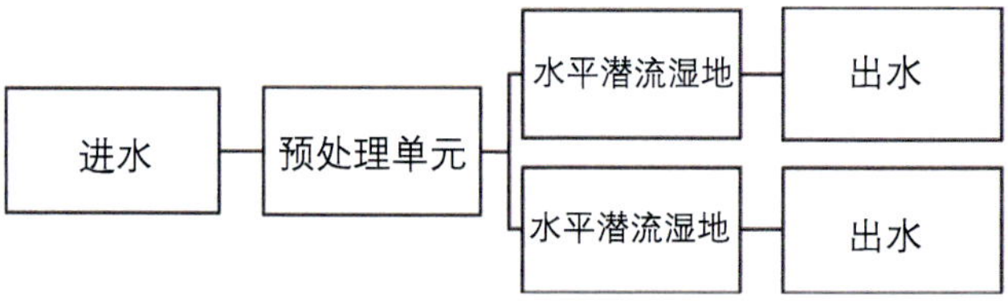

图 8-10　Chmelná 人工湿地预处理单元 [47]

8.3.4 潜流人工湿地设计

Chmelná 人工湿地的水平潜流湿地由两个并联单元组成，具体设计参数如表 8-15 所示。

表 8-15　Chmelná 人工湿地水平潜流单元设计参数

湿地面积	填料（粒级）	湿地深度	植物种植	池体构建
706 m^2	砾石（8 ~ 16 mm）	0.7 m	芦苇、虉草	土坝池体，防渗

根据原设计，两个单元分别种植虉草和芦苇。但在建设过程中由于虉草种苗数量不足，因此在第一个单元改为虉草和芦苇混种。目前，大部分湿地的表面长满了芦苇，在第一个湿地中间有虉草生长（如图 8-11 所示）。

图 8-11　Chmelná 人工湿地实景（上图 1994 年；下图 2021 年）[47]

8.3.5　运行水量水质

8.3.5.1　运行水量分析

与设计值相比，实际测得的流量、有机负荷率（OLR）和水力负荷（HLR）均较低（如表 8-16 所示）。

表 8-16　Chmelná 人工湿地设计运行水量参数

参数	数值
设计流量 / （m^3/d）	77
全周期平均流量 / （m^3/d）	55.6
设计 OLR/[kg BOD_5/（$hm^2 \cdot d$）]	85

参数	数值
全周期实测 OLR/[kg BOD_5/（hm^2·d）]	66.9
设计 HLR/（cm/d）	10.9
全周期实测 HLR/（cm/d）	7.9

8.3.5.2 总体水质情况

除雨水径流外，湿地系统还接收来自周围农田的排水。由于农田排水的影响，进水 NO_3^--N 浓度较高，雨水径流和农田排水的混入使进水的 DO 浓度较高。

1992—2021 年 Chmelná 人工湿地进水和出水浓度均值及范围如表 8-17 所示。分析结果可见，湿地系统对有机物和悬浮物的去除率接近，对 NH_3-N 和 TP 的去除率在 40% 左右。污染物的出水浓度远低于捷克当地管理部门设定的标准限值，也能达到我国大部分非敏感环境区域的农村污水排放要求，大致相当于市政污水排放的二级标准。

表 8-17　1992 年 11 月—2021 年 12 月 Chmelná 人工湿地污染物进出水浓度和去除率

指标	进水		出水		去除率
	均值	范围	均值	范围	
BOD_5/（mg/L）	82	9 ~ 164	5.6	1.5 ~ 11.5	91.3%
COD/（mg/L）	174	40 ~ 303	33.9	15.7 ~ 62	81.7%
TSS/（mg/L）	59.7	20 ~ 129	5.9	1.0 ~ 13.2	88.5%
NH_4^+-N/（mg/L）	15.6	3.7 ~ 39	9.0	1.5 ~ 21.8	39.3%
TP/（mg/L）	4.5	0.7 ~ 9.4	2.6	0.4 ~ 7.5	40.1%

8.3.5.3 季节性水质情况

2017—2020 年，为了评估 Chmelná 人工湿地在冷暖季节的运行性能，进行了 45 次采样。将 5 月至 10 月判定为暖季，11 月至次年 4 月判定为冷季，相关评估结果如表 8-18 所示。

表 8-18　2017 年 8 月—2020 年 2 月 Chmelná 人工湿地平均进水和出水浓度[47]

指标	5 月—10 月（n=20）			11 月至次年 4 月（n=25）		
	进水	出水	去除率	进水	出水	去除率
水温 /℃	15.36（±3.28）	14.26（±2.61）	—	7.29（±3.10）	6.94（±2.62）	—
DO/（mg/L）	6.0（±1.3）	5.2（±0.5）	—	8.4（±1.6）	5.9（±0.7）	—
BOD_5/（mg/L）	55.0（±50）	3.14（±1.19）	94.3%	42.8（±23.8）	3.07（±1.40）	92.8%
COD/（mg/L）	124（±68）	21.5（±8.3）	82.8%	100（±50）	21.0（±9.5）	79.0%
TSS/（mg/L）	51.4(±40）	5.6（±3.1）	89.1%	35.8（±30）	3.8（±2.5）	89.4%
NH_4^+–N/(mg/L)	19.1（±10.4）	11.35（±5.4）	40.9%	11.9（±10）	6.9（±6.0）	42.3%
NO_3^-–N/(mg/L)	6.6（±5.8）	1.5（±1.5）	77.9%	9.6（±5.9）	4.1（±3.6）	57.5%

注：括号内为标准偏差。

结果显示，除硝酸盐（NO_3^--N）外，其他污染物指标在冷暖季的去除率差异较小；硝酸盐的去除率具有明显的季节性差异，表明相比其他微生物过程，反硝化对污染物的去除作用受季节的影响更大；无论是冷季还是暖季，水温在通过潜流湿地后均没有较大变化；值得注意的是，该项目进水 DO 浓度较高，而出水 DO 浓度仅略有下降。

8.3.6　案例特点总结与讨论

（1）低负荷下稳定运行 30 余年，未经历大修重置

捷克 Chmelná 人工湿地采用水平潜流湿地的工艺，设计水力负荷和实际平均水力负荷分别为 0.107 m^3/（m^2·d）和 0.079 m^3/（m^2·d），水力负荷较低。该湿地项目对有机物和悬浮物的平均去除率达 80% 以上，对 NH_3-N 和 TP 的去除率约为 40%。投入使用后至今 30 余年，湿地系统未进行大修重置，其对污染物的去除性能仍旧非常稳定。湿地各项指标出水浓度远低于捷克当地管理部门设定的标准限值，也能够达到我国大部分非敏感环境区域的农村污水排放要求，大致相当于市政污水排放的二级标准。

（2）冬季污染物去除性能稳定，反硝化过程影响大

捷克四季分明，冬季平均气温约−3℃。将项目运行数据分为冷暖两季进行对比，发现 NO_3^--N 的出水浓度具有明显的季节性差异，即冷季去除率低、暖季去除率高。而 BOD_5、COD、TSS、NH_3-N 等其他污染物指标在出水浓度上无季节性差异，冬季去除率未见明显降低。因此，推测相比其他微生物过程，反硝化过程受季节的影响更大。

8.4 挪威典型农村污水湿地

8.4.1 概况

挪威位于北纬 58° ～ 71° ，本土气候为亚寒带针叶林气候。南部地区属温带海洋性气候，年平均气温为 8℃。北部地区气候寒冷，年平均气温为 1℃。在冬季，挪威的平均温度为−6.8℃。

挪威第一座用于处理生活污水的水平潜流人工湿地于 1991 年建成。为提升湿地系统对有机物和氮、磷等营养物质的去除性能，系统中配套了多级好氧预处理单元，这种湿地工艺组合能够在寒冷气候下仍然维持较高的污染物去除性能，且无需过多维护，已广泛应用于挪威农村污水处理。

8.4.2 工艺流程

挪威典型生活污水净化湿地处理流程如图 8-12 所示。

图 8-12　挪威典型生活污水净化湿地处理流程

8.4.3 工程设计与实施

挪威用于生活污水处理的典型人工湿地系统（如图 8-13、图 8-14 所示）由化粪池、预处理生物滤池和水平潜流人工湿地组成。

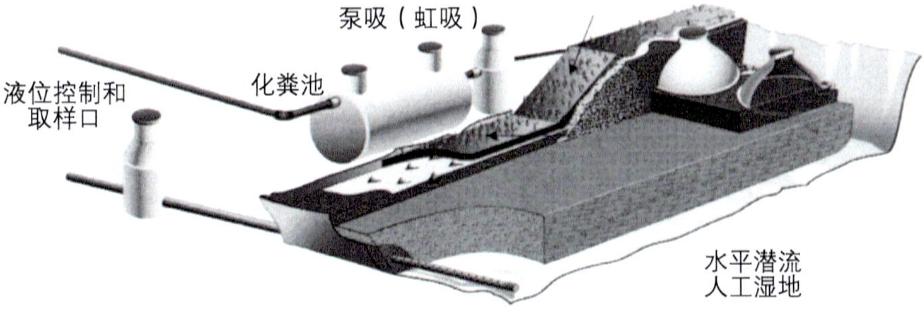

图 8-13　适用于挪威寒冷气候的典型人工湿地，配有预处理生物滤池（PBF）

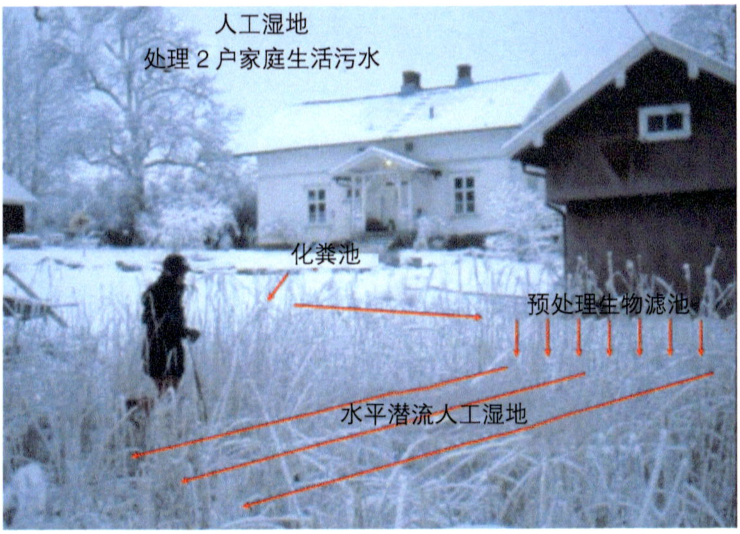

图 8-14　挪威典型生活污水人工湿地布局实景

预处理生物滤池（如图 8-15 所示）可以与水平潜流湿地配套集成或独立安装。预处理生物单元的标准深度为 0.6 m。

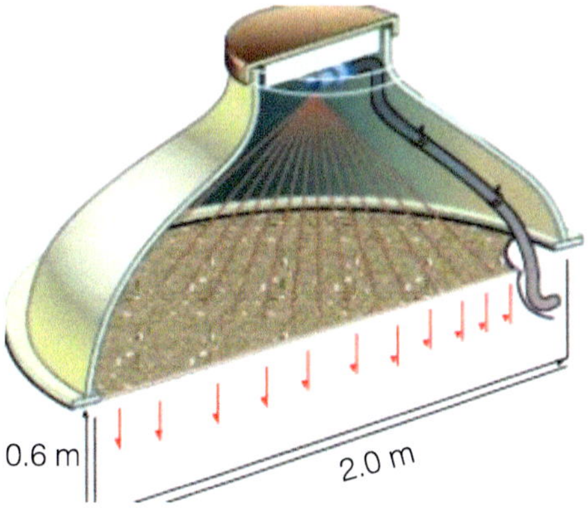

图 8-15　挪威人工湿地典型预处理生物单元

挪威相关湿地指南[48, 49]建议将潜流湿地面积设置为 7 ～ 9 m^2/ 人。考虑当地气候寒冷，且需要满足 1 mg/L 的 TP 出水要求，湿地指南建议水平潜流人工湿地的深度最少为 1m（如图 8-16 所示）。

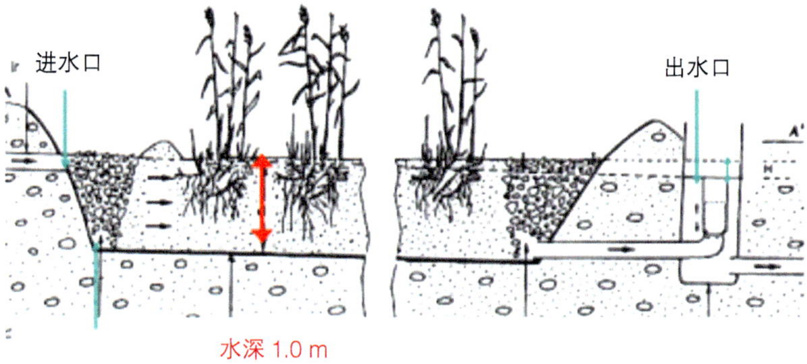

图 8-16　挪威水平潜流人工湿地典型构造

在填料选择方面，部分湿地使用砂砾，但挪威大多数生活污水湿地系统在预处理单元和水平潜流湿地中使用 LWA 填料（矿物高温烧结后形成的轻质颗粒，类似于陶粒）。

图 8-17　LWA 填料

8.4.4　运行水量水质

8.4.4.1　总体水质情况

表 8-19 展示了挪威 13 个人工湿地的污染物去除性能和出水浓度。从结果中可以看出，Haugstein、Tveter、Østegarden、Bromølla 和 Kaja 湿地系统对 BOD_7 的去除率均超过 80%；除 Kaja 湿地和 Torvetua 湿地外，湿地系统对 TP 的去除率均超过 90%；TN 的去除率在 41% ～ 79%，BOD_7 的去除率在 80% ～ 98%。

表 8-19　挪威 13 个人工湿地系统的污染物去除率和出水浓度 [50]

湿地系统	建设年份	TP		TN		COD		BOD_7*		TOC		TCB*
		去除率 / %	出水浓度 / (mg/L)	去除率 / %	出水浓度 / (mg/L)	去除率 / %	出水浓度 / (mg/L)	去除率 / %	出水浓度 / (mg/L)	去除率 / %	出水浓度 / (mg/L)	
Haugstein	1991	97	0.3	64	40	75	52	80	15			<50
Tveter	1993	96	0.4	41	49	69	123	84	21			<50
Østegarden	1993	93	0.6	79	23	41	143	90	22			<50
Fagernes	1996	98	0.1	60	17	88	34					
Lilleng	1997	95	0.1	53	25					90	9	<50
BromØlla	1998	98	0.1	47	23			98	5			<10
Bogstad	1999	98	0.05							80	22	<10
Holt farm	1999	98	0.01							90	10	
Tyrili	2000	97	0.3							70	38	
Dal skole	2000	98	0.1	69	9	82	24					
Kaja	1997	89	0.1	72	2.5			93	5			<100
Torvetua	1998	79	0.19	60	2.2	82	62					
Klosterenga	2000		0.2		2.5		19					

注：①表中数据包括预处理生物滤池。

② BOD_7：挪威标准为 7 日 BOD。

③ TCB：耐高温大肠菌群，CFU/100 mL。

欧洲游泳水质标准中，对指示菌——耐高温大肠菌群（TCB）的要求是低于1 000 CFU/100 mL，表 8-19 展示的挪威 7 个人工湿地系统的 TCB 浓度均低于 100 CFU/100 mL，在 TCB 指标方面均符合欧洲游泳水质标准。

对照我国污水排放标准，挪威典型生活污水湿地的 TP 处理效果很好，达到了市政污水排放一级 A 水平；除了 1995 年前建设的 3 座湿地外，其他湿地各项出水指标基本达到了市政污水排放的一级 B 标准。

8.4.4.2 水质季节性差异

Haugstein 人工湿地是挪威于 1991 年建成的第一个用于污水处理的人工湿地。图 8-18 和图 8-19 分别展示了 Haugstein 人工湿地 1991—2001 年的 COD_7、TN 月度进出水浓度情况。

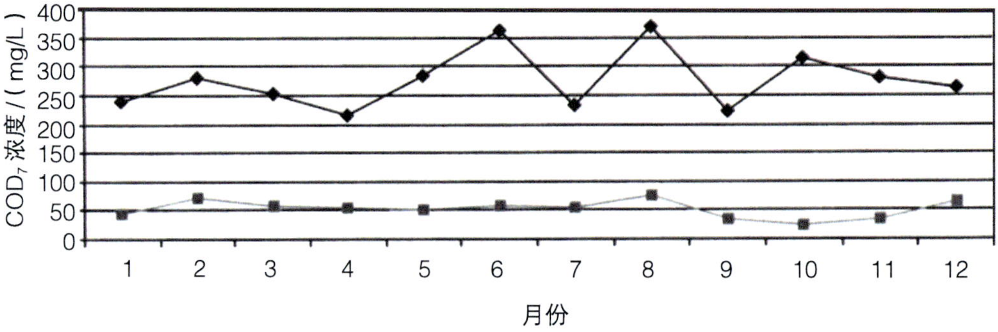

图 8-18 Haugstein 人工湿地的 COD_7 月度浓度

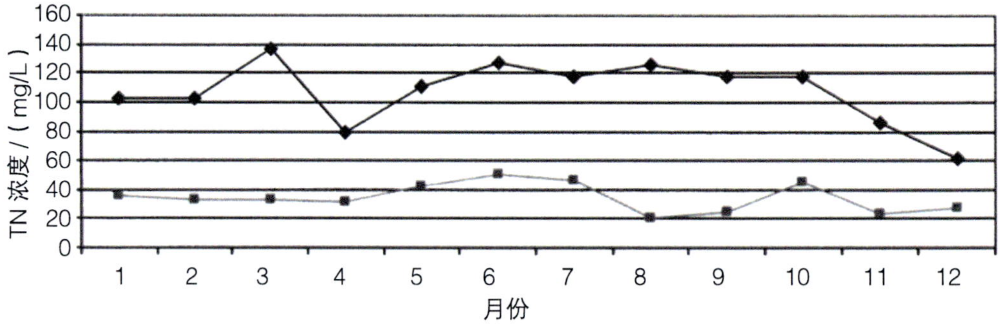

图 8-19 Haugstein 人工湿地的 TN 月度浓度

理论上，人工湿地对 COD_7 和 TN 的去除性能取决于生化过程，容易受到温度影响。但观察 Haugstein 人工湿地运行数据，可知尽管 COD_7 和 TN 的进水浓度在时间尺度上的波动较大，但湿地出水浓度的波动较小，COD_7 和 TN 的去除效果在冷暖季节上差异不显著。在其他配有预处理生物滤池且同样适用于寒冷气候的人工湿地案例中也发现了类似的结果 [51]，出水 TP 浓度较低（<1.0 mg/L，平均 0.3 mg/L），且同样没有明显的季节变化（如图 8-20 所示）。

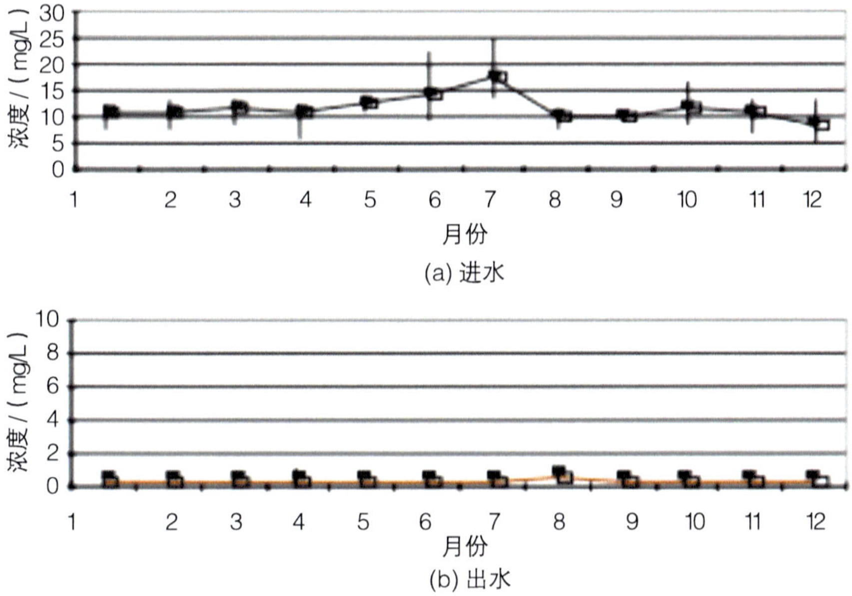

图 8-20　Haugstein 人工湿地的 TP 月度进出水浓度

8.4.4.3　TP 去除的长期变化趋势

挪威典型湿地系统中潜流湿地单元的主要作用为削减 TP 浓度，其进水 TP 浓度通常在 10 ～ 15 mg/L。图 8-21 显示了挪威使用 LWA 填料的 13 个潜流湿地出水 TP 浓度与运行年限的关系。可以看出，运行 5 年内的湿地系统的出水 TP 浓度大多数低于 0.5 mg/L。此外，图 8-21 呈现了湿地出水 TP 浓度随运行时间的增长而增加的规律，尤其是在湿地运行 3 年后更为明显。可以推断，LWA 填料的吸附作用是 TP 去除的主要途径，随着运行年份增加，吸附逐渐饱和，湿地系统容易出现出水 TP 提高的现象。

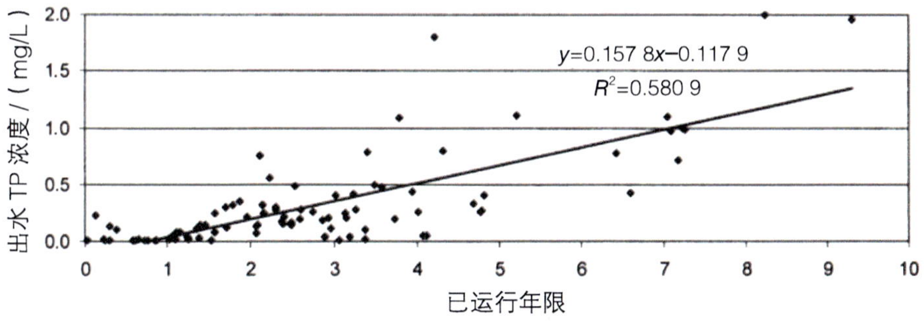

图 8-21　使用 LWA 填料的 13 个潜流湿地出水 TP 浓度与运行年限的关系

8.4.4.4 重金属去除情况

挪威生活污水中重金属的平均含量为 Cd 0.48 μg/L、Pb 3.7 μg/L、Cu 22 μg/L、Cr 3.9 μg/L、Ni 2.3 μg/L 和 Zn 108 μg/L[52]。Stensen[53] 对 Haugstein 人工湿地和 Tveter 人工湿地两个处理生活污水的人工湿地分别进行了 8 年和 7 年的重金属含量检测。其中，Haugstein 人工湿地 8 年的重金属含量实测结果如表 8-20 所示。

表 8-20 Haugstein 人工湿地填料中重金属含量 8 年实测结果 [50]

单位：mg/kg

重金属	砂砾填料			LWA 填料		
	入口区	出口区	填料起点	入口区	出口区	填料起点
Cd	<0.4	0.4	0.4	<0.4	<0.4	<0.4
Pb	9.0	7.6	5.3	<4	<4	<4
Cu	14.7	14.7	10.3	22.5	20.1	23.4
Zn	43.8	40.7	27.8	21.4	23.5	19.1
Ni	16.3	17.4	12.8	20.9	22.2	17.6
Cr	21.7	22.8	16.8	17.1	16.1	15.3
Co	5.9	6.1	4.5	5.8	5.3	4.1
V	32.1	31.1	24.4	17.2	15.6	15.0

表 8-20 显示，除 Cd 外，其他重金属均在砂砾填料中产生积累。LWA 填料积累了 Zn、Ni、Cr、Co 和 V。填料中重金属并未进行梯度式的富集，表明填料的吸附能力接近饱和状态。重金属主要是吸附在有机质上，其次是吸附在砂砾表面和 LWA 填料表面。如果有机质含量增加，则填料中吸附的重金属含量可能也会增加。小型污水处理系统中进水重金属浓度通常较低，湿地填料中的重金属含量低于挪威标准中允许用于农业污水污泥的最高限值，因此，Jenssen 等 [50] 认为填料中的重金属含量不会成为限制其作为肥料再利用的因素。

8.4.5 案例特点总结与讨论

（1）采用特殊设计，严寒气候下仍能稳定运行

挪威 13 个典型人工湿地的去除效能和出水水质均未受寒冷气候的影响。预处理生物

单元是挪威农村污水人工湿地系统的必要组成部分，在寒冷气候下仍能进行硝化反应并有效去除 BOD_7。13 个典型人工湿地中，建设于 1995 年之后的 10 个湿地项目出水水质可达到我国市政污水排放的一级 B 标准。

（2）TP 去除性能受运行年限影响

挪威潜流湿地单元进水的 TP 浓度通常在 10 ～ 15 mg/L，而出水平均值在 0.5 mg/L 以下。较高的 TP 去除能力主要来源于 LWA 填料的吸附功能。LWA 填料的潜在磷吸附能力最高为 12 g/kg。然而，根据统计，使用 LWA 填料的潜流湿地单元在运行 3 年后，出水 TP 浓度随运行时间的增长而增加，推断与填料磷吸附容量的逐渐饱和有关。

第 9 章　雨洪生态湿地

9.1　美国佛罗里达面源污染净化湿地

9.1.1　项目概况

佛罗里达大沼泽（Everglades）是位于美国佛罗里达州南部的亚热带沼泽地，面积约 1 900 km^2，联合国教科文组织和《湿地公约》将其列为世界上最重要的三个湿地之一。随着上游水库的建设和农田基地的建设，大沼泽受到了周边的面源污染，尤其是受到外源输入 TP 的影响，导致原生生态系统发生退化。1988 年，美国联邦政府以违反《清洁水法》为由，对佛罗里达州提起诉讼。后者败诉后从 1992 年起着手将总占地共 230 km^2 的农田转换为净化湿地，以 TP 为核心控制污染物，该区域称为大沼泽面源污染净化区（Everglades Stormwater Treatment Areas，以下简称 STA 湿地）。STA 湿地目前已成为世界最大的人工淡水湿地。

STA 湿地概况如表 9-1 所示。

表 9-1　STA 湿地概况

项目信息	项目情况	备注
建设年份	1992—2013 年	多个分区依次建成
建设地点	佛罗里达大沼泽湿地北面	农业区南面
水源类型	降雨、地表雨水径流、农田排水	
设计水量	进水泵站设计流量 89.5 m^3/s，控制 284 000 hm^2 汇水面积	实际进水流量根据上游来水变化
设计进出水水质	进水 TP：0.111~0.154 mg/L 目标 TP：近期 0.05 mg/L，远期 0.01 mg/L	进水相当于我国地表水Ⅲ类（湖库类），出水目标为我国Ⅱ ~ Ⅰ类
占地面积	230 km^2	
达标情况	稳定达到初期水质目标，暂未达到远期目标	

项目信息	项目情况	备注
负责单位	美国南佛罗里达水务局（South Florida Water Management District，SFWMD）	

9.1.2　设计水量水质

STA 湿地接收来自其北面农业基地的农田排水和暴雨径流。湿地分为 5 个片区，进水泵站设计总流量为 89.5 m^3/s，合 770 万 m^3/d[54]。

STA 湿地以 TP 为主要目标污染物，设计进出水水质如表 9-2 所示。

表 9-2　STA 湿地设计进出水水质表

类型	TP
进水	0.111 ~ 0.154 mg/L
出水	≤ 0.05 mg/L（近期），≤ 0.01 mg/L（远期）

9.1.3　工艺流程

工艺流程如图 9-1 所示。

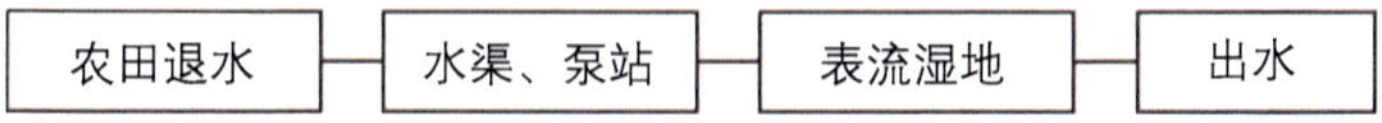

图 9-1　工艺流程

9.1.4　工程设计与实施

9.1.4.1　平面布置

STA 湿地位于大沼泽湿地保护区北部、大沼泽农业基地南部的排水渠周边场地，场地现状为农田、自然湿地。总占地 230 km^2，分为 5 个片区：STA-1E、STA-1W、STA-2、STA-3/4、STA-5/6，总平面布置如图 9-2 所示。

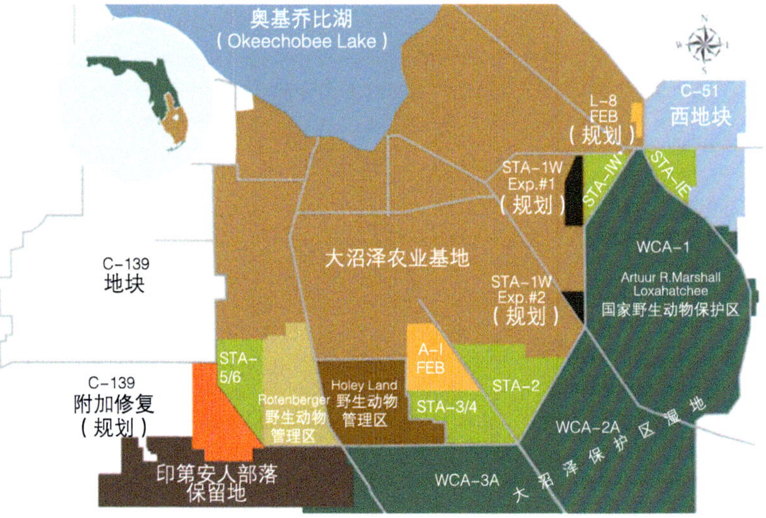

图 9-2　STA 湿地平面布置图

（浅绿色标注 STA 湿地区域）

以下以 STA-3/4 为例，说明 STA 湿地内部平面布置。STA-3/4 片区位于大沼泽湿地保护区正北部，有效处理面积为 6 606 hm^2。与农业基地退水渠连接的湿地进水渠位于片区北侧，湿地内总体流向由北向南。STA-3/4 分为 3 个并联处理单元，每个单元内分为两级，分别为挺水植物区、沉水植物区（如图 9-3 所示）。

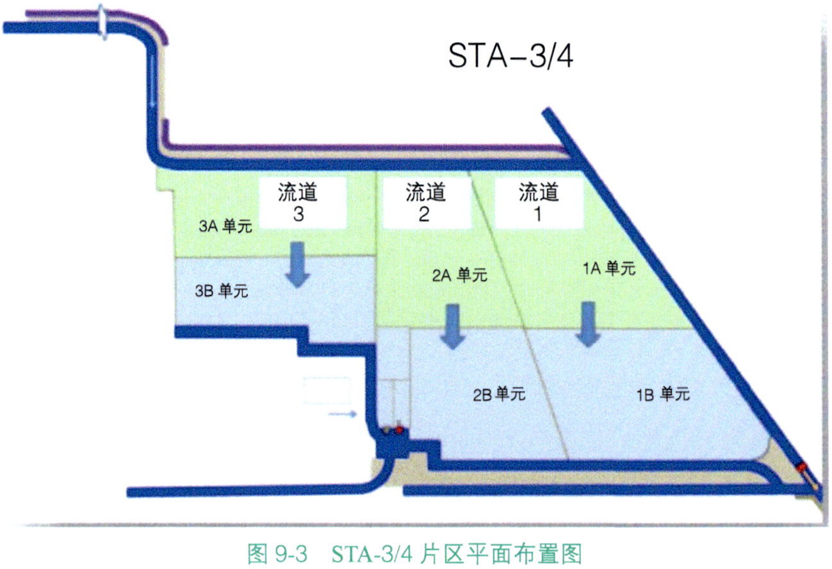

图 9-3　STA-3/4 片区平面布置图

（浅绿色为挺水植物区，浅蓝色为沉水植物区）

9.1.4.2　单元设计

STA-3/4 作为一个独立处理区，用长 51.2 km 的围堤（如图 9-4 所示）与外侧水系隔绝，沿围堤建有 46 座水闸。

图 9-4　STA 湿地围堤建设

湿地内部分为两级，场地高程由西向东、自北向南缓慢降低。北侧的挺水植物区主要种植香蒲 [宽叶香蒲（*Typha latifolia*）和长苞香蒲（*Tyhpa domingensis*）]、大克拉莎草（*Cladium jamaicense*）等，挺水植物覆盖度为 70% ～ 95%；南侧的沉水植物区主要植物有帕茨藻（*Najas guadalupensis*）、轮藻（*Chara* sp.）、黑藻（*Hydrilla verticillata*）等，但同时也种植了带状挺水植物，用于形成分区、引导水流。

湿地设计水深为 45 cm，运行中通过进出水闸门控制，使湿地内的水深维持在适宜水平，一般不超过 90 cm。STA 湿地植物见图 9-5 所示。

图 9-5　STA 湿地植物

9.1.5 运行水量水质

9.1.5.1 运行水量情况

实际运行中，STA 湿地的进水根据上游排水量、下游自然沼泽需水量进行实时调整，5 个分区总体的多年平均处理水量为 158 900 万 m^3/a，合 435.2 万 m^3/d，平均水力负荷为 0.018 9 m^3/（m^2·d）[55]。

2006—2012 年，STA 湿地处理区的年进水量为 16 000 万～20 000 万 m^3/a，合 43.8 万～54.8 万 m^3/d，年内平均水力负荷为 0.006 7～0.008 3 m^3/（m^2·d）[56]。雨季（6—10 月）及旱季（11 月—次年 5 月）的进水量有差异。各平行单元年均及分季节水力负荷统计值如表 9-3 所示。从表中可以看出，STA 湿地雨季进水量达到旱季的 3～4 倍，不同年份间的最大差异也达到 3 倍以上。但总体来说，STA 湿地处于较低的水力负荷，这与湿地极严格的出水目标是相符的。

表 9-3　STA-3/4 湿地水力负荷统计值

单位：0.01 m^3/（m^2·d）

单元	年内平均				旱季				雨季			
	均值	最大值	最小值	标准差	均值	最大值	最小值	标准差	均值	最大值	最小值	标准差
1	2.1	3.68	1.04	0.34	0.74	1.72	0.14	0.23	3.98	6.39	1.9	0.63
2	2.16	3.98	1.24	0.4	1.05	2.57	0.19	0.35	3.69	6.63	1.37	0.62
3	2.42	4.07	1.53	0.34	1.04	3.39	0.14	0.44	4.33	7.04	3.13	0.51

9.1.5.2 运行水质情况

对 2006—2012 年 STA-3/4 的逐月 TP 数据、2006—2016 年的年均 TN 数据进行分析，进出水水质指标统计如表 9-4 所示。

表 9-4　湿地进出水水质指标统计

水质指标	水质标准		进水			出水			平均去除率
	进水	出水	平均值	范围	达标率	平均值	范围	达标率	
TP/(mg/L)	NA	0.05	0.085 3	0.069 ~ 0.114	NA	0.018 3	0.005 ~ 0.07	>95%	78.55%
TN(mg/L)	NA	NA	3.56	2.64 ~ 3.92	NA	1.92	1.77 ~ 2.17	NA	46.1%

TP 是 STA 湿地的首要去除目标物质。从表中可以看出，经 STA 湿地净化后，TP 浓度显著降低，在 95% 以上的样本中达到了 0.05 mg/L 的近期处理目标。湿地出水 TP 平均值为 0.018 3 mg/L，已经为贫营养状态，平均去除率为 78.55%。但依然有个别月份出水 TP 浓度超过 0.05 mg/L，达到了 0.07 mg/L。

STA 湿地对 TN 也有显著去除效果，平均去除率为 46.1%。但可以看到，经 STA 湿地净化后，出水 TN 浓度仍未达到我国地表水Ⅳ类标准水平。

9.1.5.3　季节性差异

由于 TN 指标仅收集到年均数据，表 9-5 仅针对 TP 指标进行季节性差异分析。STA-3/4 湿地 TP 负荷统计值如表 9-5。可以看出，旱季与雨季间的 TP 负荷差异很大。经计算可知，雨季进入湿地的 TP 负荷占全年的 80%。这主要是由于雨季进入湿地的流量较大。

表 9-5　STA-3/4 湿地 TP 负荷统计值

单位：g/m^2

单元	年内平均				旱季				雨季			
	均值	最大值	最小值	标准差	均值	最大值	最小值	标准差	均值	最大值	最小值	标准差
1	20	36	7	4	5	14	0.3	2	16	23	6	3
2	17	33	6	4	5	13	0.3	2	12	22	3	3
3	19	35	11	4	4	15	0.2	2	15	30	6	3

对旱季和雨季的进出水水质进行对比结果如图 9-5 所示。可以看到 0.15 mg/L 以上的高进水浓度发生在旱季；出水 TP 浓度与进水 TP 浓度没有显著相关关系，旱季和雨季的

出水 TP 浓度也没有显著差异。

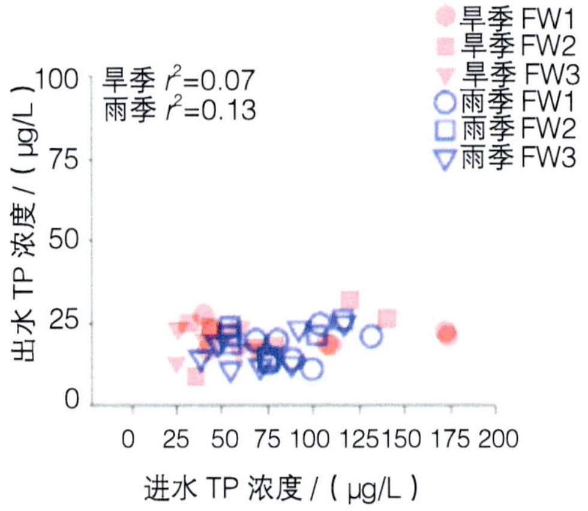

图 9-6　STA-3/4 湿地各单元分季节进出水 TP 浓度

9.1.6　运行情况及问题

STA 湿地由南佛罗里达水务局负责运维，主要运维工作包括流量控制、水位控制、水生植物管理、杂草收割、水文水质监测等。从 1994 年运行至今，STA 湿地尚未出现严重的湿地结构破坏或净化功能下降。

9.1.7　案例特点总结

（1）微污染进水下的低负荷设计

STA 湿地进水泵站设计总流量为 770 万 m^3/d，STA 湿地占地面积为 230 km^2，水力负荷为 0.033 $m^3/(m^2·d)$，实际多年平均处理水量合 435.2 万 m^3/d，平均水力负荷为 0.018 9 $m^3/(m^2·d)$。设计水力负荷和实际水力负荷均远低于我国《人工湿地污水处理工程技术规范》（HJ 2005—2010）中对表流湿地的建议值 [≤ 0.1 $m^3/(m^2·d)$]，即吨水占地面积大于建议值。

从污染负荷上看，STA-3/4 湿地的 TN、TP 实际表面负荷分别为 0.03 g / $(m^2·d)$ 和 0.001 g/ $(m^2·d)$，与我国《污水自然处理工程技术规程》（CJJ/T 54—2017）相比，均远低于建议取值 [1.5 ～ 2.5 g/ $(m^2·d)$ 和 0.1 ～ 0.2 g $(m^2·d)$]。两个指标的平均去除率（46.1% 和 78.5%）则高于规范预计值（15% ～ 35% 和 20% ～ 50%）。

从上述指标的不匹配上，可以看出对类似 STA 湿地的微污染水深度净化湿地项目不宜直接参考常规设计规范中的污染负荷参数。STA 湿地首先建设了 STA-1 单元作为试验单元，后续根据 STA-1 的净化效果设计建设了其他单元，为主体湿地建设提供了较翔实的设计依据。

（2）项目造价与运行费用低于常规处理工艺

STA 湿地工程建于 1992—2013 年，工程总投资为 4.8 亿美元（不含征地费用），吨水造价约 62.3 美元。运行费用约 900 万美元 /a，约合 0.003 美元 /t。可见 STA 湿地工艺简单、施工造价低，综合吨水投资低于常规水处理厂和常规污水处理人工湿地。

（3）项目重视水生植物系统的净化能力

从单元内部构造看，STA 湿地以浅水型表流湿地为主，单元面积较大，为加强单元内的配水均匀性，种植了挺水植物条带。总体上 STA 湿地的构造和工艺设计是较为粗放的，也没有采用特殊的填料或强化处理手段，但对水生植物的选择和种植养护较为重视。这说明在微污染水净化的情境下，STA 湿地主要依靠水生植物来截留营养盐。

（4）项目净化效果显著，运行模式值得借鉴

STA 湿地以 TP 净化为主要目标。截至目前，STA 湿地已经稳定达到了近期的净化目标，即出水 TP 浓度低于 0.05 mg/L，说明湿地系统作为微污染水的 TP 去除手段是卓有成效的。

但截至目前，STA 湿地还未达到出水 TP 浓度低于 0.01 mg/L 的远期目标。Mistch 等[57]为研究这一极限目标的可行性，进行了小试实验，发现在 TP 浓度为 0.025 mg/L 的进水水平下，新建人工湿地在运行的前两年均向水中释放 TP，导致出水浓度大于进水浓度。但从第三年开始，湿地能够去除 TP，其中浮叶植物 + 沉水植物的表流湿地的去除率为 51%，出水 TP 浓度接近 0.01 mg/L。因此，通过选择低磷土壤、合适的植物和水力负荷，这一目标是有可能实现的。

仅从吨水投资和处理效果来看，STA 湿地的模式是值得推广的。但结合占地情况来看，在雨污水处理量较大的情况下，30 m^2 的吨水占地面积在人口密集地区意味着巨大的征地费用。因此，STA 湿地的低工程强度、高占地模式更适合用于有大片自然坑塘或废弃洼地的情况。

STA 湿地作为世界上最大的淡水人工湿地，除了规模最大以外，对 TP 的控制要求也是最严格的。从营养盐截留净化的角度，该项目证明了应用人工湿地技术能够将 TP 降低到贫营养水平，同时开展了进一步的极限探索。目前，该项目已成为美国在人工湿地方面最主要的研究基地。管理单位、科研机构对该项目进行了长期、详细的监测，从水文、水质、土壤、生物等各方面进行研究，形成了大量的数据积累。除了技术数据成为其他

项目的依据外，该项目从中试、示范工程到大规模推开建设、持续管理和跟踪研究的管理模式也值得其他大型湿地项目借鉴。

（5）景观功能有待提升，社会效益不足

STA 湿地水力负荷低、占地面积巨大、投资和运行费用较高，导致其应用场景受限。同时，湿地建设重点考虑的是水利和水处理的要求，没有进行景观优化，导致该区域景观单调、功能单一，无法更好地发挥社会效益。

9.2 香港湿地公园

9.2.1 项目概况

香港湿地公园位于中国香港新界西北部、天水围新市镇以北，毗邻米埔内后海湾拉姆萨尔湿地。1998 年在开发天水围预留区时，香港特别行政区政府进行了一项环境评估工作，认为需要为城市开发破坏的自然环境进行补偿——在天水围北建造一个面积约 60 hm^2 的生态缓冲区，分隔南侧的天水围与北侧的后海湾拉姆萨尔湿地。随后，在 1999 年动工建造香港湿地公园，耗资约 5 亿港元。公园分两期建设，于 2006 年完工。整个公园总占地 61 hm^2，包括一个占地 1 hm^2 的游客中心，以及 60 hm^2 为野生生物建造的户外再造生境。[58]

香港湿地公园概况如表 9-6 所示，区位及范围如图 9-7 所示。

表 9-6　香港湿地公园概况

项目信息	项目情况	备注
建设年份	1999—2006 年	分两期实施
建设地点	新界天水围北	
建设单位	香港渔农自然护理署	
设计单位	建筑设计：香港建筑署 园路设计：Urbis Limited 生态顾问：Wildlife and Wetland Trust (WWT)	
建设目标	一个世界级自然保护及生态旅游地	亚洲首例兼具湿地保护、教育与游览功能的湿地公园
水源类型	雨水、地下水、海水潮汐	
公园总面积	61 hm^2	

项目信息	项目情况	备注
访客中心区	1 hm^2	
湿地生境区	60 hm^2	

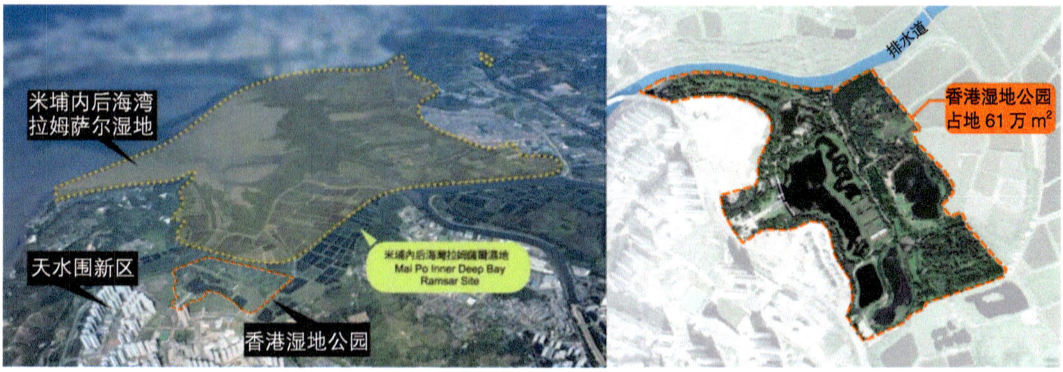

图 9-7　香港湿地公园区位及范围

9.2.2　场地条件

湿地公园的原址是一片围海造田形成的桑基鱼塘（如图 9-8 所示），区域内及周边有农业活动，包括水产养殖及农业种植。每年有超过 12 万只季候鸟在这里过冬或将这里作为迁飞时的中途休息站。

图 9-8　湿地公园建设前的场地情况

场地水资源条件良好，既有补充自天然降雨的鱼塘水域，也有伴随潮汐形成的咸淡水河涌。场地植被资源包括陆生树林及潮间带河道两侧的红树林。总体生态资源较好，为香港湿地公园建设提供了良好的基础。

9.2.3 生态设计理念

香港湿地公园的规划设计目标主要有以下几点：成为一个世界级的旅游景点；充分展现湿地公园的生物多样性；丰富中国香港的旅游资源和游客的旅游体验；成为独具特色的教育、研究和资源中心；提供可与米浦沼泽自然保护区相辅相成的设施。

在规划设计前期，中国香港政府给了湿地公园极高的定位和重视，成立了专责小组，确立了3个主要的生态设计理念：环保优先的理念、生态可持续的理念、人物和谐共生的理念。

香港湿地公园鸟瞰图如图9-9所示。

图 9-9　香港湿地公园鸟瞰图

（来源：渔农自然护理署香港湿地公园）

9.2.4 工程设计与实施

9.2.4.1 功能布局

香港湿地公园在功能使用上划分为旅游休闲区和湿地保育区（如图9-10所示）。在全园的规划构图中，由于设计者尽可能地减少对自然的影响，所以在构图中采用自然形态，避免规则图形对自然产生的压迫感。

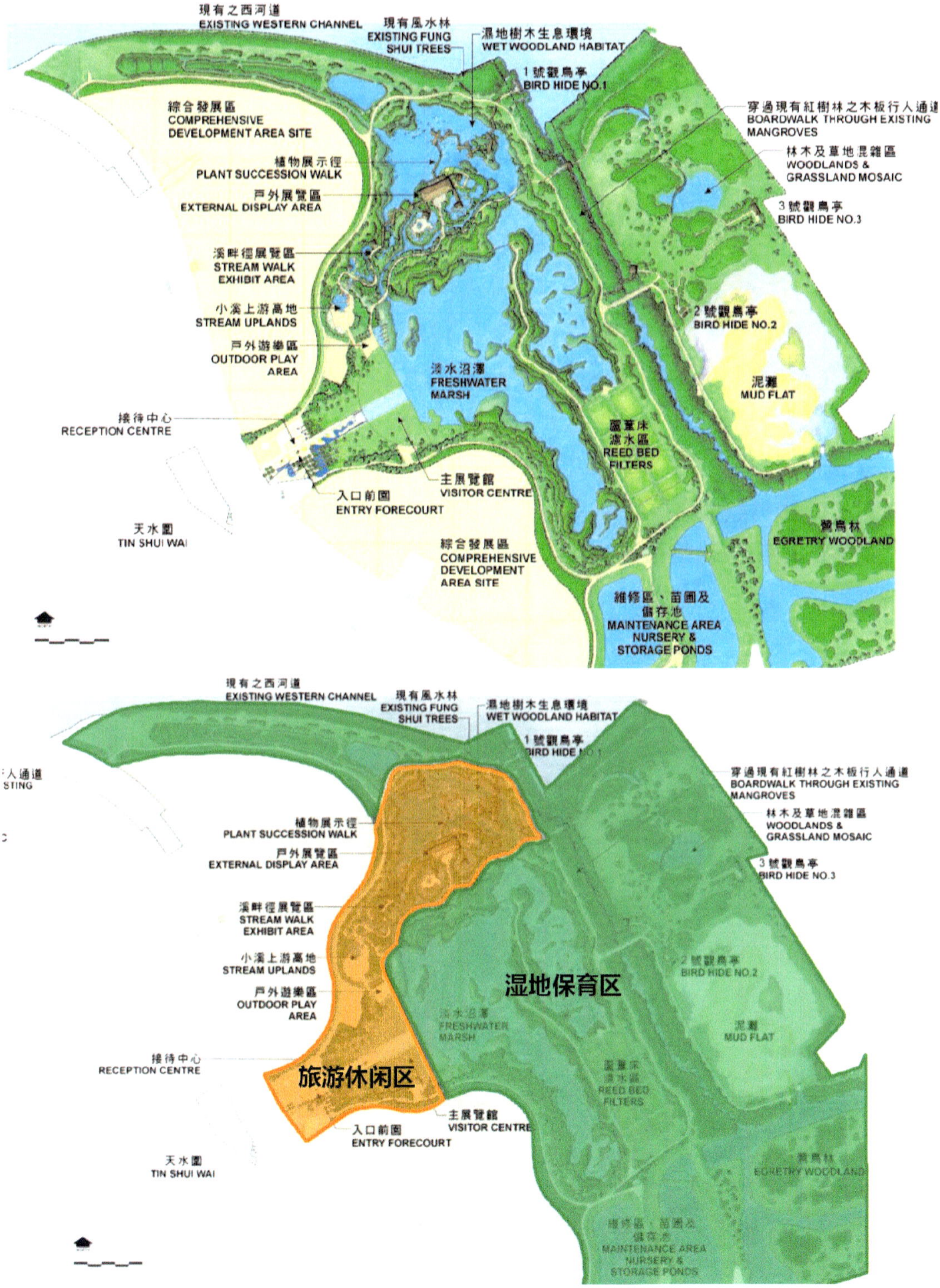

图 9-10　香港湿地公园总平面图及功能布局

（周艳制图）

旅游休闲区主要是为游客提供在不破坏自然的基础上，欣赏、研究、洞悉自然的场所，起到展示和体验的功能。该区域由两部分组成，即室内游客中心和室外展览区。室内游客中心设有主题展览廊、放映室、礼品店、餐厅及室内游戏区。室外展览区设有湿地探索中心、溪畔漫游径、演替之路、红树林浮桥和三间观鸟屋。在设计上采用轻介入的游步道系统，最大限度地降低对湿地的环境影响，使游客能够亲身体验湿地自然环境和湿地的生物多样性特点，而又不干扰鸟类的活动。

湿地保育区是公园的核心要素，包括淡水沼泽、池塘芦苇床、泥滩、红树林、草地及林地等类型众多的生境。该区域以保护生态为主要目的，营造自然的生态为布局的基本原则，除了保留场地原有的一些植物和潮间带的红树林，大部分的湿地生境都是人工建造出来的（如图 9-11 所示）。因此，在设计中考虑了不同生物栖息地的需求，营造不同的湿地空间，例如水鸟和野鸭喜欢开阔、无大乔木遮挡的水域；也有喜欢隐藏在高秆芦苇区域里的鸟类；还有吸引水鸟觅食的咸淡水泥滩；选择种植可吸引鸟类、昆虫等生物的植物。同时，利用土丘、树林及建筑物分隔访客及生物栖息地，减少人类对野生动物的影响。

图 9-11　湿地保育区营造的自然生境

（来源：渔农自然护理署香港湿地公园）

9.2.4.2　水系统设计

水是湿地形成、发展、演替、消亡与再生的关键。香港湿地公园水系统的设计体现了可持续发展的理念。

香港湿地公园水系统示意图如图 9-12 所示。

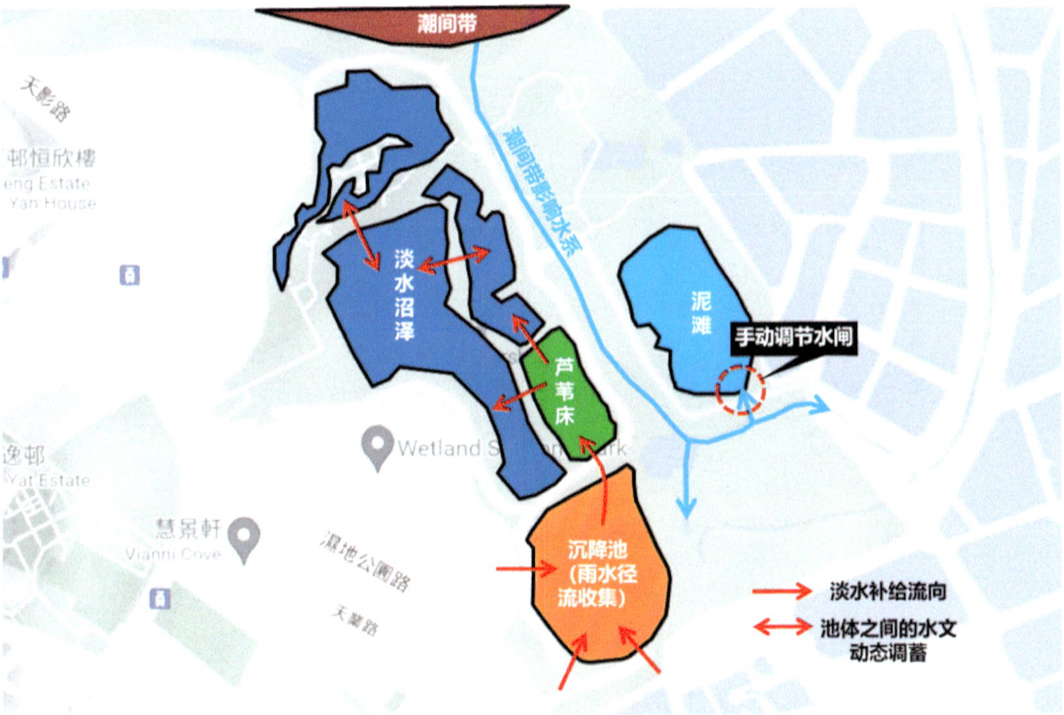

图 9-12　香港湿地公园水系统示意图

（周艳制图）

（1）利用可以获得的天然咸水与淡水资源

① 咸淡水栖息地依赖于自然的潮汐运动。受到潮汐影响的主要为红树林和泥滩区：红树林位于潮间带，适应于自然潮汐的环境中生长。红树林不仅为弹涂鱼和招潮蟹等野生动物供给食物，还成为许多生物理想的栖息和繁殖地。泥滩区是模仿后海湾的潮间带泥滩而建，用以吸引各类型的涉禽，特别是过境迁徙的水鸟和冬候鸟。

② 淡水湖和淡水沼泽主要依赖周边城市的雨水径流作为水源补充。这些雨水需经过三步处理：首先收集在沉降池中，然后通过水泵提升到芦苇过滤床（潜流湿地）中净化，最后通过重力作用流入淡水湖和沼泽。

（2）环境友好的建筑材料

水体建造采用了可持续的方式，利用场地原有鱼塘约 1 m 厚的防水砂浆中的黏土，作为池体天然的防渗材料。用于净化地表径流的芦苇过滤床（潜流湿地）也采用蚝壳、废弃红砖等回收材料作为其粗过滤滤料（如图 9-13 所示）。

图 9-13　芦苇过滤床（潜流湿地）采用可持续建筑材料

（林卉摄）

（3）湿地水位的科学设计

湿地水位除了影响水生植物的生长和分布外，还直接影响野生动物尤其是水鸟的觅食和栖息，所以公园范围内的池塘和泥滩均设有活门和水泵，以调节水位高度。与其他海岸环境一样，泥滩也会受到潮汐的影响，被潮水淹没或外露，因此在泥滩旁设置水闸，控制潮水的进入和排出，从而控制泥滩内的水位高低。每当潮涨，后海湾的泥滩被潮水淹没时，公园的泥滩还可以维持较低水位，使各种水鸟在此觅食。

9.2.4.3　种植设计

香港湿地公园的植物设计以乡土植物为主，保留场地原有的许多乔灌木（如图 9-14 所示）。在植物的配置中，尽可能地模拟自然生境，能够将维护成本降至最低。遵循物种多样性、再现自然的原则，体现陆生生态系统—湿生生态系统—水生生态系统的渐变特点，植物生态型为陆生的乔灌草—湿地植物或挺水植物—浮叶沉水植物等，主要措施有：

①湿地湖泊中水生植物的覆盖度小于水面面积的 30%。

②大量使用在香港苗圃常见的乡土湿地植物物种，可以尽可能地模拟自然生境，而

且能将维护量降至最低。

③除考虑水生植物自身的水深要求之外，还需要考虑其花期和色彩、高低错落搭配，并安排好游人的观赏视角，以免相互遮挡。

图 9-14　湿地公园植物实景图

9.2.4.4　湿地建筑设计

（1）建筑与湿地环境和谐相融

湿地中的主要建筑物有三类，分别是游客中心、湿地探索中心以及观鸟屋。游客中心作为最重要的旅游景点，被安排在接近入口和城市的位置，减少对湿地栖息地的侵扰，并能有效地将城市的嘈杂隔绝在外围。建筑形式设计上采用绿色的大草坪进行覆盖，令游客中心消隐在湿地公园里，仿佛是从湿地里生长起来的有机体。同时，大面积的草坪屋面可以为游客提供休闲活动的场所和绝佳的观景视野。湿地探索中心采用清水混凝土结构，墙面搭配爬藤植物，布满整个建筑物，削弱建筑在湿地空间的存在感，使其与周边环境相融合。观鸟屋有 3 间，位于湿地较远的地方，如潮间带以及泥滩附近，建筑设计上采用轻质钢结构，用大量木格栅作为外饰面，与自然环境相融合，减少对湿地中的生物的干扰。

（2）体现环保理念的建筑设计

香港湿地公园是香港第一个在空调设施中采用地温冷却系统的重要项目，避免了排风口、冷却塔和其他设备的使用，比传统的冷却塔节省约 25% 的能量。地热系统不但可防止废热能排入大气，也可防止废热能排入周围的生境，对环境的负面影响降至最低。此外，游客中心的建筑物方位经过了精细的考量与旋向调整，使建筑楼顶接收的太阳辐射减至最少，而中庭的天窗设计可作天然采光，可减少室内的电灯系统及耗用能源。湿地探索中心在设计上同时体现环保设计理念，用收集的雨水冲洗厕所；依靠自然通风，通过天窗的巧妙设计，使太阳辐射降至最低，从而减少制冷设备的使用。游客中心建筑效果图与实景图如图 9-15 所示。

图 9-15　游客中心建筑效果图与实景图

（来源：香港建筑署）

9.2.4.5　湿地交通设计

香港湿地公园的道路为四级道路系统，主要包括主干道、次要干道、支道、简易步道等。主干道连接入口与各主要景区，主要满足步行与不会造成污染的游览交通工具使用，次要干道是各景区通往各景点的道路。支道和简易步道专供游客步行，通常宽度不大，路面常选择块料或碎料铺设。香港湿地公园除了使用木栈道外，还包括浮桥和一条小径，前往公园外围地区和 3 间观鸟屋，每条木栈道延伸至 100 m，使游客可以感受潮水并近距离观察湿地中的动物和植物，浮桥的高度可以随水位的高低变化而起伏。室外展览区轻介入游览步道如图 9-16 所示。除此以外，还设有几条主题鲜明的游览道路，如原野漫游径、溪畔漫游径、演替之路。

图 9-16　室外展览区轻介入游览步道

（左图来源为《香港统计年刊》，右图来源为 Urbis Limited）

路面材料选择地方乡土材料为主，栈道采用全木制，采用浮桥的形式减少下方空间支撑结构物的面积，保存栈道下方原有生物环境；硬质铺装道路尽量避免穿过湿地保护区，如需硬质铺装道路，则设有水流涵洞或排水涵管，并在涵洞、管底堆放中小型碎石，增加动物通过速度和局部隐秘性。

9.2.4.6　湿地展示系统设计

湿地展示系统在材料的选择、内容的设计上都与所处的空间环境相协调。在游客中心区采用简约的设计和色彩鲜明的标识，提供清晰的引导路径。在湿地保育区，自然环保的材料、生动活泼的内容与湿地环境融合，又能提供趣味的展示内容和指示效果。例如，指示牌等标识性强的小品大多采用鸟的形象，增加其可识别性和趣味性，以及用与动物共情的语言提示游客保持安静（如图 9-17 所示）。

图 9-17　湿地导视牌

（林卉摄）

9.2.5　湿地公园运营管理

香港湿地公园采取多方面管理措施，使不同类型的生境切合各种野生动植物的需要，以增加物种多样性。一般来讲，适宜的湿地植物环境会使许多野生生物（如甲虫、软体动物、蜻蜓、蟾蜍、青蛙等）很快加入，随着湿地植物、软体动物、两栖动物、鱼类等低层生物链的完善，为飞禽类野生动物提供栖息场所。从而植物、鸟类、鱼类和其他生物就可以形成相对稳定的生物链，保持整个动植物、微生物系统的平衡和稳定发展。管理措施大致可分为水文水质管理、限制游客活动和生境维护管理 3 个方面。

9.2.5.1　水文水质管理

通过定期调控池塘和泥滩的闸门与水泵（如图 9-18 所示），调节水位高度，保障生物栖息所需要的水文环境的稳定。每月进行最少两次的水质监测，指标包括水温、浊度、BOD、TN、TP、酸碱度和 DO 等。监测数据主要用来评定公园内湿地的水质及芦苇床的净化效能，并确保公园适合成为各种野生动植物的栖息场所。

图 9-18　湿地水位控制装置

（林卉摄）

9.2.5.2　限制访客活动

在香港湿地公园的户外区域，访客仅被允许进入室外展览区（如图 9-19 所示），其他区域均为保护区，只有工作人员能够进入。同时，即使是在室外展览区，也采用观鸟屋、游步道等低影响参观措施，并引导访客杜绝噪声产生。严格执行的访客限制最大限度地降低了人类活动对野生生境的影响，使生态系统能够自然演替成熟。图 9-20 为从湿地方向看游客中心建筑。

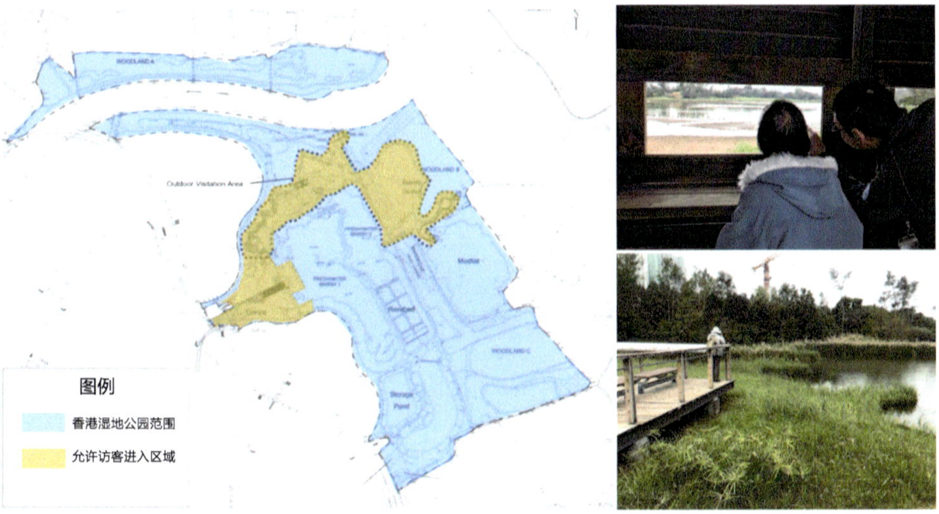

图 9-19　香港湿地公园的访客活动限制范围

（林卉摄影、周艳制图）

图 9-20　从湿地方向看游客中心建筑

（来源：渔农自然护理署香港湿地公园）

9.2.5.3 生境维护管理

（1）红树林生境

保持红树林良好的生长条件，移除过多的爬藤植物和入侵物种，为浮桥步道上的游客营造好的观看视野，为招潮蟹、弹涂鱼以及其他依赖红树林生存的物种维持好的栖息环境。

（2）水鸟生境

保持开放的水域，为野鸭、白鹭、鸬鹚等营造安全、植被量较少（避免大树遮挡）的环境，为白腹秧鸡、黑水鸡等水鸟提供茂密的挺水植物，为水雉、小䴙䴘等提供浮叶植物的区域。

（3）蝴蝶、蜻蜓生境管理

蝴蝶园为蝴蝶提供寄主植物和蜜源植物，“演替之路”区域种植挺水植物，使蜻蜓稚虫能够爬离水面并羽化为成虫。

（4）植被管理

作为集自然护理、教育及旅游用途于一体的景点，管理人员需同时维持公园内植被的景观及生态价值。对游览路线旁的植物需勤加护理，而保护区则维持较自然的景观。还需要清除杂草及种植多种植物，用以增加物种多样性及吸引各种不同类型的野生动物。

（5）控制外来物种

在湿地公园的外来物种包含俗称福寿鱼的尼罗口孵非鲫（*Oreochromis niloticus*）和福寿螺（*Pomacea canaliculata*）。福寿鱼和福寿螺依靠噬食水生植物维生，危害原生物种的生存，所以需要定期清除这些外来物种。

（6）人工巢箱

自 2003 年，园区内放置了不同大小的人工巢箱，为雀鸟提供繁殖的场所。大部分巢箱都置于公园保护区的林内，避免使用巢箱的雀鸟受到骚扰。

此外也设置了蝙蝠巢箱，为蝙蝠提供栖息地。大部分蝙蝠巢箱同样设置于远离游览路线的区域，以减少人为干扰。图 9-21 展示了在巢箱内安装监控系统以观察物种的活动。

图 9-21　在巢箱内安装监控系统以观察物种的活动

（来源：香港物种探索）

9.2.6　运营成效

9.2.6.1　生物多样性

根据过往生态调查的记录，保护区内记录的鸟类物种数累计已达 273 种，占本地鸟类物种总数的约 50%。除了鸟类外，保护区内还记录了多种其他生物，尤其是与湿地有密切关系的蜻蜓、两栖类和爬行类动物。区内记录的蜻蜓、两栖类和爬行类动物种类累计分别为 56 种、10 种和 32 种；累计记录了蝴蝶 177 种。香港湿地公园常见鸟类如图 9-22 所示。

图 9-22　香港湿地公园部分常见鸟类

（来源：渔农自然护理署香港湿地公园）

9.2.6.2 接待访客

2023 年，香港湿地公园记录约 41 万的入场人次，公园举办约 2 500 次导赏活动，共有约 53 000 名参加者。

9.3 四川泸州渔子溪生态湿地公园

9.3.1 项目概况

四川省泸州市高新区成立于 2013 年 9 月，2015 年 2 月经国务院批准升级为国家高新技术产业开发区。高新区以南寿山为绿色屏障，以长江为裙带，南高北低，渔子溪、三道河、新河沟顺山而下，经过高新区核心区，注入长江。

2017 年，泸州国家高新区管委会委托北控水务（中国）投资有限公司牵头的 PPP 联合体对渔子溪水系进行防洪整治和水生态修复，构建渔子溪生态湿地公园，作为高新区推进“产城一体、产城融合”的关键节点。湿地公园总面积约 86.6 万 m^2，其中湖泊湿地面积约 20 万 m^2，滨水绿化等约 66.6 万 m^2。历经两年多的建设，渔子溪生态湿地公园于 2020 年 9 月对公众开放。

渔子溪生态湿地公园概况如表 9-7 所示。

表 9-7　渔子溪生态湿地公园概况

项目信息	项目情况
建设年份	2017—2020 年
建设地点	泸州高新区江阳片区
负责单位	北控水务（中国）投资有限公司
建设目标	总体目标：重新激活区域自然灵韵，重构水绿环境空间，打造高品质、生态绿色都市客厅。 防洪目标：按 50 年一遇（P=2%）形成片区防洪排涝河道。 水质目标：建设期完成 1 年后，除暴雨期外，主湖区水质达《地表水环境质量标准》（GB 3838—2002）Ⅲ类水质标准，暴雨期结束 7 天内水质和透明度恢复，水体透明度≥ 1.5 m，运维期结束形成稳定水生态系统。 生态目标：水面景观得到明显提升，水体生物多样性增加。

项目信息	项目情况
水源类型	雨水、河水
公园总面积	约 86.6 万 hm^2
湖泊湿地区	约 20 万 m^2
滨水绿化区	约 66.6 万 m^2
建设投资	总投资 3.36 亿元

渔子溪湿地之于高新区的生态绿心区位如图 9-23 所示。

图 9-23 渔子溪湿地之于高新区的生态绿心区位

9.3.2 场地条件

泸州高新区为浅丘地区，地势起伏，背山面水，河流水系较多，生态景观资源基础良好，具有较强的景观可塑性。

渔子溪是长江右岸一级支流。新河沟、三道河为渔子溪支流。这两条河道常年有水，水质较好。但因为缺乏科学的生态环境管理且无序开发，河道行洪断面不足，水系周边水土流失及面源污染严重，生态环境脆弱。

本项目场地位于新河沟、三道河汇入渔子溪处。场地属盆地浅丘，地势起伏不大，高程一般在 200 ～ 300 m，高差小于 50 m，具备较好的湿地建设条件。

航拍图如图 9-24 所示。

图 9-24　治理前场地航拍

9.3.3　设计理念

项目以水生态文明城市建设为契机，结合泸州高新区发展规划，通过水环境技术、建设及运营全生命周期的投入，重新激活区域自然灵韵，重构水绿环境空间，打造高品质、生态绿色都市客厅。

防洪目标：按 50 年一遇（P=2%）形成片区防洪排涝河道。

水质目标：建设期完成 1 年后，除暴雨期外，主湖区水质达到《地表水环境质量标准》（GB 3838—2002）Ⅲ类水质标准，暴雨期结束 7 天内水质和透明度恢复，水体透明度≥ 1.5m，运维期结束形成稳定水生态系统。

生态目标：水面景观得到明显提升，水体生物多样性增加（底栖动物和水生维管束植物的香农 - 维纳多样性指数呈升高态势，保证香农 - 维纳多样性指数值在 1 ～ 2）。

9.3.4　工程设计与实施

9.3.4.1　水利系统

（1）总体布局

在新河沟、三道河汇入渔子溪处扩挖水系，形成渔子溪湖泊湿地。新建主湖、副湖蓄水高程按照 255 m 设计。主湖水面面积为 326.08 亩，库容 47.59 万 m^3，副湖水面面积为 29.89 亩，库容 5.4 万 m^3。主湖水深 1 ～ 4 m，副湖水深 0.7 ～ 5 m。渔子溪生态湿地公园规划总图如图 9-25 所示。

图 9-25　渔子溪生态湿地公园规划总图

（2）河道整治

对新河沟、三道河、渔子溪分别进行防洪整治。根据《防洪标准》（GB 50201—2014），本工程堤防防洪标准为 50 年一遇，堤防级别为 2 级。主湖、副湖为Ⅴ等小 2 型水库，水工建筑物防洪标准为 10 年一遇洪水设计、50 年一遇洪水校核。

综合整治后，河道分段拓宽至 20 ～ 25 m，断面优先满足行洪，分级设堰壅水，通过三道智能钢坝的引入使用，有效缓解城市片区内涝、蓄滞水资源。

同时，通过河道整治，因势利导改造渠化河道，重塑健康自然的弯曲河岸线，恢复自然深潭浅滩和泛洪漫滩，实施生态修复，提升生态景观异质性。

（3）河湖独立的运行设置

为保证渔子溪主湖区水质，本项目按照河湖独立运行的原则进行水工构筑物设置。在枯水期，可直接利用三道河和新河沟河水对主湖区进行补水。

同时将三道河从与渔子湖相接位置由东向西改道，在纳入新河沟河水后通过湖区西南侧新开的泄洪河道；在汛期，超过主湖区调蓄能力的洪水通过新开泄洪河道排走，既满足了河道和湖区防洪要求，又避免了洪水挟带的大量悬浮物对湿地水生态环境造成冲击。

9.3.4.2 景观功能布局

渔子溪生态湿地公园由“北湖”“南山”“西溪”“东河”四大景观区域构成。公园内以大面积的草坪、树林、湖泊、湿地等自然元素为主体，并设置错落有致的“楼”“台”“亭”“阁”“廊”“桥”，形成如诗如画的滨水湿地景观廊道，打造新城的生态形象名片。渔子溪生态湿地公园功能分区图如图 9-26 所示。

图 9-26　渔子溪生态湿地公园功能分区图

北湖：大片湿地形成科创产业区生态绿心，成为片区形象展示公共区域，为周边居民、商业、办公提供游憩空间，湖体由烟柳长堤分隔西溪，理水成岛置亭，形成一湖两岛格局，紧邻绕城路界面形成通透开敞的纯净北湖景观。

南山：保留现状山地，局部依山就势拓宽水域，形成山地与湖体指状相楔格局，视线通廊形成通透遮挡变换交替的景观界面，设置山地俯瞰点，与湖体形成良好的对景视线。

西溪：由新河沟与三道河汇集于渔子溪，形成浅水嬉戏场地，摸小鱼、捉蝌蚪，复原过去乡愁记忆场景，景观风貌为湿地水杉栈道穿行体验。

东河：扩宽河道宽度，顺应地势形成高低起伏、自然蜿蜒的生态河岸景观。

9.3.4.3　水生态系统

（1）总体思路

水生态工程总面积 24 万 m^2，采取建立“生物—生态”水体水质自净系统的方式来保持湖泊的水体净化。水生态系统构建主要从以下 3 个方面进行。

① 强化净化来水水源——控制主湖区磷的负荷水平，降低补水因河水变湖水、使 TP 水质标准发生变化所带来的磷负荷的差异（河流地表水Ⅲ类 TP 的标准为湖泊的Ⅴ类标准）。设计在补水闸门附近增加净化能力较强的人工水草，同时设置拦渔网以防止有害鱼类进入主湖区。

② 营造湖体自净生境——实施以水生植物和水生动物群落构建为核心的生态修复工程，通过生产者—消费者—分解者的协同作用，净化水质，构建草型清水湖泊。

③ 构建水岸生态画卷——配合渔子溪周围已有的设计，通过生态系统群落搭配、空间形态及季节变换等打造“水清、岸绿、景美”的水体环境。

生态修复后的水下森林实景如图 9-27 所示。

图 9-27　生态修复后的水下森林实景

（2）种植设计

水生植物在生态建设和整个系统的水体平衡、功能保持及恢复过程中发挥决定性的作用已得到国内外学者的肯定。本项目通过在湖体配置沉水植物 + 挺水植物 + 浮叶植物，放养鱼类及其他水生生物，构建水下森林，滨水绿地种植湿生、陆生植物群落等方式，培养完整的食物链和生态圈，发挥净化水体及生态修复作用。

1）沉水植物

沉水植物的生长繁殖受到光照、水深、透明度等多种因子的影响。沉水植物净化区的构建充分考虑种间竞争对植物生长及水质净化的影响。浅水区（0.5 ~ 1.5 m）沉水植物以基生低矮品种为主，深水区（1.5 m 以上）以茎生高大型品种为主，深水区沉水植物需选择光补偿点较低的品种，以适应深水型沉水植物获取光照的正常需求，保证区域沉水植物的正常生长。

结合渔子溪区域情况和湖泊的设计情况，选取季节搭配最佳、净化能力较强、景观效果较好的沉水植物群落，主要由菹草、苦草、竹叶眼子菜、马来眼子菜、穗状狐尾藻和黑藻组成（如图 9-28 所示）。

图 9-28　渔子溪生态湿地公园沉水植物品种

2）浮叶植物

本项目景观要求高，浮叶植物主要选择观赏效果好的睡莲（如图 9-29 所示），形成睡莲观赏区，同时选用不同花色的睡莲品种。睡莲因昼舒夜卷而被誉为“花中睡美人”，其花期较长（群体花期 6 个月以上）、观赏价值较高（花色丰富）。睡莲的根能吸收水中的铅、汞、苯酚等有毒物质，是难得的水体净化品种，此外部分节点选用芡实点缀种植。

图 9-29　渔子溪生态湿地公园浮叶植物品种

3）挺水植物

根据沿岸带水陆交错地带的宽度和实际地形限制及水深情况，在水深较浅的区域及岸带种植挺水植物。挺水植物的种植需考虑景观效果，通过合理搭配增加水生植物的可观赏性和层次感，同时考虑多用本地种及水土保持水生植物。根据人工湖泊地理形状、驳岸特征，陆域景观设计结合随弯就势营造带状及点状的开阔挺水植物景观区。挺水植物的种植效果不仅有观花观叶的效果，还能有不同的花色和花期。

本项目选择的挺水植物包括美人蕉、黄花鸢尾、西伯利亚鸢尾、再力花、石菖蒲、花叶芦竹、伞草等品种（如图 9-30 所示），其中，石菖蒲、花叶芦竹、伞草为观叶植物，美人蕉、黄花鸢尾、西伯利亚鸢尾、再力花为观花植物，且植物布局上综合考虑了不同的花色和花期。渔子溪生态湿地公园护岸种植实景如图 9-31 所示。

图 9-30　渔子溪生态湿地公园挺水植物品种

图 9-31　渔子溪生态湿地公园护岸种植实景

9.3.4.4 海绵系统

本项目利用构建湖泊湿地，增加雨洪调蓄容积，提升行洪排涝能力，实现了雨水的综合利用；充分发挥道路和绿地、水系等对雨水自然积存、自然渗透、自然净化的作用，有效控制雨水径流，实现城市低影响开发。

在滨水海绵系统构建方面，重点加强湖岸边海绵型道路与广场建设，科学布置雨水花园、下凹式绿地、人工湿地等措施，增强公园和绿地系统的城市海绵体功能，消纳自身雨水，并为蓄滞周边区域雨水提供空间，改变了雨水快排 、直排的传统做法，增强道路绿化带对雨水的消纳功能，在非机动车道、人行道、园路、广场等扩大使用透水铺装，推行道路与广场雨水的收集、净化和利用，减轻对市政排水系统的压力。渔子溪生态湿地公园海绵系统设计导图如图 9-32 所示。

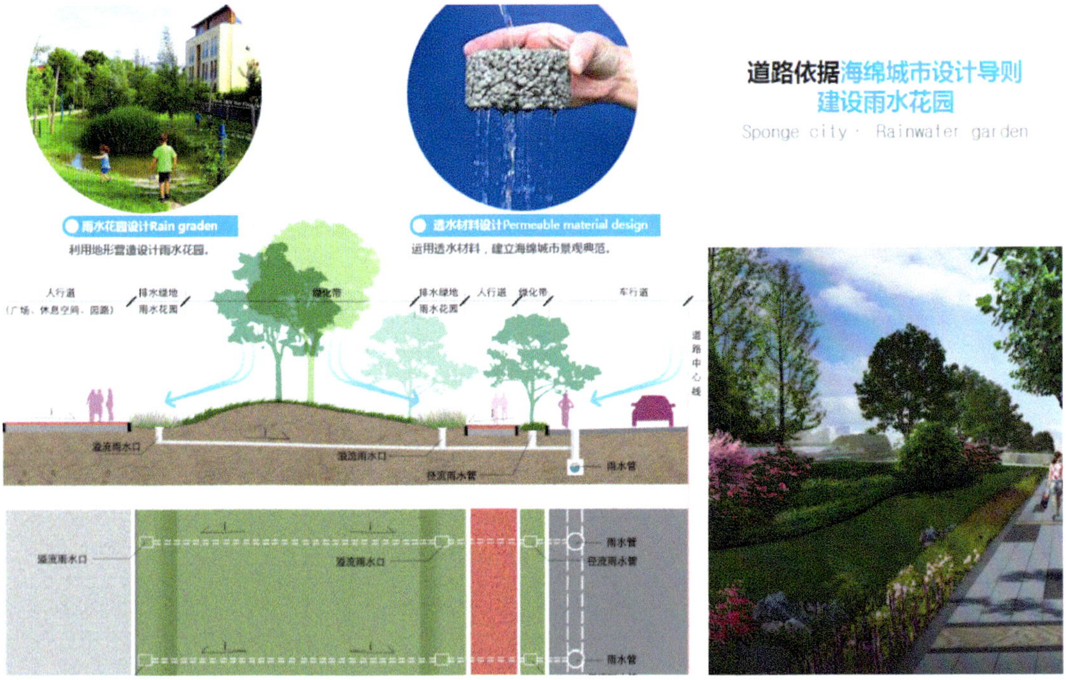

图 9-32　渔子溪生态湿地公园海绵系统设计导图

9.3.4.5 配套设施

渔子溪生态湿地公园有成熟完善的配套设施，零售服务、厕所的服务范围为 500 m 以内；在间距为 200 m 以内的道路交叉口、主入口处设垃圾投放点；室外座椅和其他服务设施根据游览路线布置在人流集散地和道路边及其他有需要的地方；在人流驻足时间较长地区设置手机充电站并覆盖无线热点，无线热点在空旷地带覆盖范围约 200 m，在主要休息区进行覆盖可极大改善游客体验；在公园内植入餐厅、咖啡馆等多元业态，与运动休闲空间融为一体，营造多元消费场景，呈现“城水相依、人水相亲、水清岸绿、乐水宜居”的城景融合效果。渔子溪生态湿地公园配套设施布局图如图 9-33 所示。

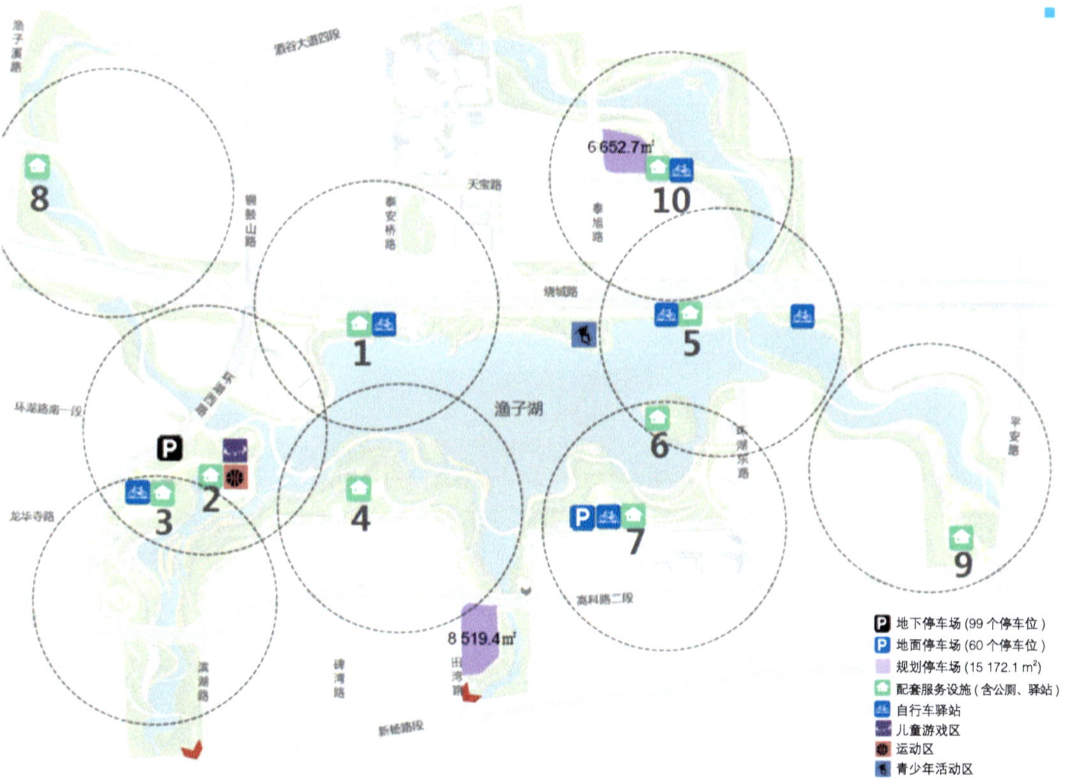

图 9-33　渔子溪生态湿地公园配套设施布局图

9.3.4.6　交通游线

渔子溪生态湿地公园交通系统由绿道和园内步道构成，绿道全长约 7 930 m，贯穿西溪、东河与湖区，在“水—岸—城”空间中穿梭；各个节点区域步道自成系统，又与绿道相连，形成主次有序、便利可达的交通游线系统（如图 9-34、图 9-35 所示）。园路系统与市政道路紧密衔接，并在主要的路段设置公园出入口，对访客开放。

图 9-34　交通游线布局图

图 9-35　园区交通游线鸟瞰图

9.3.5　运维管理

9.3.5.1　水利水环境调度

本项目综合考虑不同运行情景，采取对应调度方案。

①正常运行期：调节 2 号控制闸，开启 1 号控制闸，湖水由新河沟及三道河经 1 号控制闸进入渔子湖。渔子湖通过溢水口溢流构筑物维持湖面水位。

②洪水期：关闭 1 号控制闸、开启 2 号控制闸，使上游洪水经新开泄洪道排入渔子溪支流内。

③在发生湖区水质污染等紧急情况下，可通过放空管将湖水放空。当上游河道来水发生水质污染时，关闭 1 号控制闸，防止主湖区水质受到污染。

水位调控设施布置图如图 9-36 所示。

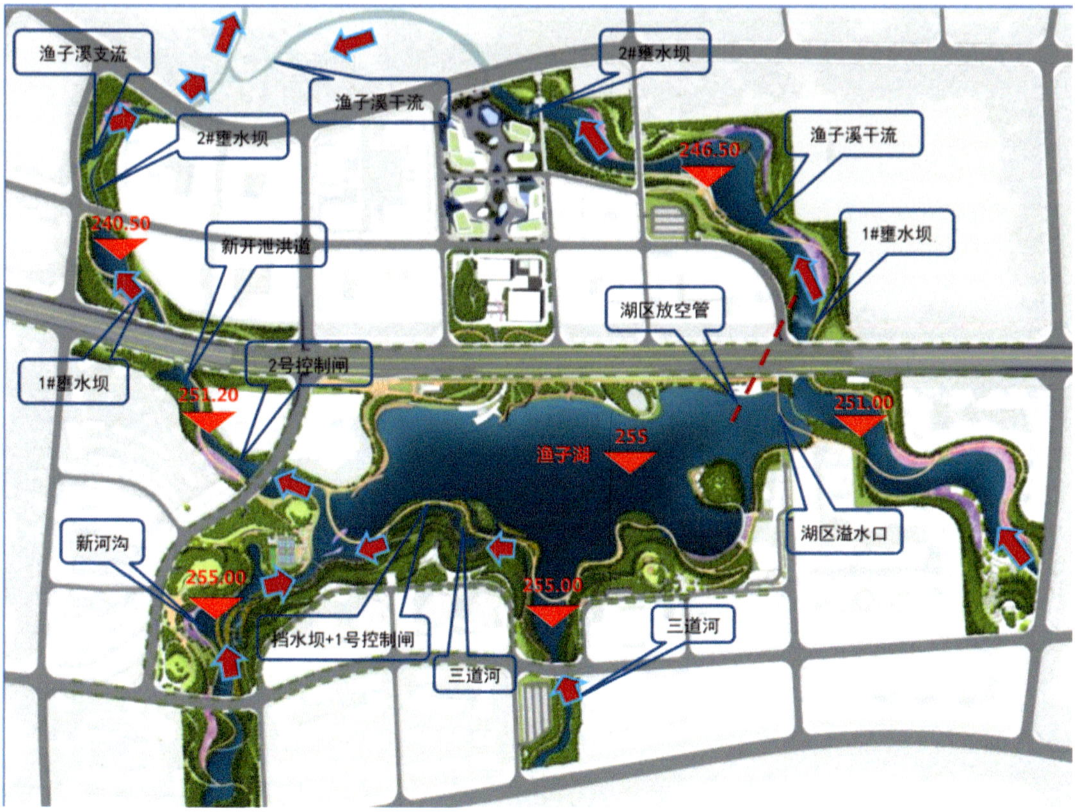

图 9-36　水位调控设施布置图

9.3.5.2　水生植被管理

①沉水植物初期生长慢，必须保持透明度在 70 cm 以上；后期生长迅速，应定期进

行收割，以免腐败后对湖水造成污染。

②根据水生植物生长的形态规模，应随时对挺水植物和浮叶植物进行清捞，有效控制水生植物的生长范围和形态，使湖泊保持良好的水质和较好的景观效果。

③严格控制湖泊内水生动物的种类和数量，尤其是草食性鱼类的数量。杜绝水产渔业养殖。

④密切关注湖泊水位的变化对水生植物的影响，必要时采取人工补水或排水措施。

9.3.5.3 环保教育策划

运维单位联合知名儿童教育研学机构，基于渔子溪湿地公园的湿地资源和场地特征，开发了针对 6 ～ 8 岁儿童的互动体验科普系列课程。

活动以湿地的生态结构与作用为线索，通过观察采样、假设分析、实践操作、观摩采访、趣味分享等环节，让儿童了解湿地，提升科学素养和环保意识。

生态教育系列课程之“地球卫士之湿地宝藏”如图 9-37 所示。

图 9-37　生态教育系列课程之“地球卫士之湿地宝藏”

9.3.6 运营成效

9.3.6.1 水质情况

目前，湖体水质均维持地表水Ⅲ类（湖泊标准），其中湖心水质达地表水Ⅱ类，透明度达 3 m。从空中鸟瞰，水下森林清晰可见（如图 9-38 所示）。渔子溪生态湿地公园监测点位及水质监测数据分别如图 9-39、表 9-8 所示。

图 9-38　水生态运营团队正在进行日常维护

图 9-39　渔子溪生态湿地公园监测点位

表 9-8　渔子溪生态湿地公园水质监测数据

检测项目	监测日期	检测结果					标准限值
		1# 渔子溪湖北侧	2# 渔子溪中心	3# 新河沟	4# 三道河	5# 渔子溪干流	
DO/（mg/L）	2022 年 4 月 29 日	12.34	12.28	12.64	11.30	7.48	≥ 5

检测项目	监测日期	检测结果					标准限值
		1# 渔子溪湖北侧	2# 渔子溪中心	3# 新河沟	4# 三道河	5# 渔子溪干流	
高锰酸盐指数 /（mg/L）	2022 年 4 月 29 日	4.2	4.3	5.1	5.1	5.1	≤ 6
COD/（mg/L）	2022 年 4 月 29 日	13	13	16	14	15	≤ 20
BOD_5/（mg/L）	2022 年 4 月 29 日	1.3	1.9	2.0	1.4	1.9	≤ 4
NH_3-N/（mg/L）	2022 年 4 月 29 日	0.125	0.110	0.313	0.371	0.157	≤ 1.0
TP/（mg/L）	2022 年 4 月 29 日	0.01	0.03	0.05	0.03	0.08	≤ 0.2（河流）≤ 0.05（湖库）
TN/（mg/L）	2022 年 4 月 29 日	0.39	0.49	2.50	2.37	3.23	≤ 1.0（湖库）
粪大肠菌群 /（CFU/100 mL）	2022 年 4 月 29 日	< 20	< 20	50	330	330	≤ 10 000

9.3.6.2　接待访客

自 2020 年 9 月开园以来，渔子溪生态湿地公园每天接待游客近 2 万人次，2020 年游览人数达到 100 余万人次，周边在运营的商业面积增加至 10 万 m^2，引入各类大型活动，已形成周末经济、夜间经济等多种新消费业态，呈现“城水相依、人水相亲、水清岸绿、乐水宜居”的城景融合效果。

第 10 章　结语

本书以项目实操为主要导向，基于编写团队的项目经验和相关课题研究成果，介绍了人工湿地项目在规划、设计、施工和运营各阶段的实操经验建议。同时，本书详细分析了 15 个典型人工湿地案例，其中 8 个为由北控水务建设运营的项目，7 个为业内知名的优秀典型案例。

在案例部分，本书着重介绍了实际运行中的水质数据。根据运行数据分析，人工湿地对 COD、NH_3-N、TP、TN 等常规指标有显著净化能力，在各种不同水源条件下均能实现稳定的去除率和良好的水质达标率。在进水端，人工湿地能够用于净化经简单预处理的生活污水；在出水端，人工湿地出水主要指标能够达到Ⅲ类甚至Ⅱ类水平。同时，与常规认知不同的是，大量案例均体现了人工湿地对冬季寒冷气候良好的适应能力，除个别项目个别指标外，冬季水质净化效果与其他季节差异不大，甚至部分项目部分指标在冬季的净化效果更佳。

人工湿地运行成本低、碳排放低、生态景观效果好，是一种具备多重复合效益的水污染控制技术。但同时，人工湿地项目实操中仍存在诸多技术问题，包括缺乏基于后评估的精准化设计计算模型、施工细节缺乏标准验收规范、运维中缺少强化净化措施、污染负荷较高时易堵塞且堵塞后恢复工作量大等。

笔者认为，人工湿地作为水质净化措施，首先应考虑不同定位下的应用和考核方式。首先，作为严格考核的水处理装置时，应完善其配套的应急处理手段；作为生态缓冲带和区域再生水循环工程时，应更重视其长时间的污染削减能力，强调生态价值的发挥，而不宜进行高频次的严格水质考核。其次，应重视项目后评估和数据分析，完善计算方法、标准图集、施工验收规范等。再次，人工湿地占地面积大，成为影响技术应用的重要因素。曝气、微生物电化学等强化方式已被证明能够提升人工湿地处理能力。基于这些强化方式，可能提供一种介于常规人工湿地（被动处理）和常规好氧生化工艺之间的水质净化选项，从而兼顾处理效率和生态效益。最后，填料堵塞和植物收割管理是影响人工湿地长效运维成本和效果的重要因素，在大量已建人工湿地项目进入长效运营期的背景下，针对这两个问题的技术优化研究和运维工具开发值得关注。

参考文献

[1] 中华人民共和国生态环境部 . 人工湿地水质净化技术指南 [Z]. 2021.

[2] 王为东 , 尹澄清 , 赵洪涛 , 等 . 一种人工构筑湿地根孔法 :CN200910244504.7[P].2024-01-04.

[3] 王宝玲 , 潘潇 , 张荣斌 , 等 . 贯泾港构筑根孔湿地水质净化效果 [J]. 环境工程学报 , 2015, 9(7):10.

[4] KADLEC R H, WALLACE S. Treatment Wetlands[M]. 2nd Ed. Boca Raton:CRC Press, 2009.

[5] 宋志文 , 王仁卿 , 席俊秀 , 等 . 荣成人工湿地净化效果的季节和年际变化 [J]. 生态与农村环境学报 , 2005, 21(4): 43-48.

[6] 李小艳 , 丁爱中 , 郑蕾 , 等 . 1990—2015 年人工湿地在我国污水治理中的应用分析 [J]. 环境工程 , 2018,36(4):8.

[7] 马启航 , 何春光 , 白雪源，等. 一种人工湿地垃圾渗滤液处理模拟装置 : CN 205556238U[P]. 2016-09-07.

[8] ZHANG X M，JING R Y，FENG X，et al. Removal of acidic pharmaceuticals by small-scale constructed wetlands using different design configurations[J]. Science of the Total Environment，2018，639 (15): 640-647.

[9] YI X, TRAN N H, YIN T, et al. Removal of selected PPCPs, EDCs, and antibiotic resistance genes in landfill leachate by a full-scale constructed wetlands system[J]. Water Research, 2017, 121: 46.

[10] 周琪 . 人工湿地技术在污水处理与水环境保护中的应用及展望 [J]. 给水排水 , 2009,45(7):1-3.

[11] WANG J, YU X, LIN H, et al. The efficiency of full-scale subsurface constructed wetlands with high hydraulic loading rates in removing pharmaceutical and personal care products from secondary effluent[J]. Journal of Hazardous Materials, 2023， 451: 131095.

[12] 成水平 , 王月圆 , 吴娟 . 人工湿地研究现状与展望 [J]. 湖泊科学 , 2019, 31(6): 1489-1498.

[13] 祝惠, 阎百兴, 王鑫壹. 我国人工湿地的研究与应用进展及未来发展建议 [J]. 中国科学基金, 2022, 36 (3): 391-397.

[14] NUAMAH L A，Li Y P，Pu Y S，et al. Constructed wetlands，status，progress，and challenges. The need for critical operational reassessment for a cleaner productive ecosystem [J]. Journal of Cleaner Production, 2020, 269: 122340.

[15] KADLEC R H, WALLACE S. Treatment Wetlands[M]. 2nd Ed. Boca Raton: CRC Press, 2009: 1016.

[16] 曹学滨 , 郭匿春 . 人工湿地的研究现状与发展前景 [J]. 绿色科技 , 2023,25(18):54-61.

[17] 黄锦楼，陈琴，许连煌．人工湿地在应用中存在的问题及解决措施 [J]. 环境科学，2013, 34 (1): 401-408.

[18] 李亚娟，杜彦良，毕二平，等．妫水河湿地植物作用及调水水质响应模拟 [J]. 环境科学，2020, 41(9): 4095-4104.

[19] PUCHER B, LANGERGRABER G. Simulating vertical flow wetlands using filter media with different grain sizes with the HYDRUS Wetland Module[J]. Journal of Hydrology and Hydromechanics, 2018, 66(2): 227-231.

[20] 张翔凌，武俊梅，王荣，等．垂直流人工湿地系统中不同组合填料净化能力研究 [J]. 中国给水排水，2009,25(19):1-4.

[21] 赵林丽，邵学新，吴明，等．人工湿地不同基质和粒径对污水净化效果的比较 [J]. 环境科学，2018,39(9):4236-4241.

[22] ZHAO YQ , ZHAO X H , BABATUNDE A O . Use of dewatered alum sludge as main substrate in treatment reed bed receiving agricultural wastewater: long-term trial[J]. Bioresource Technology,2009,100(2):644-648.

[23] 陈晓东，常文越，张帆，等．高效复合流人工湿地污水处理方法：CN104418433A[P]. 2015-03-18.

[24] 袁英兰，陈晓东，常文越，等．北方村镇污水生态处理与资源化技术应用研究 [R]. 沈阳：沈阳环境科学研究院，2011.

[25] 孙文章，张帆，陈晓东，等．HVC 生物强化潜流人工湿地模块：CN204569663U[P]. 2015-08-19.

[26] 陈晓东，常文越，王磊，等．北方人工湿地污水处理技术应用研究与示范工程 [J]. 环境保护科学，2007, 140(2): 25-28, 61.

[27] 王磊，陈晓东，刘智，等．北方人工湿地植物的筛选与配置技术研究 [J]. 黑龙江生态工程职业学院学报，2007, 96(2): 15-17.

[28] 张雁秋，曹文平．人工湿地污水处理应用现状及发展前景展望 [J]. 徐州工程学院学报：自然科学版，2016(4):5.

[29] WU H M,ZHANG J ,NGO H H, et al. A review on the sustainability of constructed wetlands for wastewater treatment: Design and operation[J]. Bioresource Technology, 2015,175:594-601.

[30] VYMAZAL J. Constructed wetlands for treatment of industrial wastewaters: A review[J]. Ecological Engineering,2014,73:724-751.

[31] YADAV A K, DASH P, MOHANTY A, et al. Performance assessment of innovative constructed wetland-microbial fuel cell for electricity production and dye removal[J]. Ecological Engineering,2012:126-131.

[32] 张称意，李贵才，胡国权，等．湿地碳汇开发利用的几个热点问题研究 [J]. 中国能源，2023,45(Z1):31-39.

[33] DE KLEIN J J M, VAN DER WERF A K. Balancing carbon sequestration and GHG emissions

in a constructed wetland[J]. Ecological Engineering, 2014, 66:36-42.

[34] WANG S, LI X K, JI M D, et al. Is constructed wetlands carbon source or carbon sink? Case analysis based on life cycle carbon emission accounting[J]. Bioresource Technology, 2023, 388: 129777.

[35] 郝晓地 , 孟祥挺 , 胡沅胜 . 人工湿地温室气体释放、影响及其控制 [J]. 中国给水排水 , 2016,32(22):39-47.

[36] 马洪运 , 周磊 , 张雪琦 , 等 . 人工湿地温室气体排放研究进展与减污降碳优化 [J]. 环境工程技术学报 , 2023,13(6):2043-2052.

[37] WALLACE S , KNIGHT R. Small-Scale Constructed Wetland Treatment Systems: Feasibility, Design Criteria, and O&M Requirements[R] . Alexandria:Water Environment Research Foundation, 2006.

[38] BRIX H. Functions of macrophytes in constructed wetlands[J]. Water Science&Technology,1994, 29(4):71-78.

[39] VYMAZAL J. Horizontal sub-surface flow and hybrid constructed wetlands systems for wastewater treatment[J] Ecological Engineering, 2005,25(5):478-490.

[40] 龚深 , 巢传鑫 , 邹冬生 , 等 . 人工湿地中植物对污染物去除机理研究进展 [J]. 湿地科学 , 2023,21(6):927-935.

[41] 李林锋 , 年跃刚 , 蒋高明 . 植物吸收在人工湿地脱氮除磷中的贡献 [J]. 环境科学研究 , 2009,22(3):337-342.

[42] 付晶淼 , 赵亚乾 , 袁玉杰 , 等 . 人工湿地中的微生物电化学技术耦合体系原理及其演变 [J]. 中国给水排水 , 2022,38(22):8-15.

[43] 乔晓荣 , 朱文涛 , 齐朔风 , 等 . 人工湿地系统对受污染河水的净化效能评估——以丹河人工湿地为例 [C]//《环境工程》编委会 ,《工业建筑》杂志社有限公司 .《环境工程》2019 年全国学术年会论文集 .《工业建筑》杂志社有限公司 , 2019:90-95.

[44] 郑军 , 马欣堂 , 周岚 , 等 . 饮用水源人工湿地运行初期水生植物繁衍研究 [J]. 环境科学 , 2011,32(8):7.

[45] 魏捷 , 朱红 , 沈利清 , 等 . 构筑生态湿地改善桐乡市西部水源水质探讨 [J]. 供水技术 , 2018,12(2):6.

[46] 陈庆华 , 俞新峰 , 王为东 . 石臼漾水源生态湿地工程的水质改善效果 [J]. 中国给水排水 , 2013,29(1):6.

[47] VYMAZAL J. Thirty years of constructed wetlands for municipal wastewater treatment in the Czech Republic[J]. Ecological Engineering, 2023,194:107054.

[48] VYMAZAL J, BRIX H , COOPER P F , et al. Constructed wetlands for wastewater treatment in Europe[M]. Leiden:Backuys Publishers, 1998.

[49] KADLEC R H, KNIGHT R L, VYMAZAL J , et al. Constructed wetlands for pollution control. Scientific and Technical Report No. 8[R]. London: IWA Publishing,2000.

[50] JENSSEN P D, TROND M, Krogstad T, et al. High performance constructed wetlands for cold climates[J]. Journal of Environmental Science and Health, Part A, 2005, 40:6-7, 1343-1353.

[51] MÆHLUM T. Cold-climate constructed wetlands: Aerobic pre-treatment and horizontal subsurface flow systems for domestic sewage and landfill leachate purification[D]. Ås:The Agricultural University of Norway, 1998: 9.

[52] SYSTAD I M. Sources of heavy metals in municipal wastewater—households. SFT report[R]. Oslo: Norwegian State Pollution Control Authority, 1997: 28.

[53] STENSEN G. Constructed wetlands: treatment of wastewater and accumulation of heavy metals[D]. Ås: The Agricultural University of Norway , 2000.

[54] NAVARRETE F, SHANMUGAM P, ALEXANDER M. Design of treatment wetlands to improve everglades water quality[J]. Florida Water Resources Journal, 2013(4):30-34.

[55] SANO D, HODGES A, DEGNER R. Economic Analysis of Water Treatments for Phosphorus Removal in Florida[R]. 2004.

[56] PIETRO K C, IVANOFF D. Comparison of long-term phosphorus removal performance of two large-scale constructed wetlands in South Florida, U.S.A[J]. Ecological Engineering, 2015,79:143-157.

[57] MITSCH W J, ZHANG L, MAROIS D, et al.Protecting the Florida Everglades wetlands with wetlands: Can stormwater phosphorus be reduced to oligotrophic conditions?[J].Ecological Engineering，2015(80):8-19.

[58] LEWIS A H, 王思思 . 香港湿地公园——一个在可持续性方面的多学科合作项目 [J]. 城市环境设计，2007(1):36-41.

林卉，高级工程师、注册公用设备工程师（给水排水）、注册环保工程师。时任北控水务集团产品中心产品总监，主要从事河湖水环境治理、人工湿地、生态修复等领域的项目全生命周期管理及装备研发工作。在中国、美国两国拥有多年从业经验，所负责项目覆盖全国各省（自治区、直辖市）、北美洲、欧洲、日本和韩国等地。设计、管理及评审湿地相关项目数十个，在人工湿地长期运营分析、湿地新污染物治理、高寒地区湿地建设运营、装配式湿地产品开发等方面获得创新成果。参编标准2项，授权专利10余项，发表SCI、核心期刊论文9篇。获2023年度环境保护科学技术奖一等奖。

安莹玉，高级工程师，大连理工大学和新加坡南洋理工大学联合培养的工学博士，曾就职于新加坡吉宝集团，现任北控水务集团总裁助理，从事水务环保行业多年，在资产收并购、供应链管理、产品策划与开发、产品营销与系统解决方案管理等方面具有丰富的从业经验，累计发表学术论文20余篇，授权专利100余项，曾担任“互联网+”创新创业大赛专家委员会评审工作组组长，是国内多所知名高校特聘教授和校外导师。所管理的项目曾获省级或协会级科技奖20余项，并曾获国际GWI全球峰会最佳交易奖、市政园林水生态水景观大奖、绿色低碳标杆奖、当代好设计奖等多类荣誉。